學會C語言

從不懂，到玩上手

圖控邏輯加強版

感謝您購買旗標書，
記得到旗標網站
www.flag.com.tw
更多的加值內容等著您…

- FB 官方粉絲專頁：旗標知識講堂
- 旗標「線上購買」專區：您不用出門就可選購旗標書！
- 如您對本書內容有不明瞭或建議改進之處，請連上旗標網站，點選首頁的 聯絡我們 專區。

若需線上即時詢問問題，可點選旗標官方粉絲專頁留言詢問，小編客服隨時待命，盡速回覆。

若是寄信聯絡旗標客服 email，我們收到您的訊息後，將由專業客服人員為您解答。

我們所提供的售後服務範圍僅限於書籍本身或內容表達不清楚的地方，至於軟硬體的問題，請直接連絡廠商。

學生團體　訂購專線：(02)2396-3257 轉 362
　　　　　傳真專線：(02)2321-2545

經銷商　服務專線：(02)2396-3257 轉 331
　　　　將派專人拜訪
　　　　傳真專線：(02)2321-2545

國家圖書館出版品預行編目資料

學會 C 語言：從不懂，到玩上手 圖控邏輯加強版／陳會安作. -- 臺北市：旗標, 2018．11
面； 公分

ISBN 978-986-312-552-5 (平裝)

1. C (電腦程式語言)

312.32C　　107014186

作　　者／陳會安

發 行 所／旗標科技股份有限公司

台北市杭州南路一段15-1號19樓

電　　話／(02)2396-3257(代表號)

傳　　真／(02)2321-2545

劃撥帳號／1332727-9

帳　　戶／旗標科技股份有限公司

監　　督／陳彥發

執行企劃／鄭秀珠

執行編輯／鄭秀珠

美術編輯／林美麗

封面設計／古鴻杰

校　　對／鄭秀珠

新台幣售價：499 元

西元 2022 年 6 月 初版 3 刷

行政院新聞局核准登記-局版台業字第 4512 號

ISBN 978-986-312-552-5

序 PREFACE

C 語言是程式設計領域最流行的程式語言之一，也是一種有相當歷史的程式語言，雖然後起之秀的程式語言一一出現在程式設計的舞台，直到目前為止，仍然沒有任何一種程式語言足以撼動 C 語言在程式語言上的地位。

本書是一本 ANSI-C 標準 C 語言的程式設計教材，詳細說明程式設計觀念和相關技術，強調不只單純學習 C 語言，更希望能夠建立讀者正確的程式設計觀念、程式邏輯，和軟硬整合的實務應用，以便讀者能夠靈活運用 C 語言來解決遇到的程式問題。

在本書內容上，除了完整說明 C 語言的語法外，更導入單晶片控制的 Arduino 程式設計，能夠讓讀者活用學習過的 C 語法來建立 Arduino 程式，更重要的是你並不用購買 Arduino 開發板，可以直接使用本書所附的 Uno 模擬器來測試執行本書的 Arduino 實驗範例。

不只如此，為了方便初學者學習基礎的結構化程式設計，更提供針對初學程式設計者開發的 fChart 程式設計教學工具，可以在同一套工具編輯、編譯、執行 C 程式，和撰寫 Arduino 程式，在新版本更新增 2 套 **Blockly 積木程式編輯器**，可以幫助讀者使用**視覺化方式建立 C 和 Arduino 程式**，你完全不用輸入「英文」程式碼，就可以使用拼塊積木，輕鬆**「拼」**出你的 C 和 Arduino 程式。

fChart 程式設計教學工具是一套針對初學者開發的流程圖直譯器和輕量級的整合開發環境，除了新增 Blockly 積木程式編輯器外，C 編譯器已經改用和 Dev-C++ 相同的 GCC。因為 fChart 程式設計教學工具的目的是幫助讀者學習基礎程式設計，所以在附錄仍然詳細說明 Dev-C++ 整合開發環境的安裝和使用，當讀者學會基礎 C 語言程式設計後，可以改用 Dev-C++ 來進行大型 C 程式的專案開發。

筆者相信**實作是學習程式設計的不二法門**，本書不只提供大量流程圖、圖例、表格和輔助說明來解說程式設計的觀念和語法，更採用三**步驟的「做中學」**來幫助讀者真正學會重要的 C 語法，如下所示：

- **第一步**：觀察流程圖了解程式邏輯。
- **第二步**：實際將流程圖轉換成為 C 程式碼（使用功能表命令或積木拼塊）。
- **第三步**：了解 C 程式語法，和進一步修改程式碼來學習相關的進階語法。

如何閱讀本書

本書結構是循序漸進從程式語言和流程圖基礎開始，在章節內容上可以作為大學、科技大學和技術學院第一門的程式設計教材。**第 1 章**說明程式語言、流程圖和 C 語言的基礎，**第 2 章**說明如何使用 fChart 程式設計教學工具，從觀察流程圖的執行來一步一步將流程圖符號轉換成 C 程式碼，或使用 Blockly 積木程式編輯器來「拼」出你的 C 程式，然後詳細說明 C 程式的基本結構。

第 3 章是變數、常數和資料型態，在**第 4 章**說明 C 語言的基本輸出與輸入，**第 5 章**是運算子與運算式，詳細說明 C 語言的算術、括號、指定、逗號運算子和型態轉換。

第 6~8 章是 C 語言結構化程式設計的流程控制和函數，在第 6 章是關係與邏輯運算子和條件敘述，**第 7 章**是迴圈結構，在**第 8 章**說明函數。

第 9~10 章是陣列、字串和 C 語言初學者最感困擾的指標，筆者使用大量圖例配合程式範例來說明 C 指標，在**第 11 章**是結構和聯合等自訂資料型態，**第 12 章**是巨集和位元運算，**第 13 章**是檔案處理。

第 14 章是 Arduino 基礎，詳細說明 Arduino 平台的開發環境，和使用 fChart 程式碼編輯器建立 Arduino 程式，或是使用 Ardublockly 積木程式「拼」出你的 Arduino 程式，然後在 Uno 模擬器上測試執行 Arduino 程式，最後說明 Arduino 語言和常用內建函數，在**第 15 章**提供多達 20 個 Arduino 實驗範例，詳細說明如何使用本書前面學習的 C 語法：變數、常數、條件控制、迴圈和函數來控制 LED 燈光閃爍和亮度、使用按鍵開關、可變電阻、蜂鳴器和序列埠通訊，學習軟硬體整合的 C 程式設計。

附錄 A 說明如何安裝使用 Dev-C++ 整合開發環境和 Arduino IDE 開發環境的安裝，並且實際上傳程式至 Arduino 開發版，**附錄 B** 是 fChart 流程圖直譯器的使用，說明如何使用工具來繪製可執行的流程圖，**附錄 C** 是 C 語言的標準函數庫，**附錄 D** 是 ASCII 碼對照表。

編著本書雖力求完美，但學識與經驗不足，謬誤難免，尚祈讀者不吝指正。

陳會安於台北 2018.10.1

hueyan@ms2.hinet.net

書附範例

為了方便讀者學習 C 語言和 Arduino 程式設計，筆者已經將本書使用的範例檔案、Arduino 專案、教學工具和相關工具都收錄在書附範例，如下表所示：

檔案與資料夾	說明
Ch02~Ch15、AppA~B 資料夾	本書各章節 C 範例程式、編譯後執行檔，和 Arduino 專案，位在 Blockly 子目錄是 Blockly 積木程式
C.zip	程式範例的 ZIP 格式壓縮檔
Dev-Cpp 5.11 TDM-GCC 4.9.2 Setup.exe	Orwell Dev-C++ 5.x 版中文使用介面 C/C++ 整合開發環境安裝程式
FlowChartArduino5.v3.zip	fChart 程式設計教學工具的 ZIP 格式壓縮檔，包含 fChart 流程圖直譯器、程式碼編輯器（IDE）、Cake Blockly for C 語言、Ardublockly 積木程式編輯器和 Arduino Uno 模擬器（UnoArduSim），可以編輯和執行本書各章的流程圖專案，和編輯、編譯和執行 C 和 Arduino 程式
UnoArduSimV1.7.2.zip	UnoArduSim 1.7.2 版的 Arduino Uno 模擬器，fChart 程式設計教學工具已經包含此模擬器
ArduinoConfig.zip	Arduino 開發板設定工具的 ZIP 格式壓縮檔
附錄 A~D 電子書	附錄 A ~ 附錄 D PDF 格式

下載連結

本書範例程式可以從旗標網站下載，下載網址為（英文大小寫需一致）：

http://www.flag.com.tw/DL.asp?FT715

CONTENTS

目錄

第 5 章 運算子與運算式

第 6 章 條件敘述

第 7 章 迴圈結構

第8章 函數

第9章 陣列與字串

第10章 指標

第11章 結構與聯合

第12章 巨集與位元運算

第13章 檔案處理

第14章 Arduino 基礎與開發環境

第15章 Arduino 實驗範例

電子書

CHAPTER

1

C 語言、運算思維與流程圖

1-1／運算思維、程式與程式邏輯

1-2／流程圖與 fChart 流程圖直譯器

1-3／認識 C 語言

1-4／C 語言的整合開發環境

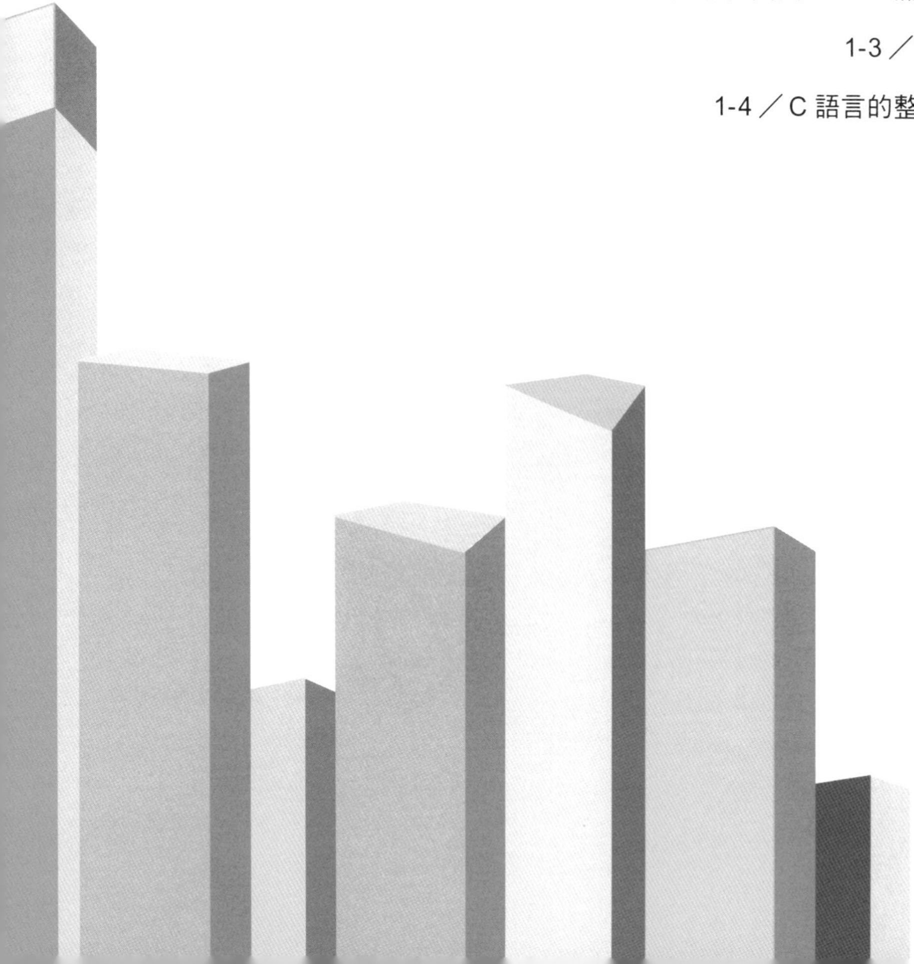

1-1 運算思維、程式與程式邏輯

「程式」（Programs）以英文字面來說，就是一張音樂會演奏順序的節目表，或活動進行順序的活動行程表。電腦程式也是相同的意義，程式可以指示電腦依照指定順序來執行所需的動作。

1-1-1 認識程式

程式（Programs）或稱「電腦程式」（Computer Programs）可以描述電腦如何完成指定工作的步驟，撰寫程式碼就是寫下這些步驟，如同作曲家的曲譜、房屋設計的藍圖或烹調食物的食譜。

以電腦術語來說，程式是使用指定程式語言（Program Language）所撰寫沒有混淆文字、數字和鍵盤符號組成的特殊符號，這些符號組合成指令敘述和程式區塊，再進一步編寫成程式碼和程式檔案，程式碼可以告訴電腦解決指定問題或完成特定工作的步驟。

基本上，電腦程式的內容分為兩大部分：**資料**（Data）和處理資料的**操作**（Operations）。對比烘焙蛋糕的食譜，「資料」是烘焙蛋糕原料的水、蛋和麵粉等成份，再加上器具的烤箱，在食譜描述的烘焙步驟是處理資料的「操作」，可以將這些成份依據步驟製作成蛋糕，如下圖所示：

事實上，我們可以將程式視為一個**資料轉換器**，當使用者從電腦鍵盤或滑鼠操作輸入資料後，執行程式是在執行資料處理的操作，可以將資料轉換成輸出的結果，如下圖所示：

上述輸出結果可能是顯示在螢幕或從印表機列印出，電腦只是依照程式的指令將輸入資料進行轉換，以產生所需的輸出結果。對比烘焙蛋糕，我們依序執行食譜描述的烘焙步驟，就可以一步一步混合、攪拌和揉合水、蛋和麵粉等成份後，放入烤箱來製作出蛋糕。

為了讓電腦能夠看懂程式，程式需要依據程式語言的規則、結構和語法，以指定文字或符號來撰寫程式，例如：使用 C 語言撰寫的程式稱為 C 程式碼（C Code）或稱為「原始碼」（Source Code）。

1-1-2　程式邏輯的基礎

因為我們使用程式語言的主要目的是撰寫程式碼來建立程式，所以需要使用電腦的程式邏輯（Program Logic）來撰寫程式碼，如此電腦才能執行程式碼來解決我們的問題，因為電腦才是真正的「目標執行者」（Target Executer），負責執行你寫的程式；並不是你的大腦在執行。

讀者可能會問撰寫程式碼執行程式設計（Programming）很困難嗎？事實上，如果你能夠一步一步詳細列出活動流程、導引問路人到達目的地、走迷宮、從電話簿中找到電話號碼或從地圖上找出最短路徑，就表示你一定可以撰寫程式碼。

電腦一點都不聰明，不要被名稱所誤導，因為電腦真正的名稱應該是「計算機」（Computer），一台計算能力非常好的計算機，並沒有思考能力，更不會舉一反三，所以，我們需要告訴電腦非常詳細的步驟和資訊，絕對不能有模稜兩可的內容，這就是電腦使用的程式邏輯。

例如：我們準備開車從高速公路北上到台北市大安森林公園，請分別使用人類的邏輯和電腦的程式邏輯來寫出其步驟。

人類的邏輯

因為目標執行者是人類，對於人類來說，我們只需檢視地圖，即可輕鬆寫下開車從高速公路北上到台北市大安森林公園的步驟，如下所示：

```
Step 1:中山高速公路向北開。
Step 2:下圓山交流道(建國高架橋)。
Step 3:下建國高架橋(仁愛路)。
Step 4:直行建國南路,在紅綠燈右轉仁愛路。
Step 5:左轉新生南路。
```

上述步驟告訴人類的話（使用人類的邏輯），這些資訊已經足以讓我們開車到達目的地。

電腦的程式邏輯

對於目標執行者電腦來說，如果將上述人類邏輯的步驟告訴電腦，電腦一定完全沒有頭緒，不知道如何開車到達目的地，因為電腦一點都不聰明，這些步驟的描述太不明確，我們需要提供更多資訊給電腦（請改用電腦的程式邏輯來思考），才能讓電腦開車到達目的地，如下所示：

- 從哪裡開始開車（起點）？中山高速公路需向北開幾公里到達圓山交流道？
- 如何分辨已經到了圓山交流道？如何從交流道下來？
- 在建國高架橋上開幾公里可以到達仁愛路出口？如何下去？
- 直行建國南路幾公里可以看到紅綠燈？左轉或右轉？
- 開多少公里可以看到新生南路？如何左轉？接著需要如何開？如何停車？

撰寫程式碼時需要告訴電腦非常詳細的動作和步驟順序，如同教導一位小孩作一件他從來沒有作過的事，例如：綁鞋帶、去超商買東西或使用自動販賣機。因為程式設計是在解決問題，你需要將解決問題的詳細步驟一一寫下來，包含動作和順序（這就是演算法），然後將這些步驟轉換成程式碼，以本書為例就是撰寫 C 程式碼。

1-1-3 運算思維

「**運算思維**」（Computational Thinking）被認為是 21 世紀的你和我所必備的核心技能，不論是否是資訊相關科系的學生或從事此行業，運算思維都可以讓你以更實務的思考方式來看這個世界。基本上，運算思維分成五大領域，如下所示：

- **抽象化**（Abstraction）：思考不同層次的問題解決步驟。
- **演算法**（Algorithms）：將解決問題的工作思考成一序列可行且有限的步驟。
- **分割問題**（Decomposition）：了解在處理大型問題時，我們需要將大型問題分割成小問題的集合，然後個個擊破來一一解決。
- **樣式識別**（Pattern Recognition）：察覺新問題是否和之前已解決問題之間擁有關聯性，以便可以使用已知或現成的解決方法來解決問題。
- **歸納**（Generalization）：了解解決的問題可能是用來解決更大範圍問題的關鍵之一。

在本書是使用流程圖描述演算法，配合 C 程式和 Blockly 積木程式，透過循序漸進方式和大量實作範例來引導讀者學習運算思維的各種領域。

1-1-4 程式是如何執行

當我們使用程式語言建立的程式碼，最後都會編譯成電腦看的懂的機器語言，這些指令是電腦的大腦 CPU（Central Processing Unit，中央處理器）支援的「指令集」(Instruction Set)。

雖然程式語言有很多種，但 CPU 只懂一種語言（不同 CPU 支援不同的指令集），也就是 CPU 能執行的機器語言，如下圖所示：

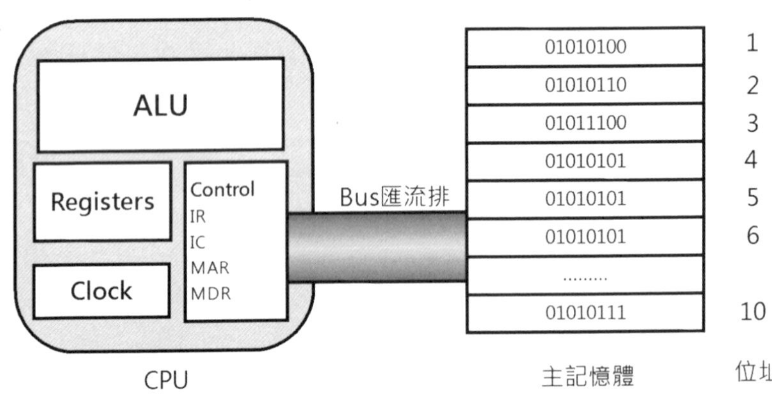

在上述電腦架構的圖例中，CPU 使用匯流排連接周邊裝置，以此例只有繪出主記憶體。CPU 執行機器語言程式只是一種例行工作，依序將儲存在記憶體的機器語言指令「取出和執行」(Fetch-and-execute)。簡單的說，CPU 是從記憶體取出指令，然後執行此指令，取出下一個指令，再執行它，如下所示：

- 在電腦的主記憶體儲存機器語言的程式碼和資料。
- CPU 從記憶體依序取出一個一個機器語言指令，然後依序執行它。

所以，CPU 並不是真正了解機器語言的指令是在作什麼？這只是 CPU 的例行工作，依序執行機器語言指令，所以使用者讓 CPU 執行的程式不能有錯誤，因為 CPU 只是執行它，並不會替您的程式擦屁股。

中央處理器（Central Processing Unit，CPU）

CPU 提供電腦實際的運算功能，個人電腦都是使用晶片「IC」（Integrated Circuit），其主要功能是使用「ALU」（Arithmetic and Logic Unit）的邏輯電路進行運算，和執行機器語言的指令。

在 CPU 封裝的晶片有很多組「暫存器」（Registers），暫存器是位在 CPU 中的記憶體，可以暫時儲存資料或機器語言的指令，例如：執行加法指令需要 2 個運算元，運算時兩個運算元的資料就是儲存在暫存器。除此之外，CPU 還擁有一些控制「取出和執行」（Fetch-and-execute）用途的暫存器，其簡單說明如下表所示：

暫存器	說明
IR（Instruction Register）	指令暫存器，儲存目前執行的機器語言指令
IC（Instruction Counter）	指令計數暫存器，儲存下一個執行指令的記憶體位址
MAR（Memory Address Register）	記憶體位址暫存器，儲存從記憶體取得資料的記憶體位址
MDR（Memory Data Register）	記憶體資料暫存器，儲存目前從記憶體取得的資料

現在，我們可以進一步檢視取出和執行（Fetch-and-execute）過程，CPU 執行速度是依據石英震盪器產生的 Clock 時脈，即以 MHz 為單位的速度來執行儲存在 IR 的機器語言指令。在執行後，以 IC 暫存器儲存的位址，透過 MDR 和 MAR 暫存器從匯流排取得記憶體的下一個指令，然後執行指令，只需重複上述操作即可執行整個程式。

記憶體（Memory）

當我們在電腦執行程式時，作業系統首先將儲存在硬碟或軟碟的執行檔案載入電腦主記憶體（Main Memory），這是 CPU 執行的機器語言指令，因為 CPU 是從記憶體依序載入指令和執行。

電腦程式本身和使用的資料都是儲存在 RAM（Random Access Memory），每一個儲存單位有數字編號稱為「**位址**」（Address）。如同大樓信箱，門牌號碼是位址，信箱內容是程式碼或資料，儲存資料佔用的記憶體空間大小，需視使用的資料型態而定。

電腦 CPU 中央處理器存取記憶體資料的主要步驟，如下所示：

Step 1 **送出讀寫的記憶體位址**：當 CPU 讀取程式碼或資料時，需要送出欲取得的記憶體位址，例如：記憶體位址 4。

Step 2 **讀寫記憶體儲存的資料**：CPU 可以從指定位址讀取記憶體內容，例如：位址 4 的內容是 01010101，取得資料是 01010101 的二進位值，每一個 0 或 1 是一個「**位元**」(Bit)，8 個位元稱為「**位元組**」(Byte)，這是電腦記憶體的最小儲存單位。

每次 CPU 從記憶體讀取的資料量，需視 CPU 與記憶體之間的「**匯流排**」(Bus）而定，在購買電腦時，所謂 32 位元或 64 位元的 CPU，就是指每次可以讀取 4 個位元組或 8 個位元組資料來進行運算。當然 CPU 每次可以讀取愈多的資料，CPU 的執行效率也愈高。

輸入 / 輸出裝置（Input/Output Devices）

電腦的輸入 / 輸出裝置是程式對外的窗口，可以讓使用者輸入資料和顯示程式的執行結果。目前而言，電腦最常用的輸入裝置是鍵盤和滑鼠；輸出裝置是螢幕和印表機。

因為電腦和使用者分別說的是不同的語言，對於人們來說，當我們在**記事本**使用鍵盤輸入英文字母和數字時，螢幕馬上顯示對應的英文或中文字。

對於電腦來說，當在鍵盤按下大寫 A 字母時，傳給電腦的是 1 個位元組的數字（英文字母和數字只使用其中的 7 位元），目前個人電腦主要是使用「**ASCII**」碼（American Standard Code for Information Interchange，詳見＜附錄 D：ASCII 碼對照表＞），例如：大寫 A 是 65，電腦實際顯示和儲存的資料是數值 65。

同樣的，在螢幕上顯示的中文字，我們看到的是中文字，電腦看到的仍然是內碼。因為中文字很多，需要使用 2 個位元組的數值來代表常用的中文字，繁體中文的內碼是 Big 5；簡體中文有 GB 和 HZ，1 個中文字的內碼值佔用 2 個位元組，相當於是 2 個英文字母。

目前 Windows 作業系統也支援「**統一字碼**」(Unicode)，這是 Unicode Consortium 組織制定的一個能包括全世界文字的內碼集，包含 GB2312 和 Big 5 等所有內碼集，即 ISO 10646 內碼集。擁有常用的兩種編碼方式：UTF-8 為 8 位元編碼；UTF-16 為 16 位元的編碼。

次儲存裝置（Secondary Storage Unit）

次儲存裝置是一種能夠長時間和提供高容量儲存資料的裝置。電腦程式與資料是在載入記憶體後，才依序讓 CPU 來執行，不過，在此之前這些程式與資料是儲存在次儲存裝置，例如：硬碟機。

當在 Windows 作業系統使用編輯工具編輯程式碼時，這些資料只是暫時儲存在電腦的主記憶體，因為主記憶體在關閉電源後，儲存的資料就會消失，為了長時間儲存這些資料，我們需要儲存在電腦的次儲存裝置，也就是儲存在硬碟中的程式碼檔案。

在次儲存裝置的程式碼檔案可以長時間儲存，直到我們需要編譯和執行程式時，再將檔案內容載入主記憶體來執行。基本上，次儲存裝置除了硬碟機外，行動碟、CD 和 DVD 光碟機也是電腦常見的次儲存裝置。

1-2 流程圖與 fChart 流程圖直譯器

程式設計的最重要工作是將解決問題的步驟詳細的描述出來，稱為**演算法**(Algorithms)，我們可以使用文字敘述，或圖形符號的**流程圖**(Flow Chart)來描述演算法。

1-2-1 演算法

如同建設公司興建大樓有建築師繪製的藍圖，廚師烹調有食譜，設計師進行服裝設計有設計圖，程式設計也一樣有藍圖，這就是演算法。

認識演算法

「**演算法**」（Algorithms）簡單的說就是一張食譜（Recipe），提供一組一步接著一步（Step-by-step）的詳細和有限的步驟，包含動作和順序，可以讓我們依樣畫葫蘆，將食材烹調成美味的食物，例如：在第 1-1-1 節說明的蛋糕製作，製作蛋糕的食譜就是演算法，如下圖所示：

演算法	=	一張食譜	=	一組指令步驟

電腦科學的演算法是描述解決問題的過程，也就是完成一個任務或工作所需的具體步驟和方法，這個步驟是有限的；可行的，而且沒有模稜兩可的情況。

演算法的表達方法

演算法的表達方法是在描述解決問題的步驟，並沒有固定方法，常用的表達方法，如下所示：

- **文字描述**：使用一般語言的文字描述來說明執行步驟。
- **虛擬碼**（Pseudo Code）：一種趨近程式語言的描述方法，沒有固定語法，每一列約可轉換成一列程式碼，例如：計算 1 加到 10 的虛擬碼，如下所示：

```
Let counter = 1
Let sum = 0
while counter <= 10
    sum = sum + counter
    Add 1 to counter
Output the sum
```

- **流程圖**（Flow Chart）：使用標準圖示符號來描述執行過程，以各種不同形狀的圖示表示不同的操作，箭頭線標示流程執行的方向。

因為一張圖常常勝過千言萬語的文字描述，圖形比文字更直覺和容易理解，對於初學者來說，流程圖是一種最適合描述演算法的工具，事實上，繪出流程圖本身就是一種很好的程式邏輯訓練。

1-2-2 流程圖

不同於文字描述或虛擬碼是使用文字內容來表達演算法，流程圖是使用簡單的圖示符號來描述解決問題的步驟。

認識流程圖

流程圖是使用簡單的圖示符號來表示程式邏輯步驟的執行過程，可以提供程式設計者一種跨程式語言的共通語言，作為與客戶溝通的工具和專案文件。如果我們可以畫出流程圖的程式執行過程，就一定可以轉換成指定的程式語言，以本書為例是撰寫成 C 程式碼。

因此，就算你是一位完全沒有寫過程式碼的初學者，也一樣可以使用流程圖來描述執行過程，以不同形狀的圖示符號表示操作，在之間使用箭頭線標示流程的執行方向，筆者稱為**圖形版程式**（對比程式語言的文字版程式）。

本書提供的 fChart 流程圖直譯器是建立圖形版程式的最佳工具，因為你不只可以編輯繪製流程圖，更可以執行流程圖來驗證演算法的正確性，在完全不用涉及程式語言語法的情況下，即可輕鬆開始寫程式，進一步說明請參閱第 1-2-3 節和附錄 B。

流程圖的符號圖示

流程圖符號是 Herman Goldstine 和 John von Neumann 開發與製定，常用流程圖符號圖示的說明，如下表所示：

流程圖的符號圖示	說明
（長方形）	長方形的**動作符號**（或稱為處理符號）是處理過程的動作或執行的操作
（橢圓形）	橢圓形的**起止符號**代表程式的開始與終止
（菱形）	菱形的**決策符號**建立條件判斷
（箭頭）	箭頭連接線的**流程符號**是連接圖示的執行順序
（圓形）	圓形的**連接符號**可以連接多個來源的箭頭線，以方便編排流程圖符號
（平行四邊形）	**輸入/輸出符號**（或稱為資料符號）表示程式的輸入與輸出

1-2-3 fChart 流程圖直譯器

fChart 流程圖直譯器可以編輯繪製流程圖，還可以使用動畫來完整顯示流程圖的執行過程和結果，輕鬆幫助我們驗證演算法是否可行，和訓練初學程式設計者的程式邏輯。

在這一節筆者準備說明如何開啟流程圖專案來執行流程圖，以便讀者可以在寫出 C 程式碼前，先了解程式的執行流程。關於 fChart 流程圖繪製的完整說明，請參閱附錄 B。

開啟 fChart 專案執行流程圖

在本書內附的 fChart 程式語言教學工具是綠化版本，不需要安裝，只需將相關檔案複製或解壓縮至指定資料夾後，就可以在 Windows 作業系統執行 fChart 流程圖直譯器（從此工具可以啟動 fChart 程式碼編輯器），其步驟如下所示：

Step 1 請開啟解壓縮的「\FlowChartArduino5v3」資料夾，執行 **RunfChart.exe** 後，按**是**鈕啟動 fChart 流程圖直譯器，可以進入流程圖編輯的使用介面。

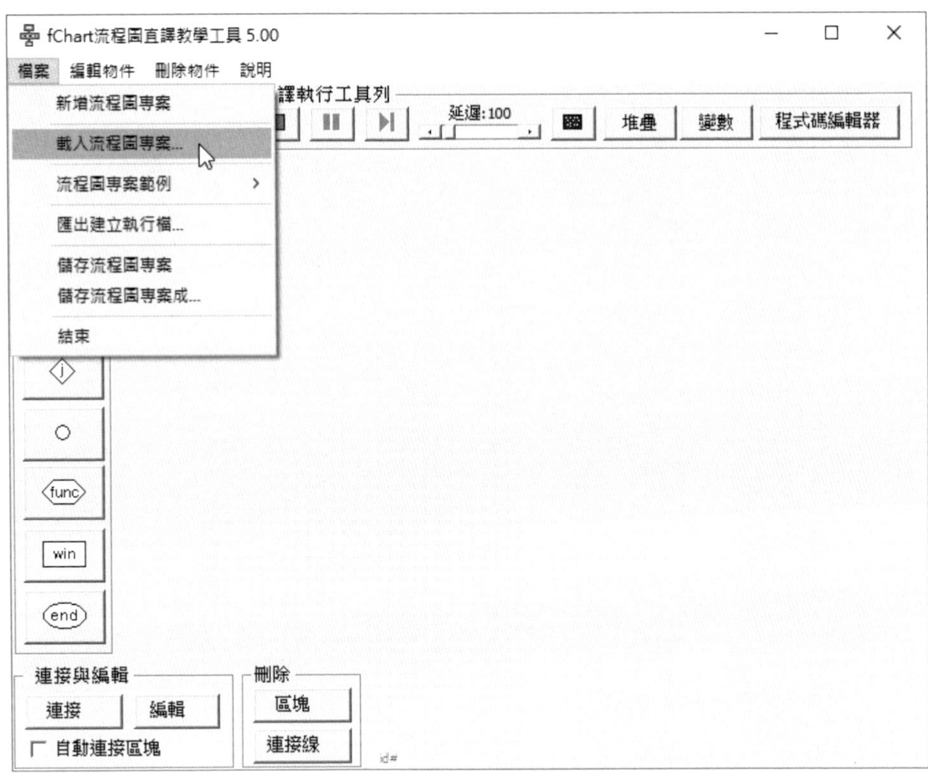

Step 2 請執行「檔案 / 載入流程圖專案」命令，可以看到「開啟」對話方塊。

Step 3 切換至「\C\AppB」路徑，選**加法 .fpp**，按**開啟**鈕載入流程圖。

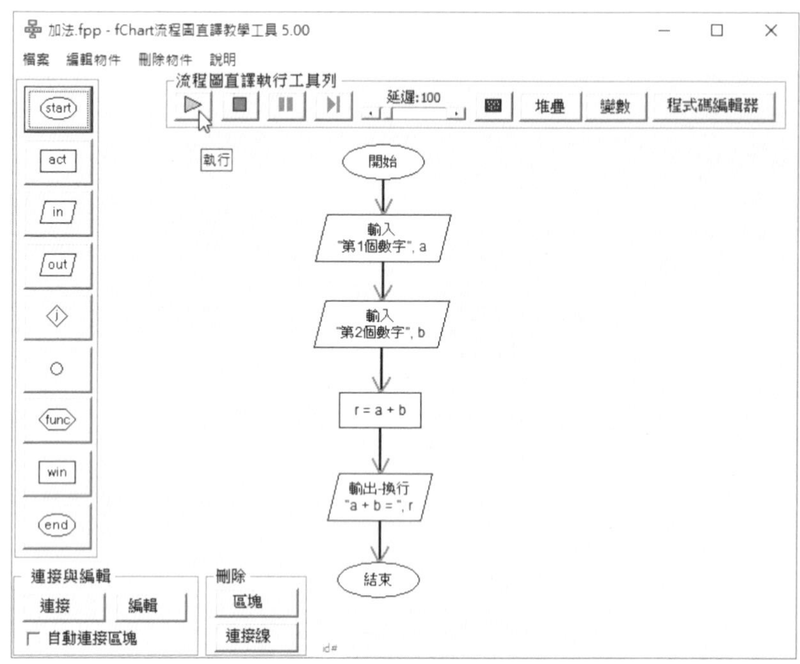

Step 4 按上方執行工具列的第 1 個**執行**鈕，可以看到動畫移動藍色框來執行流程圖，因為執行到輸入符號，所以顯示「命令提示字元」視窗，和輸入第 1 個數字的提示文字。

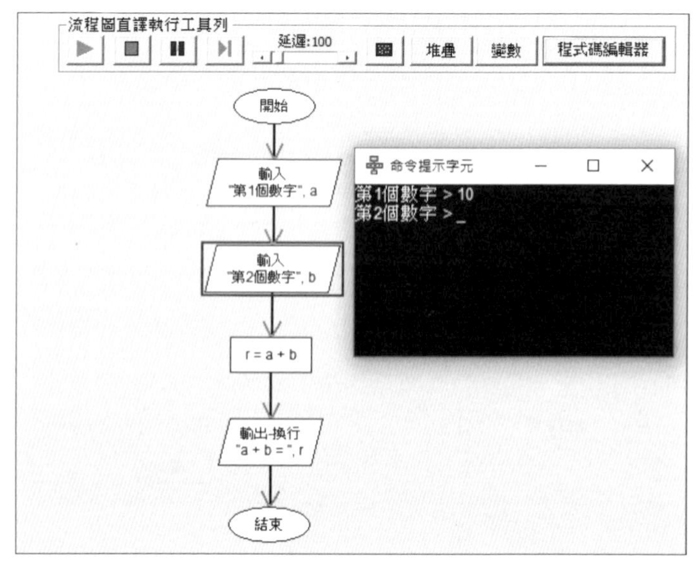

Step 5 請輸入 10，按 Enter 鍵，可以看到輸入第 2 個數字，請輸入 5，按 Enter 鍵，可以看到流程圖繼續執行，和顯示執行結果 15。

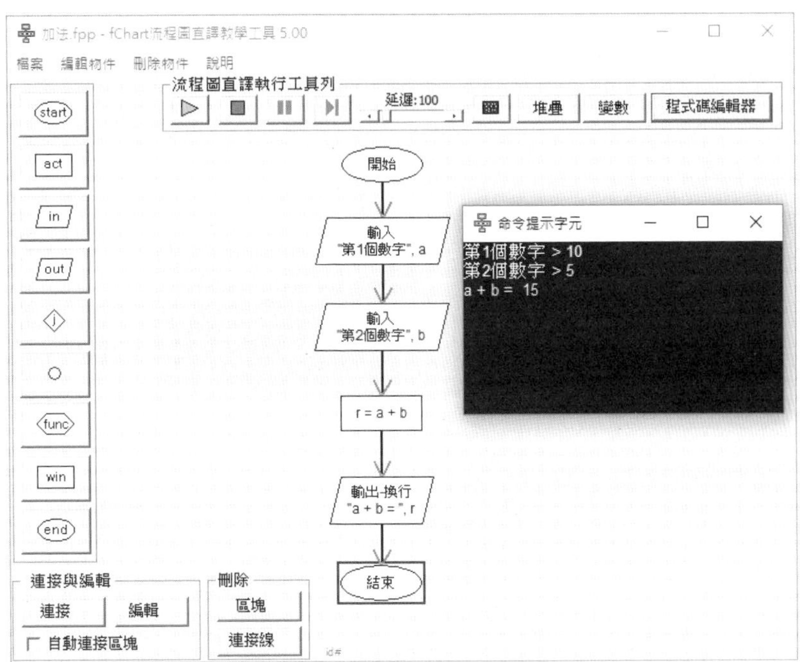

Step 6 我們可以再次執行流程圖，並且輸入不同值，就可以看到不同的執行結果。

流程圖直譯執行工具列

fChart 流程圖直譯器是使用上方執行工具列按鈕來控制流程圖的執行，我們可以調整執行速度和顯示相關輔助資訊視窗，如下圖所示：

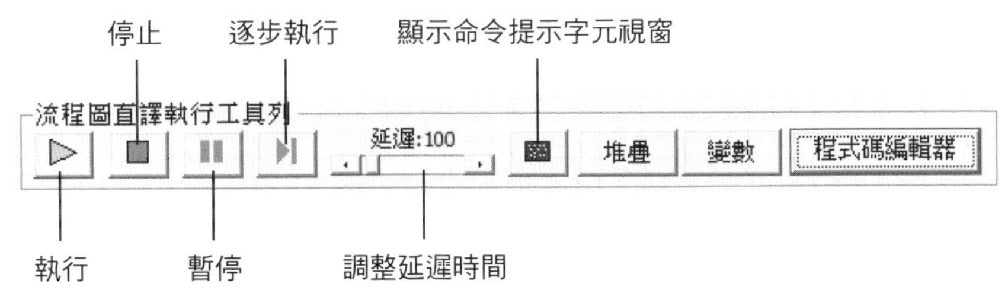

上述工具列按鈕從左至右的說明，如下所示：

- **執行**：按下按鈕開始執行流程圖，它是以延遲時間定義的間隔時間來一步一步自動執行流程圖，如果流程圖需要輸入資料，就會開啟「命令提示字元」視窗讓使用者輸入資料（在輸入資料後，請按 Enter 鍵）例如：**加法 .fpp**，如下圖所示：

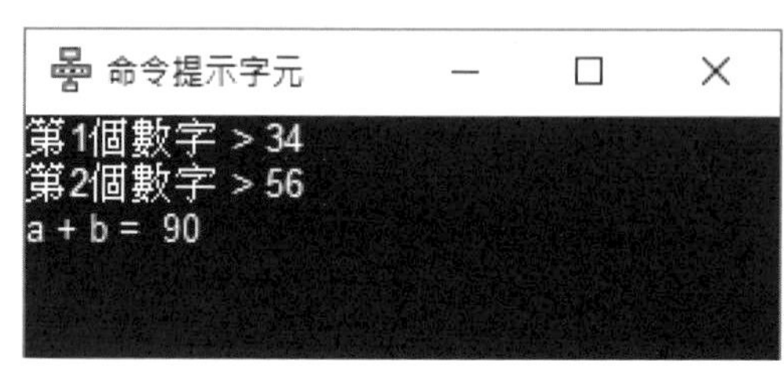

- **停止**：按此按鈕停止流程圖的執行。
- **暫停**：當執行流程圖時，按此按鈕暫停流程圖的執行。
- **逐步執行**：當延遲時間捲動軸調整至最大時，就是切換至逐步執行模式，此時按**執行**鈕執行流程圖，就是一次一步來逐步執行流程圖，請重複按此按鈕來執行流程圖的下一步。
- **調整延遲時間**：使用捲動軸調整執行每一步驟的延遲時間，如果調整至最大，就是切換成逐步執行模式。
- **顯示命令提示字元視窗**：按下此按鈕可以顯示「命令提示字元」視窗的執行結果，例如：FirstProgram.fpp，如下圖所示：

- **顯示堆疊視窗**：在「堆疊」視窗顯示函數呼叫保留的區域變數值，如右圖所示：

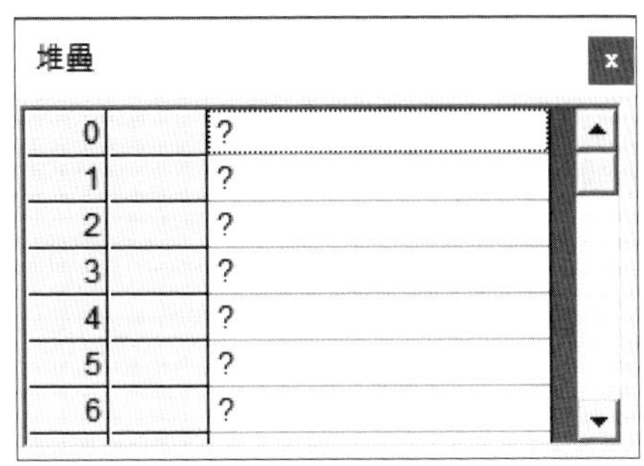
堆疊

0		?
1		?
2		?
3		?
4		?
5		?
6		?

- **顯示變數視窗**：在「變數」視窗顯示執行過程的每一個變數值，包含目前和之前上一步的變數值，例如：**加法 .fpp**，如下圖所示：

變數

	RETURN	PARAM	a	b	r	RET-OS
目前變數值:		PARAM	43	56	99	
之前變數值:		PAR-OS				

- **程式碼編輯器**：啟動 fChart 程式碼編輯器。

1-3 認識 C 語言

C 語言是一種「通用用途」(General-purposes)、結構化和程序式程式語言。C 語言最早的標準是 K&R C，在 1989 年 ANSI 制定標準 C 語言後，稱為 ANSI-C，1999 年參考 C++ 語法而作了少許更新，稱為 C99。

C 語言是由 Dennis Ritchie 在 1972 年於貝爾實驗室設計的程式語言，並不能算是一種很新的程式語言，之所以命名為 C，因為很多 C 語言的特性是源自其前輩語言 B（由 Ken Thompson 設計），B 是源於 Martin Richards 設計的 BCPL 程式語言。

當初開發C語言的主要目的就是為了設計UNIX作業系統，在1973年，所有UNIX作業系統的核心程式都已經改用C語言撰寫，這也是第一套使用高階語言建立的作業系統。1978年Ritchie和Brian Kernighan出版「The C Programming Language」（簡稱K&R）一書成為C語言標準規格書，1989年出版的第二版直到現在依然是很多讀者學習C語言的參考手冊。

到了1980年代，C語言成為一種非常普遍和重要的程式語言，可以用來設計作業系統、各種應用程式和低階的硬體控制（例如：Arduino開發板），更成為學習程式設計最常使用的程式語言之一。

在1980年代晚期，Bjarne Stroustrup和其他實驗室同仁替C語言新增物件導向的功能，稱為C++。C++已經成為目前Windows作業系統各種應用程式主要的開發語言之一。

1-4 C語言的整合開發環境

基本上，我們使用純文字編輯器就可以輸入C程式碼，對於初學者來說，建議使用「**IDE**」（Integrated Development Environment）整合開發環境，可以在同一工具編輯、編譯和執行C程式。

1-4-1 C程式的基本開發步驟

C語言傳統開發過程的每一個步驟都有對應的工具，我們需要取得這些工具來建立C語言的開發環境，其開發步驟如下圖所示：

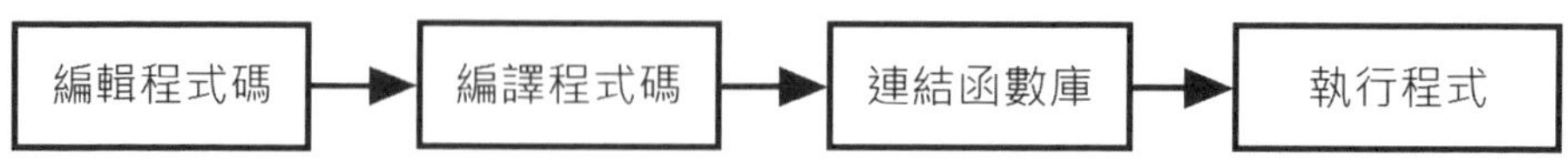

上述圖例是 C 程式的開發流程，各步驟說明如下所示：

- **編輯程式碼**（Editing）：C 語言的程式碼檔案是標準 ANSI 文字檔案，可以使用任何文字編輯工具輸入程式碼，例如：Windows 作業系統的**記事本**，稱為**原始碼檔案**（Source Files），C 語言程式碼檔案的副檔名預設為 .c。
- **編譯程式碼**（Compiling）：單純程式碼檔案並不能執行，需要使用編譯器（例如：GCC）將原始程式碼檔案轉譯成指定 CPU 機器語言的目標檔（Object Files），其副檔名為 .obj 或 .o。
- **連結函數庫**（Linking，或稱為**連結函式庫**）：因為 C 語言的很多功能都是由函數庫提供，這些函數庫是由編譯器開發廠商提供或使用者自行撰寫的模組，在此步驟是將這些函數庫和模組的目標檔連結到程式，以便建立可執行的執行檔，Windows 作業系統執行檔案的副檔名是 .exe。

> 目前大部分市面上的編譯器都能夠同時編譯程式碼和連結函數庫，所以連結函數庫的步驟在編譯過程就會一併完成。

- **執行程式**（Executing）：在建立 C 程式的執行檔 .exe 後，就可以執行 C 程式。

1-4-2　本書使用的 C 語言整合開發環境

程式語言的「**開發環境**」（Development Environment）是一組工具程式可以建立、編譯和維護程式語言建立的程式。目前高階語言大都擁有整合開發環境，可以在同一工具編輯、編譯和執行指定語言的程式。

目前市面上 C 語言的整合開發環境相當多，本書是使用筆者開發的 fChart 程式碼編輯器，和完全免費中文介面的 Dev-C++ 整合開發環境。

fChart 程式碼編輯器

fChart 程式碼編輯器是筆者專為初學程式設計者量身打造的一套程式設計教學用途的整合開發環境，同時支援 Arduino、C、C++、C#、Java 和 Visual Basic 語言的編輯、編譯和執行，可以讓讀者繪製流程圖且驗證正確後，啟動程式碼編輯器將流程圖符號自行一一轉換成指定語言的程式碼，C/C++ 語言是使用和 Dev-C++ 相同的 GCC 編譯器。

不只如此，為了減少程式碼輸入錯誤，更提供功能表命令來快速插入各種流程圖符號對應的程式碼片段，在本書第 2~9 章的 C 程式範例，讀者可以先開啟同名流程圖，在執行了解程式的執行流程後，再自行一步一步參考流程圖符號來執行命令插入程式碼片段，只需小幅修改後，就可以撰寫出完整的 C 程式碼，如下圖所示：

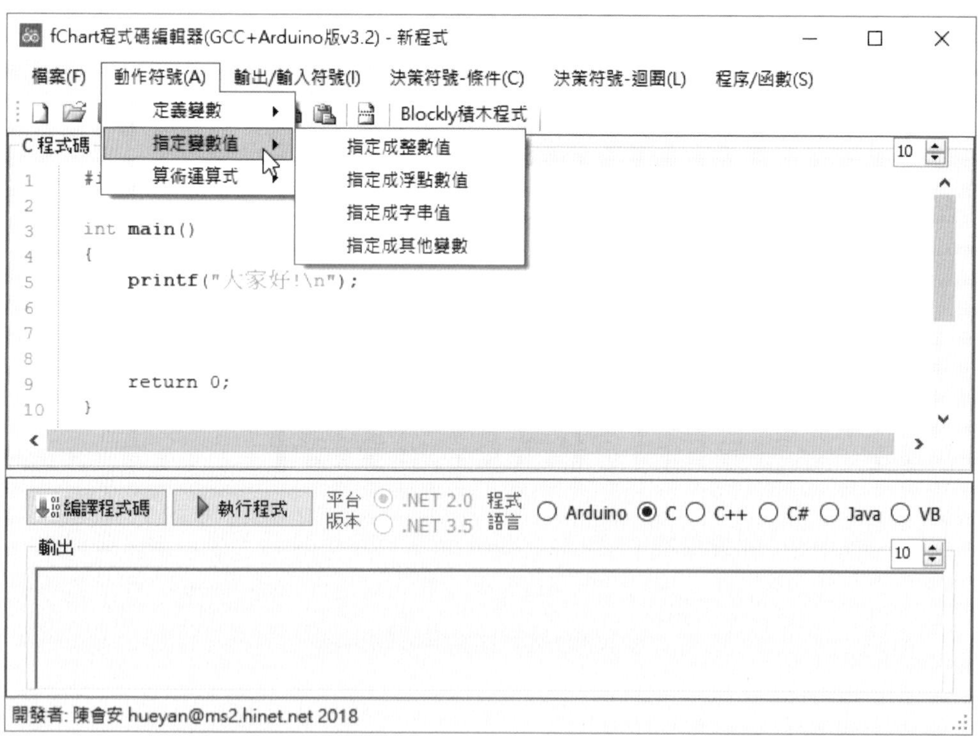

不只如此，fChart 程式碼編輯器更整合 Google 的 **Blockly 積木程式編輯器**（Cake Blockly for C 語言），你不用撰寫「英文」的 C 程式碼，就可以使用「拼」積木方式建立積木程式，和馬上自動轉換成 C 程式碼，請按上方工具列的 **Blockly 積木程式**鈕，如下圖所示：

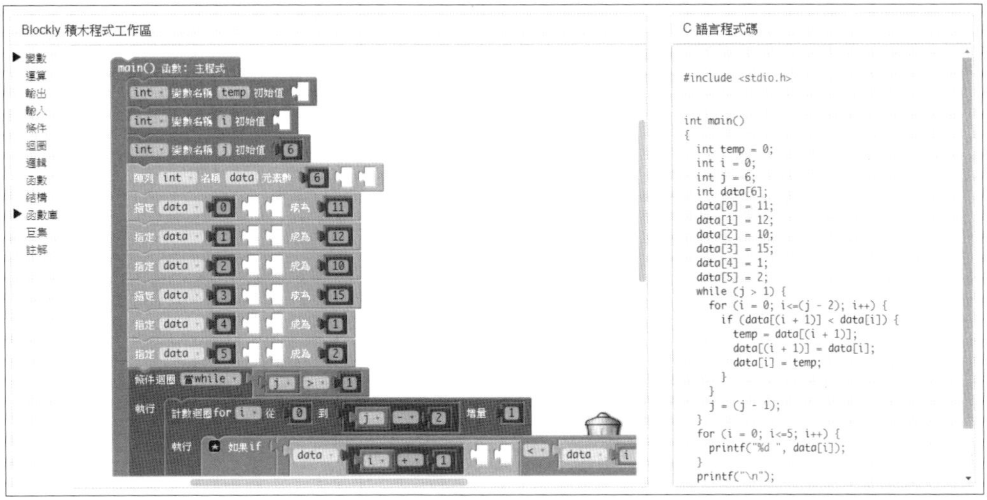

上述圖例左邊的 Blockly 積木程式是泡沫排序法，右邊可以看到自動轉換的 C 程式碼。

Orwell Dev-C++（Dev-C++ 的衍生版本）

Orwell Dev-C++ 是 Dev-C++ 的衍生版本，因為 Bloodshed 官方 Dev-C++ 已經有很長一段時間沒有改版與更新（從 2005 年 2 月 22 日起），Orwell Dev-C++ 是 Dev-C++ 的衍生版本，在本書是使用 64 位元版本。關於 Dev-C++ 下載、安裝和基本使用，請參閱附錄 A。

學習評量

選擇題

(　　) 1. 請問下列哪一個不是 CPU 中央處理器存取記憶體資料的主要步驟？

A. 從記憶體依序載入指令和執行指令

B. 讀寫記憶體儲存的資料

C. 送出讀寫的記憶體位址

D. 當 CPU 讀取程式碼或資料時，需要送出欲取得的記憶體位址

(　　) 2. 請指出下列哪一個並不是運算思維的領域之一？

A. 抽象化　B. 演算法　C. 歸納　D. 程式語言

(　　) 3. 請問下列哪一個是演算法的表達方法？

A. 文字描述　B. 虛擬碼　C. 流程圖　D. 以上皆是

(　　) 4. 請問下列哪一個是流程圖動作符號的形狀？

A. 長方形　B. 圓角長方形　C. 菱形　D. 橢圓形

(　　) 5. 請問下列哪一個是流程圖決策符號的形狀？

A. 長方形　B. 圓角長方形　C. 菱形　D. 橢圓形

(　　) 6. 請問下列哪一個不是 C 程式的基本開發步驟之一？

A. 編輯　B. 編譯　C. 連結函數庫　D. 繪製流程圖

簡答題

1. 請說明什麼是程式？何謂程式邏輯？什麼是運算思維？

2. 請簡單說明 CPU 執行機器語言指令的方式與步驟？個人電腦使用的英文字母符號的內碼是 __________ 碼，繁體中文是 __________ 碼，一個中文字相當於 __________ 個英文字。

3. 請簡單說明什麼是演算法？什麼是流程圖？

4. C 語言是 __________ 在 1972 年於貝爾實驗室設計的程式語言，C 語言的特性是來自其前輩語言 __________（由 Ken Thompson 設計）。

5. C 語言本身是很小的程式語言，C 語言功能大部分是由 C 語言的 __________ 提供。請使用圖例來簡單說明 C 程式的開發步驟？

實作題

1. 請在電腦安裝和啟動 fChart 程式語言教學工具，以便建立本書的 C 語言開發環境；如果是使用 Dev-C++，請參閱附錄 A 的說明安裝 Dev-C++。

2. 請啟動 fChart 流程圖直譯器，開啟第 3 章的 Ch3_2_1.fpp 流程圖，並且試著執行流程圖，和開啟「變數」視窗來檢視變數值的變化。

CHAPTER

2

寫出你的 C 程式

2-1／如何規劃來寫出你的 C 程式

2-2／寫出你的第一個 C 程式

2-3／寫出你的第二個 C 程式

2-4／使用 Blockly 積木拼出你的 C 程式

2-5／C 程式的基本結構

2-6／C 語言的寫作風格

2-1 如何規劃來寫出你的 C 程式

學習 C 語言的主要目的是撰寫 C 程式碼建立 C 程式，以便讓電腦執行程式來幫助我們解決特定的問題。

2-1-1 程式設計的基本步驟

程式設計是將需要解決的問題轉換成程式碼，程式碼不只能夠在電腦上正確的執行，而且可以驗證程式執行的正確性。基本上，程式設計過程可以分成五個階段，如下圖所示：

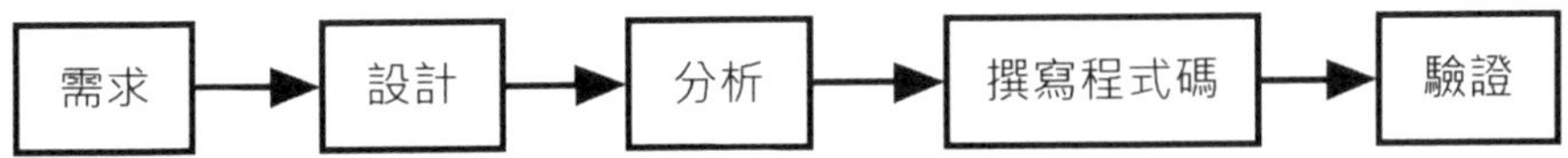

需求（Requirements）

程式設計的需求階段是在了解問題本身，以便確切獲得程式需要輸入的資料和其預期產生的結果，如下圖所示：

上述圖例顯示程式輸入資料後，執行程式可以輸出執行結果。例如：計算從 1 加到 100 的總和，程式輸入資料是相加範圍 1 和 100，然後執行程式輸出計算結果 5050。

設計（Design）

在了解程式設計的需求後，我們可以開始找尋解決問題的方法和策略，簡單的說，設計階段就是找出解決問題的步驟，如下圖所示：

上述圖例指出輸入資料需要經過處理才能將資料轉換成有用的資訊，也就是輸出結果。例如：1 加到 100 是 1+2+3+4+…+100 的結果，程式是使用數學運算的加法來解決問題，因為需要重複執行加法運算，所以第 7 章的迴圈結構就派上用場。

再來看一個例子，如果需要將華氏溫度轉換成攝氏溫度，輸入資料是華氏溫度，溫度轉換是一個數學公式，在經過運算後，就可得到攝氏溫度，也就是我們所需的資訊。

所以，為了解決需求，程式需要執行資料的運算或比較等操作，請將詳細的執行步驟和順序寫下來，這就是設計解決問題的方法，也就是演算法。

分析（Analysis）

在解決需求時只有一種解決方法嗎？例如：如果有 100 個變數，我們可以宣告 100 個變數儲存資料，或是使用陣列（一種資料結構）來儲存，在分析階段是將所有可能解決問題的演算法都寫下來，然後分析比較哪一種方法比較好，選擇最好的演算法來撰寫程式。

如果無法分辨出哪一種方法比較好，請直接選擇一種方法繼續下一個階段，因為在撰寫程式碼時，如果發現其實另一種方法比較好，我們可以馬上改為另一種方法來撰寫程式碼。

撰寫程式碼（Coding）

現在，我們可以開始使用程式語言撰寫程式碼，以本書為例是使用 C 語言，在實際撰寫程式時，可能發現另一種方法比較好，因為設計歸設計，有時在實際撰寫程式時才會發現其優劣，如果這是一個良好的設計方法，就算改為其他方法也不會太困難。

程式設計者有時很難下一個決定，就是考量繼續此方法，或改用其他方法重新開始，此時需視情況而定。不過每次撰寫程式碼最好只使用一種方法，而不要同時使用多種方法，如此，在發現問題確定需要重新開始時，因為已經有撰寫一種方法的經驗，第 2 次將會更加容易。

驗證（Verification）

驗證是證明程式執行的結果符合需求的輸出資料，在這個階段可以再細分成三個小階段，如下所示：

- **證明**：執行程式時需要證明它的執行結果是正確的，程式符合所有輸入資料的組合，程式規格也都符合演算法的需求。
- **測試**：程式需要測試各種可能情況、條件和輸入資料，以測試程式執行無誤，如果有錯誤產生，就需要除錯來解決問題。
- **除錯**：如果程式無法輸出正確結果，除錯是在找出錯誤的地方，我們不但需要找出錯誤，還需要找出更正錯誤的方法。

上述五個階段是設計程式和開發應用程式經歷的階段，不論大型應用程式或一個小程式，都可以套用相同流程。首先針對問題定義需求，接著找尋各種解決方法，然後在撰寫程式碼的過程中找出最佳的解決方法，最後經過重複的驗證，就可以建立正確執行的電腦應用程式。

2-1-2 本書使用的 C 程式設計教學步驟

fChart 程式設計教學工具是針對初學者設計的程式語言教學工具，可以將基礎程式設計轉變成為積木組裝遊戲，透過 fChart 流程圖直譯器執行流程圖來了解程式執行流程，這就是組裝程式的執行步驟說明書。

然後啟動 fChart 程式碼編輯器撰寫原始程式碼，這是程式組裝工具，因為 fChart 程式碼編輯器提供流程圖符號分類的功能表命令，可以快速插入所需程式碼，換言之，初學者可以馬上實作，「真正從實作中學習」，輕鬆使用 C 語言撰寫出完整 C 程式碼，其教學步驟如下所示：

步驟 ①：觀察流程圖 - 觀察流程圖的執行步驟

fChart 流程圖直譯器提供可執行的流程圖，這是程式組裝說明書，讀者可以實際執行流程圖來觀察執行流程，了解程式實際執行的步驟，並且找出和寫下依據流程圖符號分類的執行步驟。

步驟 ②：實作程式碼 - 依據流程圖步驟的符號來建立程式

fChart 程式碼編輯器提供流程圖符號分類的功能表命令，和 Blockly 積木程式編輯器來幫助讀者建立完整的 C 程式碼，讀者可以選擇 2 種方法來撰寫 C 程式碼，如下所示：

- **方法一**：透過步驟 ① 找出的流程圖符號與步驟，依據符號分類，找出對應的程式碼片段，然後一一插入來建立完整 C 程式碼，我們可以將流程圖說明書的符號一一轉換成對應的 C 程式碼，最後，在小幅修改後，就可以編譯和執行 C 程式，看到程式的執行結果。

- **方法二**：如果使用功能表命令仍然有些困難，請啟動 Cake Blockly for C 積木程式編輯器，依據步驟 ① 找出的流程圖符號與步驟，使用積木拼出對應的積木程式，在自動轉換成 C 程式碼後，即可在 fChart 程式碼編輯器開啟、編譯和執行 C 程式。

步驟 ③：了解程式碼 - 程式語法說明

當成功建立和執行程式碼後，我們再來一一了解程式語法，和進一步修改現有程式來學習更多相關的 C 程式語法。

本書第 2~7 章的主要範例就是使用上述三個教學步驟，使用 fChart 程式設計教學工具來幫助初學程式設計者學習 C 語言的基礎程式設計。

2-2 寫出你的第一個 C 程式

fChart 程式設計教學工具除了提供 fChart 流程圖直譯器，還內建 fChart 程式碼編輯器，可以在同一工具來編輯、編譯和執行 C 程式，在本書附的版本是使用和 Dev-C++ 相同的 GCC 編譯器。

步驟 ①：觀察流程圖

觀察步驟是使用 fChart 流程圖直譯器來執行流程圖，以便觀察程式的執行流程。請啟動 fChart 執行「檔案 / 載入流程圖專案」命令，開啟「\C\Ch02\Ch2_2.fpp」專案的流程圖，如下圖所示：

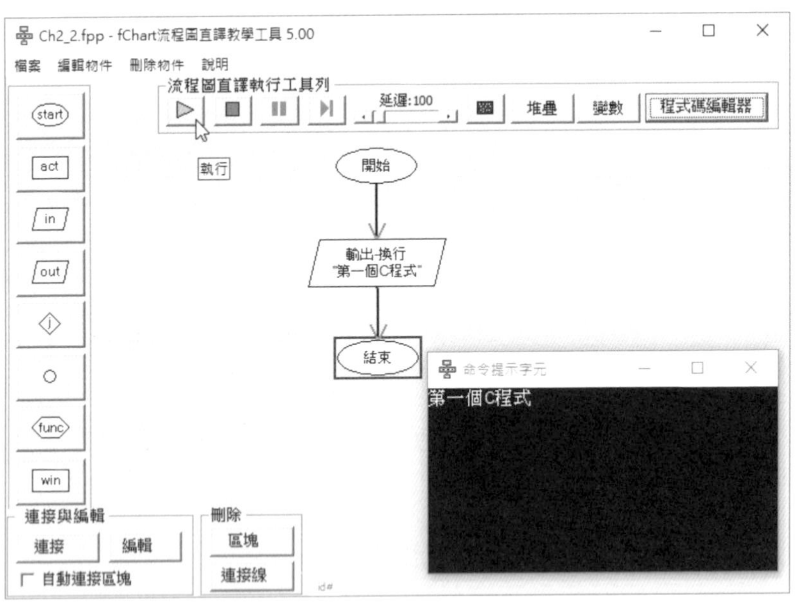

按上方工具列的**執行**鈕，可以看到流程圖的執行結果顯示一段文字內容，這個流程圖十分簡單，我們可以輕鬆寫出其執行步驟只有 1 個，如下所示：

```
Step 1:輸出"第一個C程式"(輸出符號)
```

步驟 ②：實作程式碼

實作步驟是使用 fChart 程式碼編輯器來輸入對應流程圖符號的 C 程式碼，因為 fChart 程式碼編輯器內建 GCC 編譯器，在完成程式碼編輯後，就可以馬上編譯和執行建立的 C 程式。

在程式碼編輯部分，fChart 程式碼編輯器除了自行使用鍵盤輸入 C 程式碼外，你也可以使用功能表命令來快速插入 C 程式碼片段後，然後進行小部分修改來完成 C 程式碼的輸入，其步驟如下所示：

Step 1 請在 fChart 流程圖直譯器的上方工具列，按最後**程式碼編輯器**鈕啟動 fChart 程式碼編輯器，預設程式語言是 C 語言（右下方的選項按鈕可以切換使用的程式語言），如下圖所示：

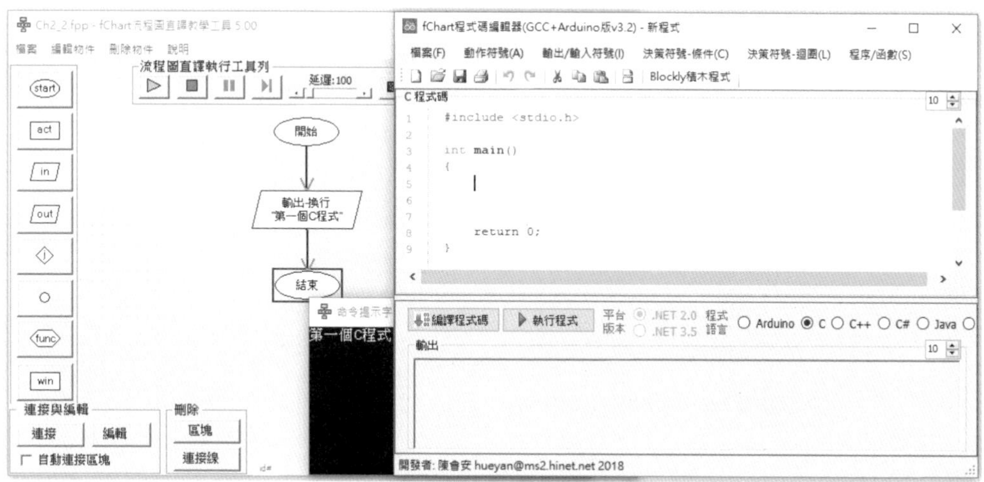

位在程式碼編輯區域右上角的數字是目前的字型尺寸，我們可以使用箭頭馬上調整程式碼顯示的字型尺寸。

Step 2 因為流程圖是使用輸出符號輸出一段訊息文字，請先在 main() 函數程式區塊中點一下作為插入點。

Step 3 請執行「輸出 / 輸入符號」下的「輸出符號 / 訊息文字 + 換行」命令，插入 C 語言 printf() 函數的輸出程式碼，"\n" 是換行。

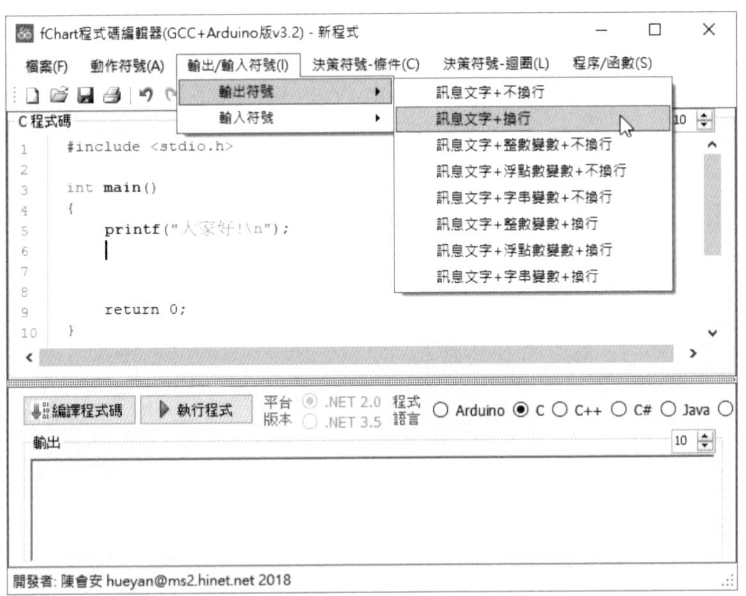

Step 4 請將字串內容「大家好！」改為「第一個 C 程式」。

C 程式碼

```
#include <stdio.h>

int main()
{
    printf("第一個C程式\n");



    return 0;
}
```

Step 5 執行「檔案 / 儲存」命令儲存檔案，可以開啟「另存新檔」對話方塊，請切換至「\C\Ch02」目錄後，在**檔案名稱**欄輸入檔名 Ch2_2.c，按**存檔**鈕儲存成 C 程式檔案（執行「檔案 / 開啟」命令可以開啟存在的 C 程式檔案）。

Step 6 請按下方**編譯程式碼**鈕編譯 C 程式，如果沒有錯誤，可以在下方顯示成功編譯的綠色訊息文字；錯誤是紅色的錯誤訊息文字。

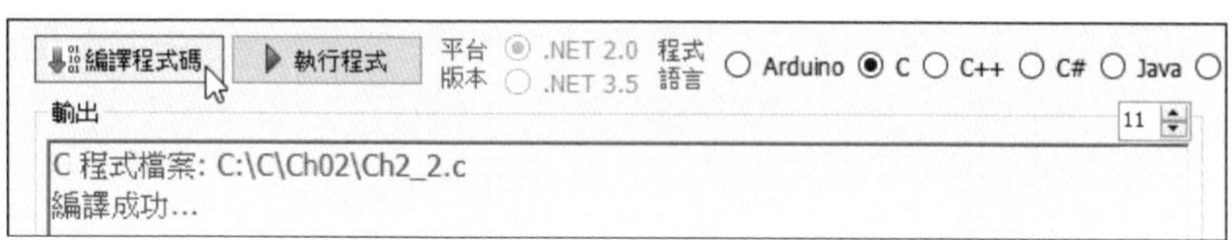

Step 7 然後按**執行程式**鈕執行 C 程式，可以開啟「命令提示字元」視窗來顯示執行結果。

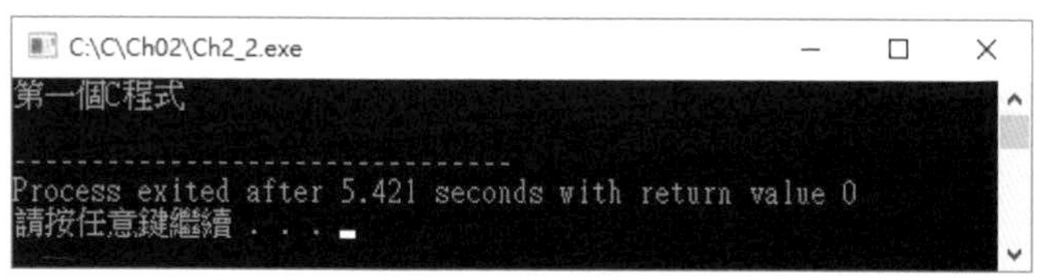

步驟 ③：了解程式碼

第一個 C 程式只是使用 printf() 函數，將參數字串（使用「"」符號括起的文字內容）輸出到螢幕上來顯示，因為 printf() 函數不會換行，所以在字串最後加上 "\n" 新行字元，如下所示：

```
printf("第一個C程式\n");
```

同樣方式，我們可以使用 printf() 函數再輸出作者或讀者姓名，如下所示：

```
printf("陳會安\n");
```

請在 fChart 程式碼編輯器的 printf() 函數下，點一下作為插入點，然後執行「輸出 / 輸入符號」下的「輸出符號 / 訊息文字 + 換行」命令插入程式碼後，修改字串成為姓名，就完成修改後的 C 程式碼，如下圖所示：

C 程式碼

```
#include <stdio.h>

int main()
{
    printf("第一個C程式\n");
    printf("陳會安\n");


    return 0;
}
```

上述 C 程式使用 2 個 printf() 函數輸出二列文字內容，請執行「檔案 / 另存新檔」命令另存成 Ch2_2a.c，然後編譯和執行 C 程式，可以看到輸出二列文字內容，如下圖所示：

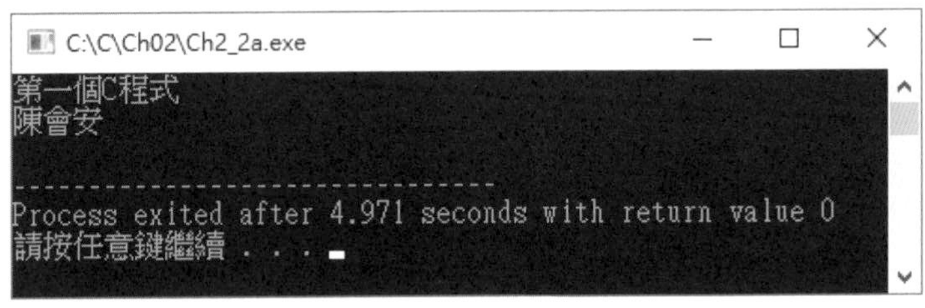

如果執行「輸出 / 輸入符號」下的「輸出符號 / 訊息文字 + 不換行」命令，因為插入的 printf() 函數沒有 "\n" 新行字元，輸出的文字內容不會換行，如果是最後一列程式碼，執行結果並看不出來，請插入在 2 個 printf() 函數的中間（C 程式：Ch2_2b.c），如下所示：

```
printf("第一個C程式\n");
printf("大家好!");
printf("陳會安\n");
```

上述程式碼共有 3 個 printf() 函數，第 1 和第 3 個函數的文字內容中有 "\n" 新行字元，位在中間的第 2 個沒有，其執行結果可以看到後二列程式碼輸出的內容是連在一起，因為沒有換行，如下圖所示：

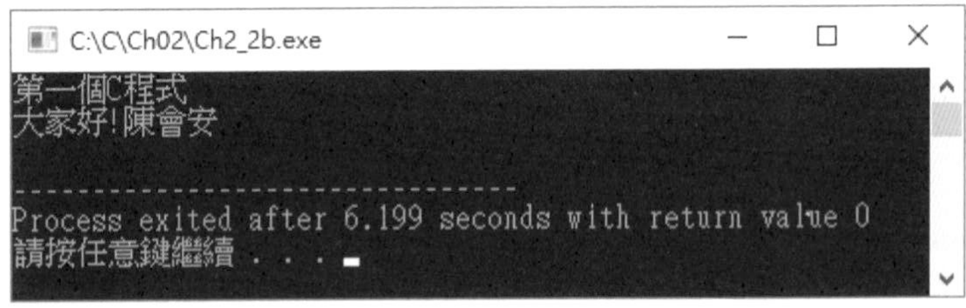

2-3 寫出你的第二個 C 程式

第 2-2 節的 C 程式只是單純輸出文字內容，因為程式通常都需要進行運算，所以，第二個 C 程式是一個加法程式，可以將 2 個變數值相加後，輸出運算結果。

步驟 ①：觀察流程圖

請啟動 fChart 執行「檔案 / 載入流程圖專案」命令，開啟「\C\Ch02\Ch2_3.fpp」專案的流程圖，如下圖所示：

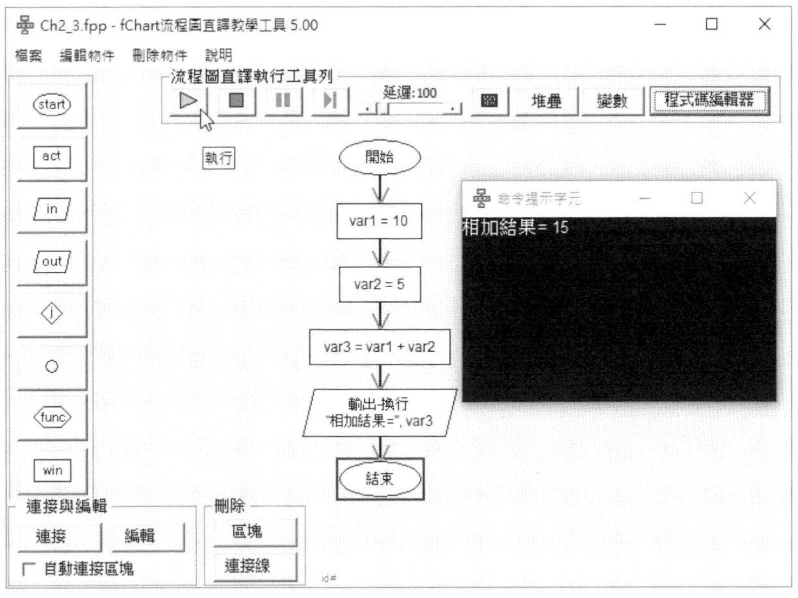

按上方工具列的**執行**鈕，可以看到流程圖的執行結果顯示加法計算結果是 15，我們可以寫出其執行步驟，如下所示：

```
Step 1:定義變數var1(動作符號)
Step 2:定義變數var2(動作符號)
Step 3:加法運算式(動作符號)
Step 4:輸出文字內容和變數var3(輸出符號)
```

在 fChart 流程圖的動作符號可以定義變數或建立算術運算式，定義變數是宣告變數和指定變數值，或指定變數成其他變數值，簡單的說，就是建立一個變數來儲存資料，如同數學代數的 X、Y。

步驟 ②：實作程式碼

接著，我們使用 fChart 程式碼編輯器輸入對應流程圖符號的 C 程式碼，其步驟如下所示：

Step 1 啟動 fChart 程式碼編輯器，如果已經啟動，請執行「檔案 / 新增」命令建立新程式，然後在 main() 函數中點一下作為插入點。

Step 2 執行「動作符號 / 定義變數 / 定義整數變數」命令，插入第 1 個宣告整數變數和指定初值的 C 程式碼。

Step 3 因為需要 2 個變數，請再執行「動作符號 / 定義變數 / 定義整數變數」命令，插入第 2 個宣告整數變數和指定初值的 C 程式碼。

Step 4 接著是加法運算，請執行「動作符號 / 算術運算式 / 加法」命令，插入一個加法運算式。

Step 5 最後是輸出運算結果，請執行「輸出 / 輸入符號」下的「輸出符號 / 訊息文字 + 整數變數 + 換行」命令，可以插入 printf() 函數輸出整數變數和換行，如下圖所示：

C 程式碼 10

```
#include <stdio.h>

int main()
{
    int var1 = 10;
    int var1 = 10;
    result = var1 + var2;
    printf("變數值 = %d\n" , var1);
    


    return 0;
}
```

Step 6 請將第 6 列的 var1 改為 var2；值 10 改為 5，第 7 列的 result 改為 var3，第 8 列的文字內容「變數值」改為「相加結果」；最後的 var1 改為 var3，如下所示：

```
int var1 = 10;
int var2 = 5;
var3 = var1 + var2;
printf("相加結果 = %d\n" , var3);
```

Step 7 請執行「檔案 / 儲存」命令，儲存成檔名 Ch2_3.c 的 C 程式檔案。

Step 8 按下方**編譯程式碼**鈕編譯 C 程式，發現有錯誤！在下方顯示紅色的錯誤訊息文字。

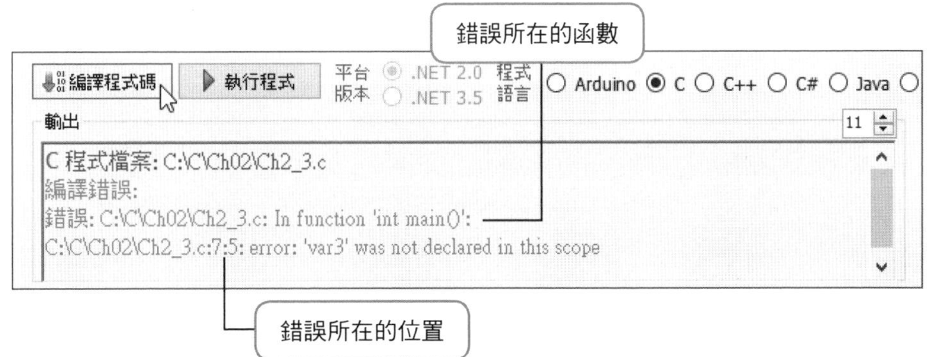

Step 9 上述訊息共有 2 列，第 1 列指出 main() 函數有錯誤，第 2 列指出位在第 7 列第 5 個字元的變數 var3 沒有宣告，因為 fChart 流程圖的變數可以直接使用，但是 C 語言的變數一定需要宣告後才能指定變數值，請在第 6 列的最後按 Enter 鍵插入一新列，如下圖所示：

```
3  int main()
4  {
5      int var1 = 10;
6      int var2 = 5;
7      |
8      var3 = var1 + var2;
9      printf("相加結果 = %d\n" , var3);
```

Step 10 執行「動作符號 / 定義變數 / 定義整數變數」命令，插入第 3 個宣告變數和指定初值的程式碼，然後將變數名稱改為 var3，如下圖所示：

```
int main()
{
    int var1 = 10;
    int var2 = 5;
    int var3 = 10;

    var3 = var1 + var2;
    printf("相加結果 = %d\n" , var3);
```

Step 11 在儲存後，按**編譯程式碼**鈕編譯 C 程式，可以看到編譯成功沒有錯誤。

Step 12 按**執行程式**鈕執行 C 程式，可以開啟「命令提示字元」視窗顯示加法的運算結果 15。

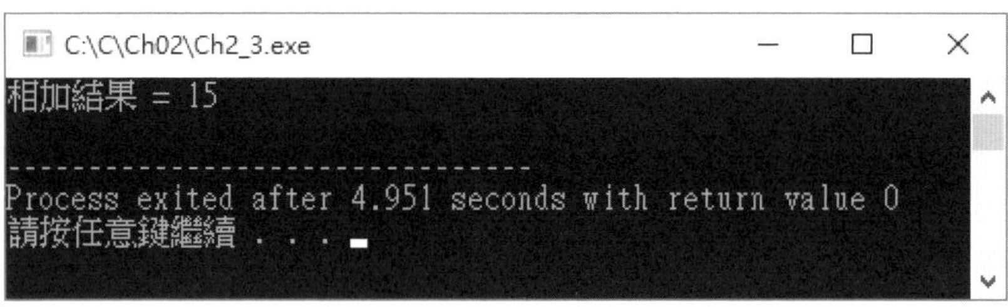

步驟 ③：了解程式碼

從本節的 C 程式範例可以學到 2 件事，如下所示：

- C 程式的變數一定需要先宣告後才能使用，如下所示：

```
int var1 = 10;
int var2 = 5;
int var3 = 10;
```

- C 語言的算術運算式和數學的加減乘除四則運算並沒有什麼不同，我們可以建立 C 程式來進行數學計算，如下所示：

```
var3 = var1 + var2;
```

更進一步，如果將「+」號改為「-」號，就成為減法運算（C 程式：Ch2_3a.c），其執行結果是 5，如下圖所示：

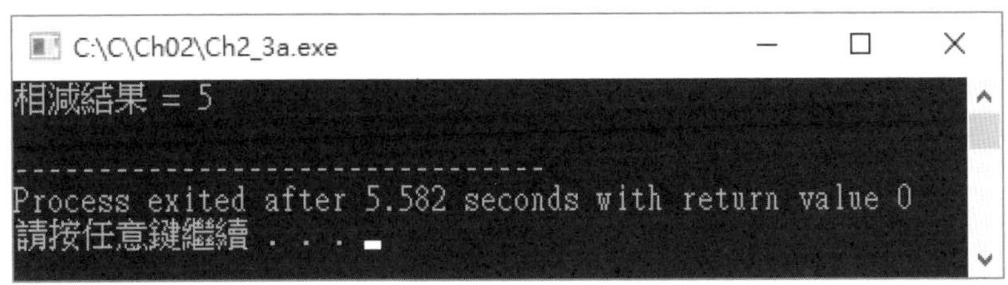

fChart 流程圖也可以一併修改，請按二下動作符號 **var3 = var1 + var2**，可以看到「動作」對話方塊。

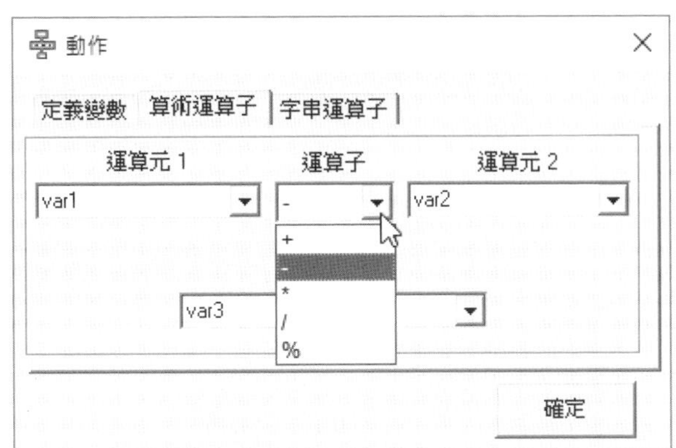

請將運算子從「+」改為「-」，按**確定**鈕改為減法運算的 fChart 流程圖（Ch2_3a.fpp）。

2-4 使用 Blockly 積木拼出你的 C 程式

Blockly 是一套不需 Web 伺服器和任何外掛程式，只需啟動瀏覽器（建議使用 Chrome 瀏覽器），就可以執行的視覺化積木程式編輯器。

2-4-1 認識 Blockly 積木程式編輯器

Blockly 是 Google 公司支援的開源專案，一套在客戶端執行的視覺化積木程式編輯器，源於 Scratch 和 App Inventor 的積木觀念，可以讓使用者不用撰寫文字內容的程式碼，直接拖拉積木來組合出積木程式。

Cake Blockly for C 語言是基於 Blockly 的積木程式編輯器，原來是韓國 Joshua 團隊開發的 C 語言版本（https://github.com/cra16/cake-core），筆者已經將它中文化、修正錯誤和增強功能，可以幫助初學程式者輕鬆拖拉積木，來學習程式語言的基礎程式設計，如下表所示：

Blockly 積木	C 程式碼

main() 函數: 主程式
int 變數名稱 count 初始值 1
如果if count > 1
執行 輸出printf “count值大於1”
否則else 輸出printf “count值小於等於1”
int 型態的傳回值:
	#include <stdio.h>
	
	int main()
	{
	int count = 1;
	if (count > 1) {
	printf("count值大於1");
	} else {
	printf("count值小於等於1");
	}
	return 0;
	}

上述積木程式會自動轉換成對應的 C 程式碼，換句話說，我們可以透過「拼」出積木程式來學習基礎 C 程式設計。

2-4-2 使用 Blockly 建立第一個 C 程式

現在，我們就從啟動 Blockly 積木程式編輯器開始，參考第 2-2 節的 fChart 流程圖來建立出第一個積木程式，和自動轉換出 C 程式碼，其步驟如下所示：

請在 fChart 程式碼編輯器選 C 語言，按上方工具列的 **Blockly 積木程式**鈕，預設使用 Google Chrome 瀏覽器開啟 Cake Blockly for C 積木程式編輯器。

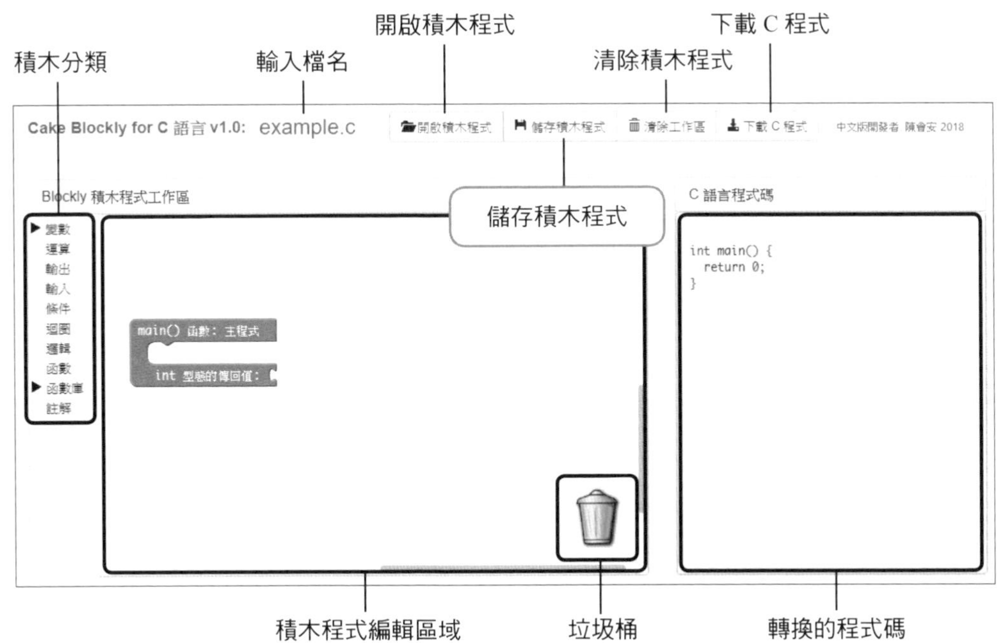

上述使用介面分成左右兩大部分，在左邊是積木程式編輯區域，可以從最左邊積木分類拖拉積木來拼出積木程式（拖拉至垃圾桶是刪除積木），右邊是自動轉換的 C 程式碼。

上方工具列有 4 個按鈕，前 2 個是開啟和儲存副檔名 .xml 的積木程式，第 3 個是清除工作區的積木程式，最後 1 個按鈕可以下載轉換的 C 程式檔案，檔名就是左上方欄位輸入的程式檔案名稱。

Step 2 請在左邊選**輸出**分類下的**輸出 printf** 積木，可以拖拉至 main() 函數中的大嘴巴來新增積木，如下圖所示：

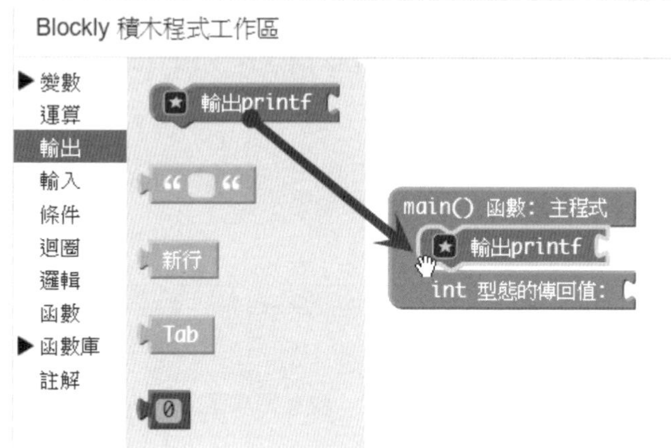

Step 3 然後選**輸出**分類下第 2 個空字串的積木，並且拖拉至**輸出** printf 積木後方，即可自動連接至後方的插槽，如下圖所示：

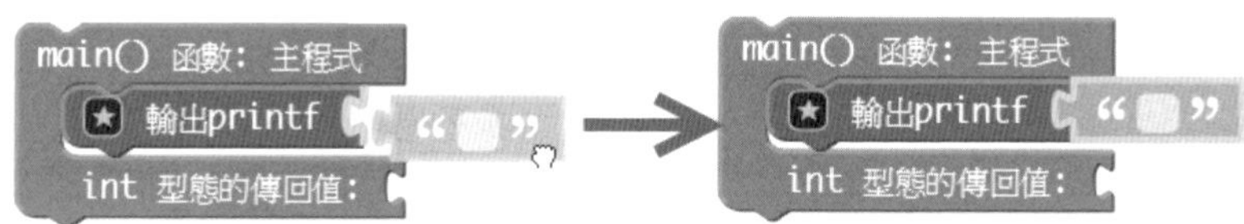

如果不小心選錯積木，請拖拉積木至右下角垃圾桶，即可刪除積木，或執行右鍵快顯功能表的**刪除積木**命令。

請在空字串輸入「第一個 C 程式 \n」，就完成積木程式的建立，同時在右邊看到轉換的 C 程式碼。

main() 函數: 主程式
輸出printf “ 第一個C程式\n ”
int 型態的傳回值:

C 語言程式碼

```
#include <stdio.h>


int main()
{
  printf("第一個C程式\n");
  return 0;
}
```

Step 5 在左上方點選檔名，即可輸入檔名 Ex2_4_2，按之後的**儲存積木程式**鈕，可以下載積木程式 Ex2_4_2.xml。

Cake Blockly for C 語言 v1.0: Ex2_4_2.c　開啟積木程式

Step 6 按上方工具列最後的**下載 C 程式**鈕，可以下載 C 程式 Ex2_4_2.c。

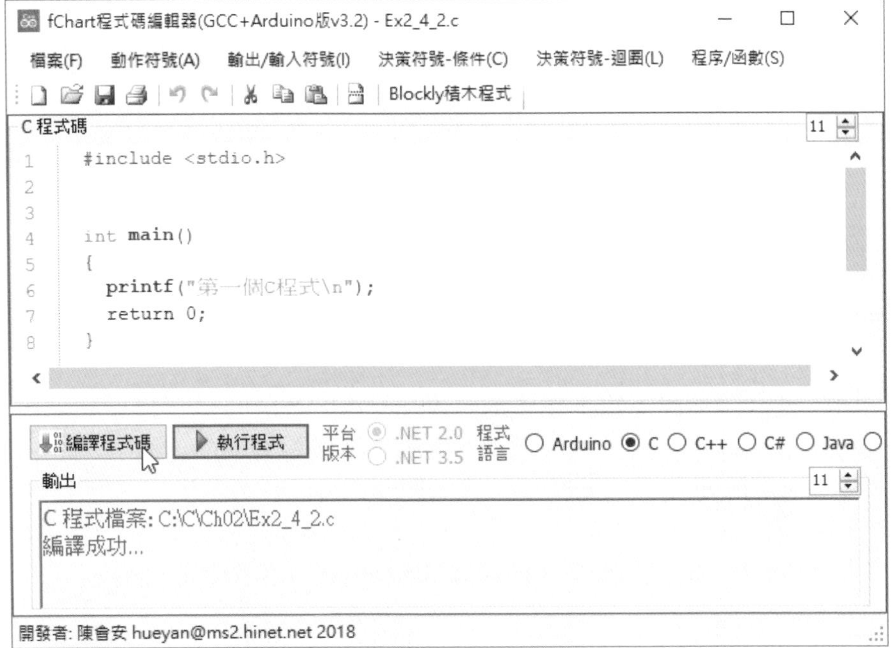

Step 7 然後使用 fChart 程式碼編輯器開啟 C 程式檔案 Ex2_4_2.c，請注意！因為下載檔案是 utf-8 編碼，請記得開啟檔案後，馬上執行「檔案 / 儲存」命令，或按上方儲存鈕儲存 C 程式來更改成 ANSI 編碼。

從 Blockly 積木程式下載的 C 程式是 utf-8 編碼，如果內含中文字串，在編譯執行後，在「命令提示字元」視窗會顯示亂碼，當使用 fChart 程式碼編輯器開啟 C 程式後，請先執行「檔案 / 儲存」命令儲存 C 檔案，即可改為 ANSI 編碼，如此就不會顯示亂碼。

Step 8 按**編譯程式碼**鈕編譯程式後，按**執行程式**鈕，可以開啟「命令提示字元」視窗來顯示執行結果。

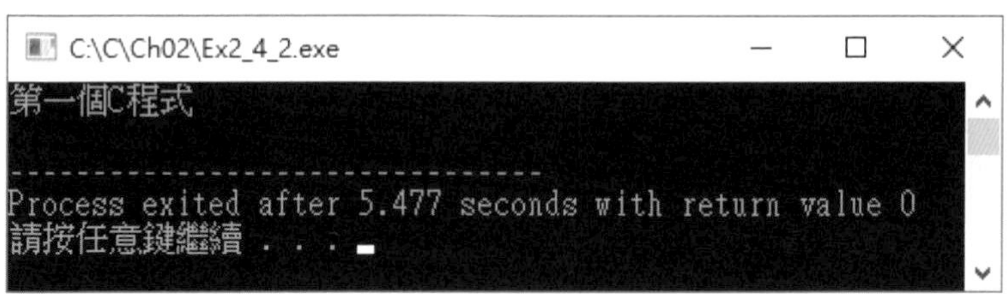

除了直接從 Blockly 積木程式下載 C 程式檔外，為了避免編碼問題，也可以選取程式碼，使用滑鼠**右**鍵快顯功能表的複製和貼上命令，將 Blockly 產生的 C 程式碼複製到 fChart 程式碼編輯器來進一步編輯和儲存，如此就不會有編碼的問題。

2-4-3 使用 Blockly 建立第二個 C 程式

在第 2-4-2 節是使用積木程式編輯器建立第 2-2 節的第一個 C 程式，這一節，我們準備使用 Blockly 建立第 2-3 節的第二個 C 程式，並且說明如何新增變數，其步驟如下所示：

Step 1 請啟動積木程式編輯器，如果編輯區域已經有積木程式，請按上方工具列的**清除工作區**鈕，再按**確定**鈕清除目前的積木程式。

Step 2 在左邊選**變數**分類下的**變數**，拖拉第 1 個積木至 main() 函數，可以宣告 1 個預設 int 整數的變數 myVar，如下圖所示：

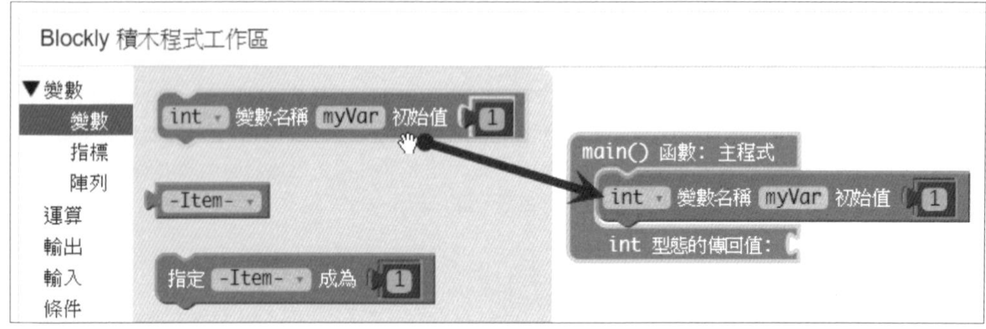

Step 3 選 **myVar** 輸入變數名稱 **var1**，即可更名成 var1，在前方可以選擇變數的資料型態，在後方輸入初值 **10**。

main() 函數: 主程式
int 變數名稱 var1 初始值 10
int 型態的傳回值:

Step 4 請重複 Step 2~3 再新增名為 var2 和 var3 的兩個變數，可以看到共新增 3 個變數 var1~3，其中 var2 的初值是 **5**，如下圖所示：

main() 函數: 主程式
int 變數名稱 var1 初始值 10
int 變數名稱 var2 初始值 5
int 變數名稱 var3 初始值 1
int 型態的傳回值:

Step 5 然後是加法運算式，首先拖拉**變數 / 變數**分類下的第 3 個積木指定變數值，如下圖所示：

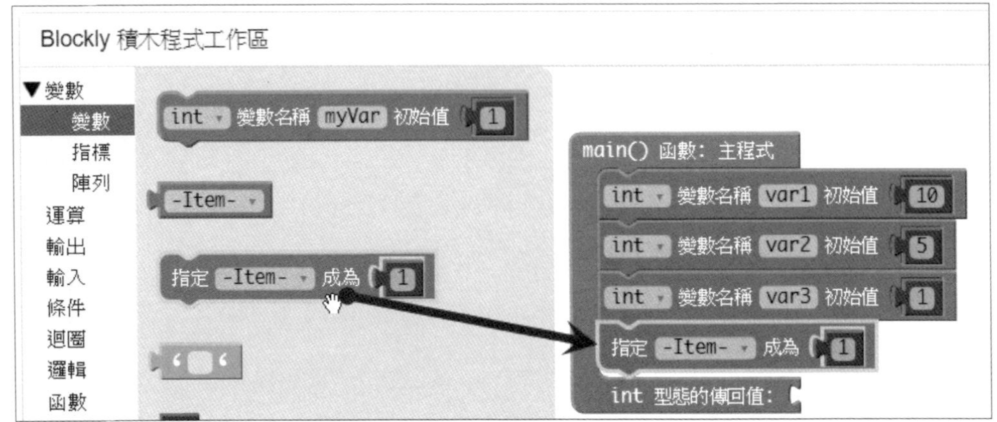

Step 6 因為是加法運算式，請在**運算**分類拖拉第 2 個運算式積木，在下拉式選單可選擇使用的運算子，以此例是加法。

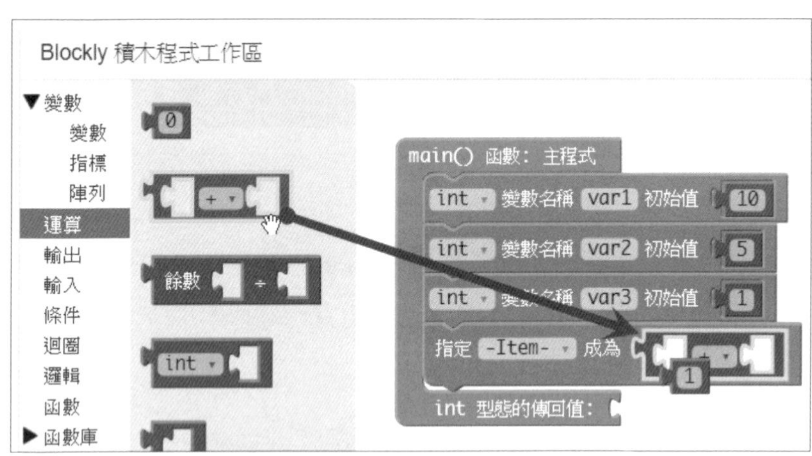

Step 7 請在 -Item- 選 **var3**，和拖拉多出的 **1** 積木至垃圾桶，即可刪除此積木。

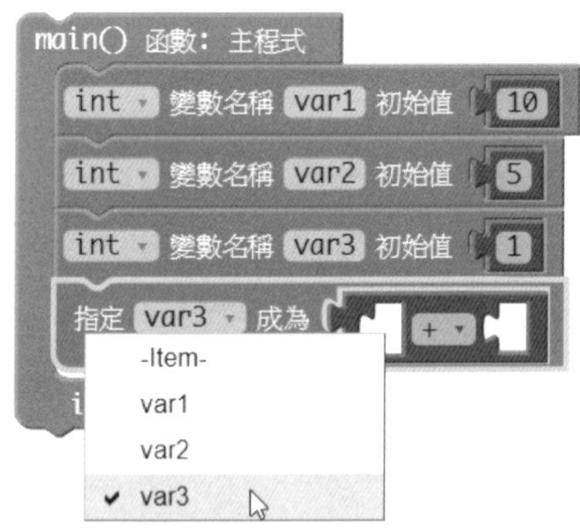

Step 8 我們需要新增 2 個運算元，請分別拖拉 2 個**變數 / 變數**分類下的 -Item- 積木，填入運算式的 2 個運算元，然後改為 **var1** 和 **var2**，如下圖所示：

Step 9　最後拖拉**輸出**分類下的**輸出 printf** 積木來輸出結果，因為需要輸出說明文字和變數 var3，請點選積木右上方藍色圖示來新增項目（再點一下圖示可以關閉視窗），只需拖拉**項目**至大嘴巴中，就可以新增 1 個項目，如下圖所示：

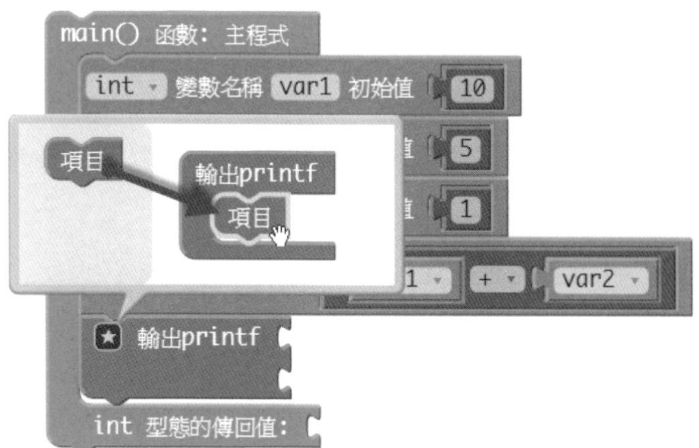

Step 10　輸出積木的第 1 個項目是字串，請拖拉**輸出**分類的第 1 個積木，和輸入**相加結果 =** 後，拖拉**變數 / 變數**分類下的 -Item- 積木至第 2 個項目且改為變數 var3。

Step 11　在第 2-4-2 節是直接輸入「\n」字元來換行，請在**輸出 printf** 積木再新增一個項目，然後拖拉**輸出**分類下的**新行**字元來換行，即可完成積木程式的建立，如下圖所示：

C 語言程式碼

```
#include <stdio.h>


int main()
{
  int var1 = 10;
  int var2 = 5;
  int var3 = 1;
  var3 = (var1 + var2);
  printf("相加結果 = %d\n", var3);
  return 0;
}
```

Step 12 請分別下載積木程式 Ex2_4_3.xml 和轉換後的 C 程式 Ex2_4_3.c。

2-5 C 程式的基本結構

C 程式的基本結構是含括標頭檔、函數原型宣告和全域變數宣告、主程式 main() 函數和其他函數所組成，如下所示：

```
含括標頭檔
全域變數宣告
函數的原型宣告
int main()
{
    程式敘述 1~N;
}
傳回型態 函數名稱 1( 參數列 ) {
    程式敘述 1~N;
}
…
傳回型態 函數名稱 N( 參數列 ) {
    程式敘述 1~N;
}
```

上述 C 程式基本結構中必備的元素是主程式 main() 函數。函數(Functions)是一個獨立程式片段，可以完成指定工作，這是由函數名稱和大括號包圍的程式區塊所組成。

以第 2-2 節的 Ch2_2.c 為例，程式沒有全域變數和函數，程式結構只有開頭的含括標頭檔和主程式 main() 函數。關於函數原型宣告、全域變數和之後函數名稱 1~N 的說明請參閱本書＜第 8 章：函數＞。

含括標頭檔

因為 C 語言本身只提供簡單語法，其功能主要是由 C 語言標準函數庫提供(或稱為函式庫)，標頭檔是函數庫的函數原型宣告。如果在 C 程式有使用指定函數庫的函數，就需要含括指定的標頭檔，標頭檔的附檔名是 .h。在程式範例 Ch2_2.c 共含括 1 個標頭檔，如下所示：

```
#include <stdio.h>
```

上述程式碼是使用 C 語言「前置處理器」(Preprocess) 的 #include 指令來含括標頭檔。<stdio.h> 標頭檔是 C 語言標準輸出 / 輸入函數庫，即包含 printf() 輸出函數的函數原型宣告。因為我們在程式使用 printf() 函數，所以在 C 程式開頭需要含括 <stdio.h> 標頭檔。

主程式 main() 函數

函數 main() 是 C 程式的主程式，即 C 程式執行時的進入點，也就是說執行 C 程式就是從此函數的第一列程式碼開始，以 Ch2_2.c 為例的主程式內容，如下所示：

```
int main()
{
    printf("第一個C程式\n");

    return 0;
}
```

上述 main() 主程式是一個 C 函數，之後的空括號表示沒有參數，傳回值的資料型態是 int，使用 "{" 和 "}" 符號包圍的是執行的程式區塊（Blocks）。所謂執行 C 程式就是從主程式 main() 中的第 1 列程式碼執行到最後一列程式碼。

最後的 return 指令可以傳回 main() 主程式的傳回值，傳回值的資料型態是 main() 主程式前指定的 int 整數資料型態。

主程式的傳回值是傳回給作業系統，0 表示程式執行沒有錯誤；非零值表示程式執行有錯誤。

標準函數庫的函數

C 語言的標準函數庫是 C 語言編譯器的內建模組，提供眾多常用且通用功能的現成函數，例如：數學函數、字串處理、輸出輸入和檔案處理等。

在 C 程式可以直接使用標準函數庫的函數來完成所需工作，在 Ch2_2.c 使用的標準函數庫函數，其說明如下所示：

- **printf() 函數**：C 語言的輸出函數（在第 4 章有進一步的說明），可以將參數字串（使用「"」符號括起的文字內容）輸出到螢幕上顯示，printf() 函數並不會換行，換行是因為在字串最後加上 '\n' 新行字元，如下所示：

```
printf("第一個C程式\n");
```

2-6 C 語言的寫作風格

C 語言的寫作風格是撰寫 C 語言程式碼的規則。C 語言的程式碼是由程式敘述組成，數個程式敘述組合成程式區塊，每一個區塊擁有數列程式敘述或註解文字，一列程式敘述是一個運算式、變數和指令的程式碼。

2-6-1　程式敘述

C 程式是由程式敘述（Statements）組成，一列程式敘述如同英文的一個句子，內含多個運算式、運算子或關鍵字（詳見第 3 章和第 5 章）。

程式敘述的範例

一些 C 語言程式敘述的範例，如下所示：

```
int b = 10;
a = b * c;
printf("第一個C程式\n");
;
```

上述第 1 列程式碼是變數宣告，第 2 列是指定敘述的運算式，第 3 列是呼叫標準函數庫的 printf() 函數，最後是一列空程式敘述（Null Statement）。

「;」程式敘述結束符號

C 語言的「;」符號代表程式敘述的結束，告訴編譯器已經到達程式敘述的最後，所以在每一個程式敘述後，一定有「;」符號，因為我們撰寫的 C 程式是一列有一個程式敘述，所以每一列的最後都有「;」符號，而且絕對不要忘了加上此符號，如下所示：

```
int b = 10;
```

在實務上，我們只需活用「;」符號，就可以在同一列程式碼撰寫多個程式敘述，如下所示：

```
b = 10; c = 4; a = b * c;
```

上述程式碼在同一列 C 程式碼列擁有 3 個程式敘述。

2-6-2 程式區塊

程式區塊（Blocks）是由多個程式敘述組成，使用 "{" 和 "}" 大括號（Braces）包圍，如下所示：

```
int main()
{
    printf("第一個C程式\n");
    return 0;
}
```

上述 main() 主程式的程式碼部分是程式區塊，在第 6~8 章說明的流程控制敘述和函數都擁有程式區塊。

C 語言是一種「自由格式」（Free-format）程式語言，我們可以將多個程式敘述寫在同一列，甚至可以將整個程式區塊置於同一列，程式設計者可以自由編排程式碼，如下所示：

```
int main() { printf("第一個C程式\n"); return 0; }
```

上述 main() 主程式和前面的相同，但是閱讀上比較困難，事實上，空白字元和換行的目的就是在編排程式碼，以便讓程式碼更容易閱讀。

2-6-3 程式註解

程式註解（Comments）是程式中十分重要的部分，可以提供程式內容的進一步說明，良好註解不但能夠了解程式目的，並且在程式維護上，也可以提供更多的資訊。

基本上，程式註解是給程式設計者閱讀的內容，編譯器在編譯原始程式碼時會忽略註解文字和空白字元，所以，在編譯結果的目標檔中並不會包含註解文字和多餘的空白字元。

C 語言的區塊註解

C 語言的程式註解可以出現在程式檔案的任何地方，這是使用「/*」和「*/」符號括起來標示其內容為註解文字，例如：我們可以在 C 程式開頭加上程式檔名稱的註解文字，如下所示：

```
/* 程式範例: Ch2 _ 2.c */
```

上述註解文字是位在「/*」和「*/」符號中的文字內容。C 語言的註解可以跨過很多列，稱為區塊註解，如下所示：

```
/* --------------------------
   程式範例: Ch2 _ 2.c
------------------------------ */
```

不過 C 語言的註解中不可以包含其他註解，也就是不支援巢狀註解的寫法。

C99 語言的單行註解

C99 可以使用 C++ 語言的註解方式，即在程式中以「//」符號開始的列，或程式列位在「//」符號後的文字內容都是註解文字，如下所示：

```
// 顯示訊息
printf("第一個C程式\n");     // 顯示訊息
```

2-6-4 太長的程式碼

C 語言的程式碼列如果太長，基於程式編排的需求，太長的程式碼並不容易閱讀，我們可以將它分成兩列來編排。因為 C 語言屬於自由格式編排的語言，如果程式碼需要分成兩列，直接分割即可，如下所示：

```
result = maxValue( var1, var2, var3,
                   var4, var5, var6 );
```

上述函數呼叫的程式碼分成 2 列。如果程式碼需要連續列（即其中不可有新行字元 '\n'），我們可以在程式碼列的最後加上「\」符號（Line Splicing），將程式碼分成數列，如下所示：

```
sum = grades[0] + grades[1] + \
      grades[2] + grades[3] + \
      grades[4];
```

上述程式碼是將「\」符號後的新行字元刪除掉後，將 2 列合併成一列。C 語言的程式碼是否使用「\」符號分割程式碼都無所謂，不過前置處理器定義巨集（詳見第 12 章）時，如果指令太長，就一定需要使用「\」符號合併兩列（因為在兩列間不可有新行字元 '\n'）。

2-6-5 程式碼縮排

在撰寫程式時記得使用縮排編排程式碼，適當的縮排程式碼，可以讓程式更加容易閱讀，因為可以反應出程式碼的邏輯和迴圈架構，例如：在 for 迴圈區塊的程式碼縮幾格編排，如下所示：

```
for ( i = 0; i <= 10; i++ ) {
    printf("%d\n", i);
    total = total + i;
}
```

上述迴圈程式區塊的程式敘述向內縮排，表示屬於此程式區塊，如此可以清楚分辨哪些程式碼屬於程式區塊。

程式碼的撰寫規格並非一成不變，程式設計者可以自己定義所需的程式碼撰寫風格。

學習評量

選擇題

( ) 1. 請指出下列哪一個不是程式設計驗證階段所細分的階段？

A. 分析　B. 除錯　C. 證明　D. 測試

( ) 2. 請問 C 程式執行的起始點是位在下列哪一個函數的第 1 列？

A. main()　B. Main()　C. MAIN()　D. start()

( ) 3. 請問我們是使用下列哪一個 C 函數來輸出一行文字內容？

A. scanf()　B. print()　C. printf()　D. output()

( ) 4. 請問 C 語言的程式註解是使用下列哪一組字元符號括起來標示？

A「* *」　B「/* */」　C「// //」　D.「/@ @/」

( ) 5. 在 C 程式碼如果需要使用連續列（其中不可有新行字元 '\n'），我們可以在程式碼列的最後加上下列哪一個符號？

A「//」　B「/」　C「\」　D.「-」

( ) 6. 請問 C 語言程式敘述的結束符號是下列哪一個字元符號？

A「*」　B「/」　C「;」　D.「'」

簡答題

1. 請說明程式設計的五個階段？在驗證階段，可以再細分成哪三個階段：______________、______________ 和 ______________。

2. 請說明 C 程式的基本結構？什麼是 Cake Blockly for C 語言積木程式編輯器？

3. C 語言程式執行的進入點是 ______________，其原始程式碼檔案的副檔名 ______________。

4. 請舉例說明什麼是 C 語言的程式敘述和程式區塊？

實作題

1. 請建立和編輯 C 程式來顯示訊息文字和文字圖形，如下所示：

   - Ch2_6_1.c：使用 printf() 函數顯示 " 我設計的第一個 C 程式！ " 的文字內容。

   - Ch2_6_2.c：使用 printf() 函數以星號字元顯示 5x5 的三角形圖形，如下圖所示：

```
*****
****
***
**
*
```

2. 在建立實作題 1 的 2 個 C 程式後，請分別編譯和連結成執行檔來執行 C 程式。

CHAPTER

3

變數、常數與資料型態

3-1 認識變數與識別字

程式在執行時常常需要記住一些資料，所以程式語言會提供一個地方，用來記得執行時的一些資料，這個地方是「**變數**」(Variables)。C 語言的變數名稱就是一個「**識別字**」(Identifier)。

3-1-1 變數是什麼

當我們去商店購買東西時，因為買的商品很多，為了方便記憶特定商品的價格，例如：蘋果、可樂等，我們會在購買清單上，替蘋果的金額（變數值）取一個對應的名稱，例如：蘋果價格（變數名稱），如下所示：

```
蘋果價格 → 金額
可樂價格 → 金額
…
```

上述購買清單可以方便我們記得買了哪些東西和其金額，同理，程式就是使用上述名為**蘋果價格**和**可樂價格**等變數來儲存購買金額的值，可以讓我們使用變數名稱取得購買金額的值，換句話說，這些變數的值就是我們購買的金額。

變數是儲存在哪裡

變數是用來記住資料，這些記住的資料是儲存在電腦的「**記憶體**」(Memory)，變數是使用一個名稱來代表一個電腦記憶體空間；變數值就是儲存在此記憶體空間的值，如下圖所示：

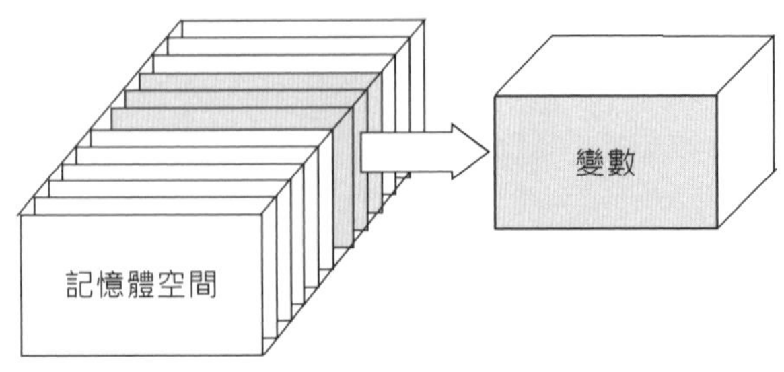

上述記憶體空間如同儲物櫃的儲存格，一個變數可能佔用多個儲存格，在變數存入值，就是將值存入記憶體空間，而且變數值不會改變直到下一次存入一個新值為止。我們可以讀取變數目前儲存的值來執行數學運算，或進行大小比較。

變數的基本操作

對比真實世界，當我們想將零錢存起來時，可以準備一個盒子來存放這些錢，而且可以隨時看看已經存了多少錢，為了方便記憶，可以替盒子取一個名字，這個盒子如同是一個變數，可以將零錢存入變數，或取得變數值來看看已經存了多少錢，如下圖所示：

當然，真實世界的盒子和變數仍然有一些不同，我們可以輕鬆將錢幣丟入盒子，或從盒子取出錢幣，但變數只有兩種操作，如下所示：

- **在變數存入新值**：指定變數成為一個全新值，我們不能如同盒子一般，只取出部分金額。因為變數只能指定成一個新值，如果需要減掉一個值，其操作是先讀取變數值，在減掉後，再將變數指定成最後運算結果的新值。
- **讀取變數值**：取得目前變數的值，請注意！讀取變數值並不會更改變數目前儲存的值。

3-1-2 變數與資料型態

程式語言的變數是用來暫時儲存程式執行時所需的相關資料，問題是資料有很多種，例如：水果有不同品種，米有蓬萊米、在來米和越光米等，事實上，幾乎所有農產品都有不同的品種，如下圖所示：

回到程式語言的變數，**變數就是一個擁有名稱和不同形狀（品種）的盒子**，如下圖所示：

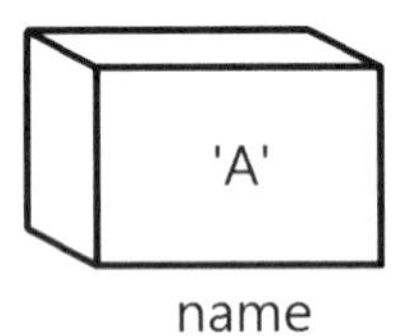

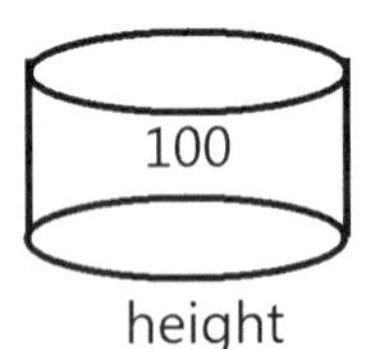

上述圖例有方形和圓柱形的兩個盒子，盒子名稱是變數名稱 name 和 height，在盒子中儲存的資料 'A' 和 100，稱為「**常數**」(Constants) 或「**字面值**」(Literals)，也就是數值或字元值，如下所示：

```
100、15.3、'A'
```

上述常數的前 2 個是數值，最後 1 個是使用「'」括起的字元值。現在回到盒子本身，盒子形狀和尺寸決定儲存的資料種類，形狀和尺寸就是程式語言變數的「**資料型態**」(Data Types)。

資料型態決定變數能夠儲存什麼「種類」的資料？數值或字元等資料，當變數指定儲存資料的資料型態後，就表示只能儲存這種型態的資料，如同相同直徑的方形物品放不進圓形盒子，只能放進方形盒子中。

現在，我們可以知道在 C 程式使用變數前，需要 2 項準備工作，如下所示：

- **替變數命名**，例如：上述的 name 和 height 等變數名稱。
- **指定變數儲存資料的型態**，例如：上述的整數和字元等型態。

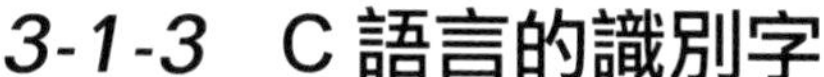

3-1-3 C 語言的識別字

程式設計者在程式碼中自行命名的元素，稱為「識別字」(Identifier)，例如：變數名稱，「**關鍵字**」(Keywords) 或稱為「**保留字**」(Reserved Words) 是一些對編譯器來說擁有特殊意義的名稱，在命名時，我們需要避開這些名稱。

識別字名稱 (Identifier Names) 是指 C 語言的變數、函數、標籤和各種使用者自訂資料型態的名稱，程式設計者在撰寫程式時，需要替這些識別字命名。C 語言的命名語法，如下所示：

- 名稱是一個合法「識別字」(Identifiers)，識別字是使用英文字母開頭，不限長度，包含**字母、數字和底線「_」字元**組成的名稱。一些名稱範例，如右表所示：

合法名稱	不合法名稱
T、c、a、b、c	1、2、12、250
Size、test123、count、_hight	1count、hi!world
Long_name、helloWord	Long…name、hello World

- C 語言的名稱至少前 31 個字元是有效字元，也就是說，前 31 個字元不同，就表示是不同的識別字。
- 名稱區分英文字母大小寫，例如：sum、Sum 和 SUM 屬於不同的識別字。
- 名稱不能使用 C 語法的「關鍵字」(Keywords) 或稱為「保留字」(Reserved Words)，因為這些字對於編譯器擁有特殊意義。C 語言的關鍵字（即程式敘述）如下表所示：

auto	break	case	char	const
continue	default	do	double	else
enum	extern	float	for	goto
if	inline	int	long	long long
register	retstrict	return	short	signed
sizeof	static	struct	switch	typedef
union	unsigned	void	volatile	while

上表 restrict、long long 和 inline 關鍵字屬於 C99 關鍵字。

- 名稱的「**有效範圍**」(Scope)是指在有效範圍的程式碼中名稱必需是唯一,例如:在程式中可以使用相同變數名稱,不過變數名稱需要位在不同的範圍,詳細的範圍說明請參閱<第 8 章:函數>。

3-2 變數

「變數」(Variables)可以儲存程式執行期間的暫存資料,程式設計者只需記住變數名稱,知道它代表一個記憶體空間的資料,簡單的說,變數就是使用有意義的名稱來代表數字位址的記憶體空間。

C 語言在宣告變數時需要指定資料型態,C 語言提供四種基本資料型態:**char、int、float 和 double**,可以指定變數儲存的資料是**字元、整數、單精度浮點數和雙精度浮點數值**,詳細的資料型態說明請參閱<第 3-4 節:C 語言的資料型態>。

3-2-1 宣告變數且指定初值

在 C 程式宣告變數就是在配置一個指定資料型態變數的記憶體空間,我們可以在宣告的同時指定變數值,也就是建立一個馬上可以取得變數值的變數。

本節 C 程式宣告 3 個變數,包含 1 個整數和 2 個浮點數變數,因為這 3 個變數都有初值,所以,我們可以馬上輸出顯示這 3 個變數值。

步驟 ①:觀察流程圖

請啟動 fChart 執行「檔案/載入流程圖專案」命令,開啟「\C\Ch03\Ch3_2_1.fpp」專案的流程圖,如下圖所示:

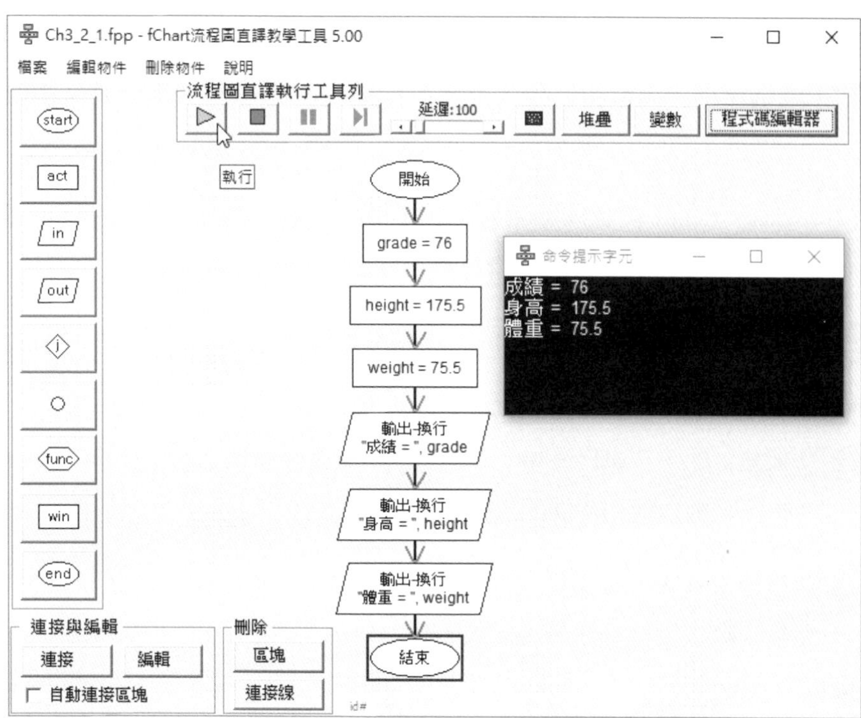

按上方工具列的**執行**鈕，可以看到流程圖的執行結果依序顯示 3 個變數值，從指定的值可以看出，第 1 個 grade 是整數；後 2 個 height 和 weight 是浮點數，我們可以寫出其執行步驟，如下所示：

Step 1：定義整數變數 grade（動作符號）
Step 2：定義浮點變數 height（動作符號）
Step 3：定義浮點變數 weight（動作符號）
Step 4：輸出文字內容和變數 grade（輸出符號）
Step 5：輸出文字內容和變數 height（輸出符號）
Step 6：輸出文字內容和變數 weight（輸出符號）

步驟 ②：實作程式碼

我們可以使用 fChart 程式碼編輯器或 Blockly 積木程式編輯器來建立對應流程圖符號的 C 程式碼。

方法一：使用 fChart 程式碼編輯器

使用 fChart 程式碼編輯器輸入對應流程圖符號的 C 程式碼，其步驟如下所示：

Step 1 請啟動 fChart 程式碼編輯器，如果已經啟動，請執行「檔案 / 新增」命令建立新程式，然後在 main() 函數中點一下作為插入點。

Step 2 執行「動作符號 / 定義變數 / 定義整數變數」命令，插入第 1 個宣告整數變數和初值的程式碼。

Step 3 請再執行 2 次「動作符號 / 定義變數 / 定義浮點數變數」命令，插入 2 個宣告浮點數變數和初值的程式碼。

Step 4 然後輸出整數，請執行「輸出 / 輸入符號」下的「輸出符號 / 訊息文字 + 整數變數 + 換行」命令，插入 printf() 函數輸出第 1 個整數變數和換行。

Step 5 輸出 2 個浮點數，請執行 2 次「輸出 / 輸入符號」下的「輸出符號 / 訊息文字 + 浮點數變數 + 換行」命令，插入 2 個 printf() 函數來輸出 2 個浮點數變數和換行，如下圖所示：

C 程式碼

```
#include <stdio.h>

int main()
{
    int var1 = 10;
    double var1 = 12.3;
    double var1 = 12.3;
    printf("變數值 = %d\n" , var1);
    printf("變數值 = %f\n" , var1);
    printf("變數值 = %f\n" , var1);
    

    return 0;
}
```

Step 6 因為變數是一個識別字，除了修改宣告變數的變數名稱，我們也需要修改 printf() 函數輸出變數的變數名稱，如下表所示：

列號	原來變數名稱	更改變數名稱
5、8	var1	grade
6、9	var1	height
7、10	var1	weight

Step 7 接著更改變數值，請將第 5 列的值 10 改為 76；第 6 列的值 12.3 改為 175.5；第 7 列的值 12.3 改為 75.5。

Step 8 更改輸出的文字內容，請將第 8~10 列的文字內容「變數值」依序改為「成績」、「身高」和「體重」，最後建立的 C 程式碼，如下所示：

```
int grade = 76;
double height = 175.5;
double weight = 75.5;
printf("成績 = %d\n" , grade);
printf("身高 = %f\n" , height);
printf("體重 = %f\n" , weight);
```

Step 9 請執行「檔案 / 儲存」命令，儲存成檔名 Ch3_2_1.c 的 C 程式檔案。

方法二：使用 Blockly 積木程式編輯器

我們也可以使用 Blockly 積木程式編輯器拼出積木程式來轉換成 C 程式碼，如右圖所示：

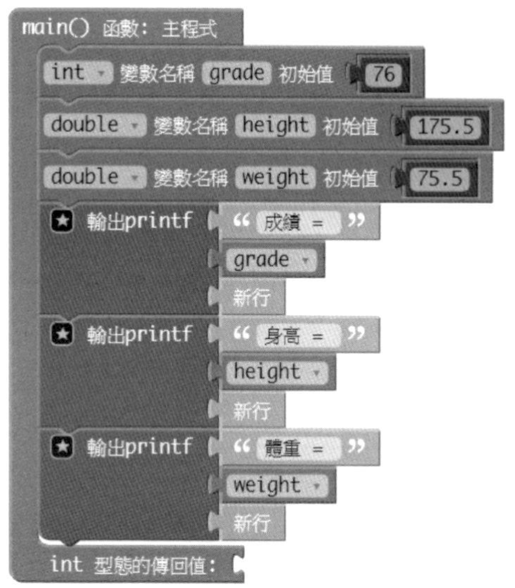

請儲存積木程式成為 Ex3_2_1.xml，轉換的 C 程式 Ex3_2_1.c。

除了使用**變數 / 變數**分類下的 **-Item-** 積木來取得變數值外，我們也可以在變數宣告的 grade 變數名稱上，執行右鍵快顯功能表**建立 '取 grade'** 命令來建立取得此變數值的積木，如右圖所示：

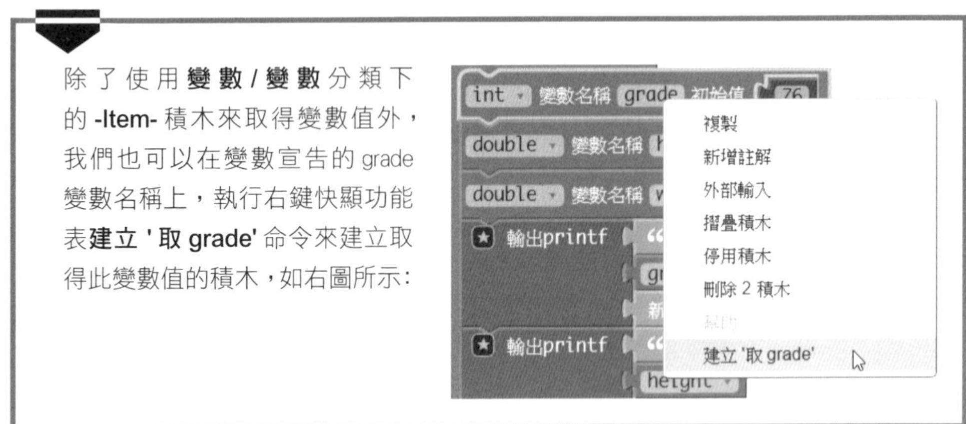

編譯執行 C 程式

請按**編譯程式碼**鈕編譯 C 程式後，按**執行程式**鈕執行 C 程式，可以開啟「命令提示字元」視窗顯示 3 個變數值，浮點數的預設精確度是輸出至小數點下 6 位數，如下圖所示：

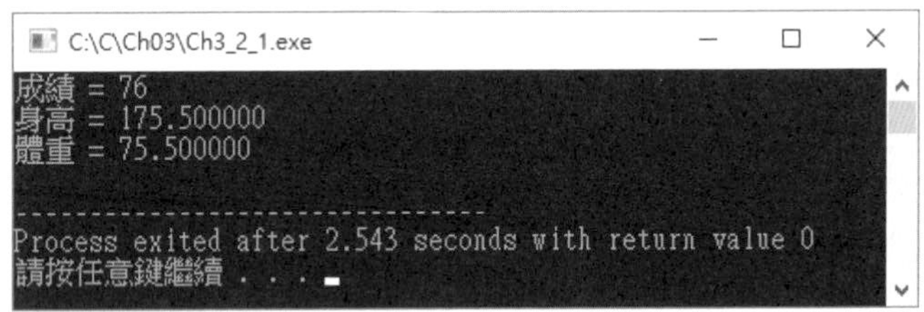

步驟 ③：了解程式碼

變數可以儲存程式執行時的暫存資料，C 語言的變數在宣告時就可以指定初值，其語法如下所示：

```
資料型態 變數名稱 = 初值;
```

上述語法使用資料型態開頭，在變數名稱後使用「=」等號指定變數初值，例如：175.5 和 76 等常數值。C 語言變數初值的範例，如下所示：

```
int grade = 76;
double height = 175.5;
double weight = 75.5;
```

上述程式碼宣告 3 個變數，使用 int 和 double 開頭，和分別指定初值為 76、175.5 和 75.5，然後馬上可以使用 3 個 printf() 函數顯示這 3 個變數值，如下所示：

```
printf("成績 = %d\n" , grade);
printf("身高 = %f\n" , height);
printf("體重 = %f\n" , weight);
```

上述 printf() 函數使用格式字元「%d」輸出整數；「%f」輸出浮點數值，進一步格式字元的說明，請參閱第 4 章。

C 語言除了一列宣告一個變數外，我們也可以在同一列宣告多個變數，和分別指定初值，其語法如下所示：

```
資料型態 變數名稱 1= 初值 1[, 變數名稱 2= 初值 2];
```

上述語法是在各**變數之間使用「,」號分隔**。請修改 Ch3_2_1.c 成為 Ch3_2_1a.c，將原來 2 列的變數宣告和指定初值改在同一列，如下所示：

```
double height = 175.5, weight = 75.5;
```

上述程式碼宣告變數 height 和 weight，並且指定 2 個變數的初值（Blockly 積木程式並不支援此語法），如下圖所示：

```
int main()
{
    int grade = 76;
    double height = 175.5, weight = 75.5;
    printf("成績 = %d\n" , grade);
    printf("身高 = %f\n" , height);
    printf("體重 = %f\n" , weight);
```

程式 Ch3_2_1a.c 的執行結果和 Ch3_2_1.c 完全相同。

3-2-2 宣告沒有初值的變數

在第 3-2-1 節的程式範例是在宣告變數的同時指定初值，事實上，我們也可以只宣告變數（配置空間），沒有指定初值（存入資料），其語法如下所示：

```
資料型態 變數名稱清單；
```

上述語法的變數名稱清單可以定義 1 或多個變數，如果變數不只一個，請使用「,」逗號分隔。宣告變數的目的是：

「告訴編譯器建立指定資料型態的變數且配置所需的記憶體空間」。

請修改第 3-2-1 節的 Ch3_2_1.c 成為 Ch3_2_2.c，程式宣告 3 個變數，但是沒有指定這 3 個變數的初值（**Blockly 積木程式轉換的 C 程式碼一定會指定預設初值 0**），如右圖所示：

```c
int main()
{
    int grade;
    double height;
    double weight;
    printf("成績 = %d\n" , grade);
    printf("身高 = %f\n" , height);
    printf("體重 = %f\n" , weight);

    return 0;
}
```

上述程式碼宣告 3 個變數，這 3 個變數單純告訴編譯器保留所需的記憶體空間，並沒有指定變數值，所以目前的變數值是什麼，對不起！我也不知道。

現在，就讓我們使用 GCC 編譯和執行 Ch3_2_2.c，變數沒有初值並不會產生編譯錯誤，其執行結果如下圖所示：

```
C:\C\Ch03\Ch3_2_2.exe
成績 = 23
身高 = 0.000000
體重 = 0.000000

--------------------------------
Process exited after 7.444 seconds with return value 0
請按任意鍵繼續 . . .
```

上述執行結果可以看到 grade 變數值是 23，其他變數值是 0.000000，可是我們根本沒有指定變數 grade 的值是多少。現在清楚了吧！因為變數沒有指定初值，其值是未知值，很多 C 程式錯誤都是因為忘了指定變數的初值，所以，在宣告變數的同時就指定變數初值，是一個撰寫程式的好習慣。

如果在 C 程式只有宣告變數，沒有同時指定初值，我們就只能使用第 3-3 節的指定敘述在之後再來指定或更改變數值。

3-3 指定敘述

「**指定敘述**」（Assignment Statements）是在程式執行中更改變數值，如果在宣告變數時沒有指定初值，我們可以使用指定敘述來指定或更改變數值。

3-3-1 C 語言的指定敘述

C 語言的**指定敘述是「=」等號**，可以讓我們指定或更改變數值成為常數值、其他變數，或運算結果。

本節 C 程式分別使用變數初值和指定敘述更改 score1、score2 和 score3 變數值（這是前三節的籃球得分）後，顯示籃球前三節的得分。

步驟 ①：觀察流程圖

請啟動 fChart 執行「檔案 / 載入流程圖專案」命令，開啟「\C\Ch03\Ch3_3_1.fpp」專案的流程圖，如下圖所示：

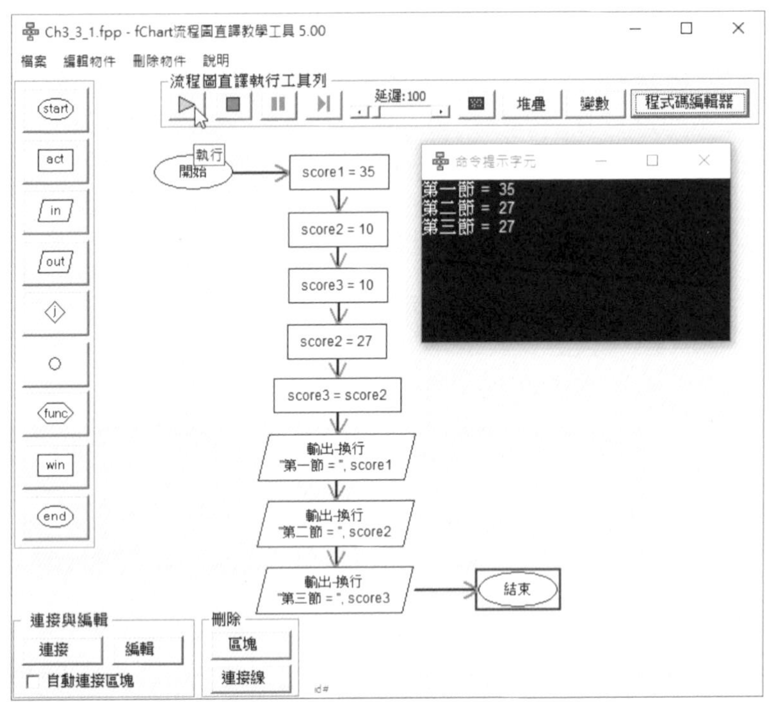

按**執行**鈕，可以看到流程圖的執行結果依序顯示 3 個變數值，流程圖首先建立 3 個變數 score1~3，初值分別是 35、10 和 10，然後使用指定敘述指定 score2 變數成為其他常數值 27，和 score3 變數為其他變數 score2 的值。

按**變數**鈕，可以看到 3 個變數值的變化，如下圖所示：

變數

	RETURN	PARAM	score1	score2	score3	RET-OS
目前變數值:		PARAM	35	27	27	
之前變數值:		PAR-OS		10	10	

上述變數初值分別是 35、10、10，最後的值是 35、27、27。我們可以寫出其執行步驟，如下所示：

Step 1~3：定義整數變數 score1~3（動作符號）

Step 4：更改變數 score2 值為常數 27（動作符號）

Step 5：更改變數 score3 值是變數 score2（動作符號）

Step 6~8：輸出文字內容和變數 score1~3（輸出符號）

步驟 ②：實作程式碼

我們可以使用 fChart 程式碼編輯器或 Blockly 積木程式編輯器來建立對應流程圖符號的 C 程式碼。

方法一：使用 fChart 程式碼編輯器

使用 fChart 程式碼編輯器輸入對應流程圖符號的 C 程式碼，其步驟如下所示：

Step 1 請啟動 fChart 程式碼編輯器，如果已經啟動，請執行「檔案 / 新增」命令建立新程式，然後在 main() 函數中點一下作為插入點。

Step 2 請執行 3 次「動作符號 / 定義變數 / 定義整數變數」命令，插入 3 個宣告整數變數和初值的程式碼。

Step 3 請執行「動作符號 / 指定變數值 / 指定成整數值」命令，插入更改變數值的 C 程式碼。

Step 4 請執行「動作符號 / 指定變數值 / 指定成其他變數」命令，插入更改變數成為其他變數值的 C 程式碼。

Step 5 請執行 3 次「輸出 / 輸入符號」下的「輸出符號 / 訊息文字 + 整數變數 + 換行」命令，插入 3 個 printf() 函數來輸出 3 個整數變數和換行，如下圖所示：

C 程式碼

```
#include <stdio.h>

int main()
{
    int var1 = 10;
    int var1 = 10;
    int var1 = 10;
    var2 = 20;
    var2 = var1;
    printf("變數值 = %d\n" , var1);
    printf("變數值 = %d\n" , var1);
    printf("變數值 = %d\n" , var1);


    return 0;
}
```

Step 6 請一一修改變數名稱和變數值，可以完成最後的程式碼，如下所示：

```
int score1 = 35;
int score2 = 10;
int score3 = 10;
score2 = 27;
score3 = score2;
printf("第一節 = %d\n" , score1);
printf("第二節 = %d\n" , score2);
printf("第三節 = %d\n" , score3);
```

Step 7 請執行「檔案 / 儲存」命令，儲存成檔名 Ch3_3_1.c 的 C 程式檔案。

方法二：使用 Blockly 積木程式編輯器

我們也可以使用 Blockly 積木程式編輯器拼出積木程式來轉換成 C 程式碼，如下圖所示：

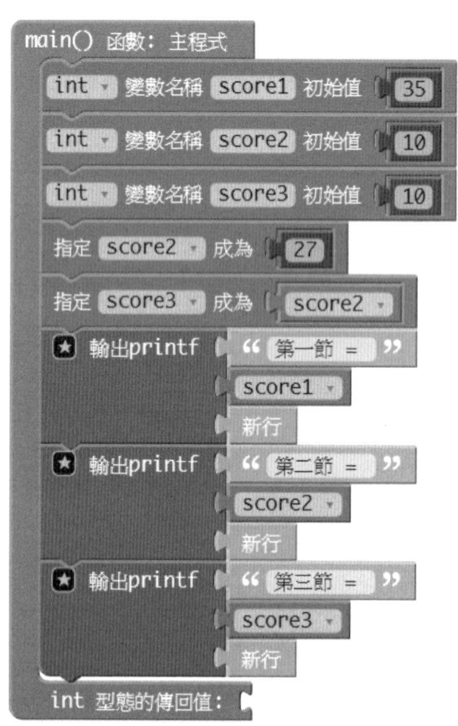

請儲存積木程式成為 Ex3_3_1.xml，轉換的 C 程式 Ex3_3_1.c。

編譯執行 C 程式

請按**編譯程式碼**鈕編譯 C 程式後，按**執行程式**鈕執行 C 程式，可以開啟「命令提示字元」視窗顯示三節得分的 3 個變數值，如下圖所示：

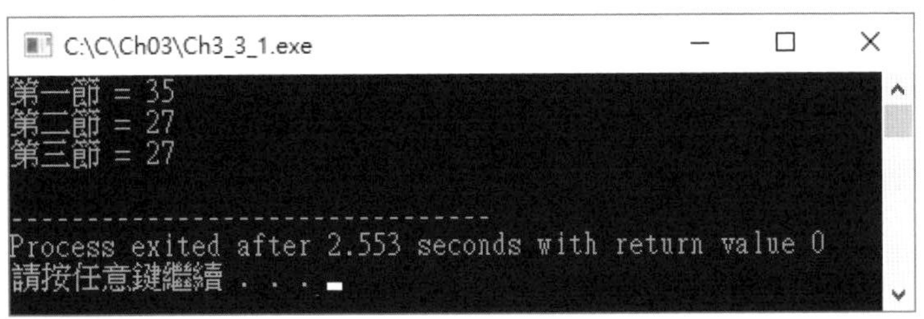

步驟 ③：了解程式碼

C 語言指定敘述的語法，如下所示：

```
變數 = 常數、 其他變數或運算式;
```

上述指定敘述的左邊是變數，右邊是常數值、其他變數，或第 5 章的「運算式」(Expression)，如下所示：

```
int score1 = 35;
int score2 = 10;
int score3 = 10;
score2 = 27;
```

上述程式碼宣告 3 個整數變數且指定初值，然後變數 score2 是使用指定敘述更改變數值成為 27。在指定敘述「=」等號左邊的變數稱為「左值」(Lvalue)，這是變數的位址（Address），如果變數在等號右邊稱為「右值」(Rvalue)，這是變數值。

以上述程式碼為例，目前變數記憶體空間的圖例，如下圖所示：

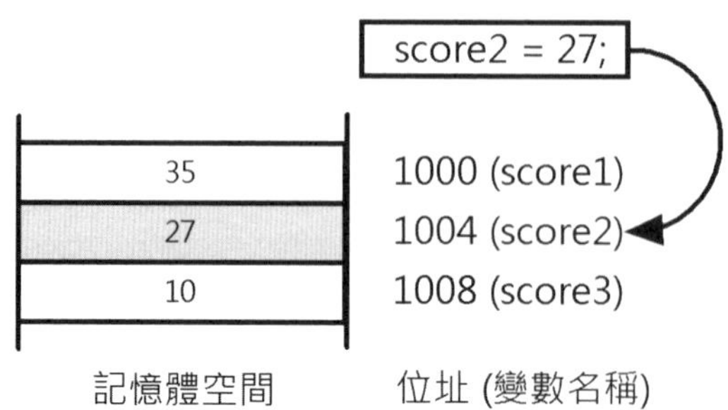

上述變數 score2 和 score3 的初值是 10，變數 score2 已經使用指定敘述改為 27。

在指定敘述等號右邊的 27 稱為「整數常數」(Integer Constants)(在第 3-4 節有進一步說明)，或稱為「字面值」(Literals)，也就是直接使用數值來指定變數值，如果在指定敘述右邊是變數，如下所示：

```
score3 = score2;
```

上述程式碼的等號左邊是變數 score3，這是左值，取得的是位址，右邊變數 score2 是右值，取出變數值，所以指定敘述是將變數 score2 的「值」存入變數 score3 的記憶體「位址」1008。換句話說，就是更改變數 score3 的值成為變數 score2 的值，即 27，如下圖所示：

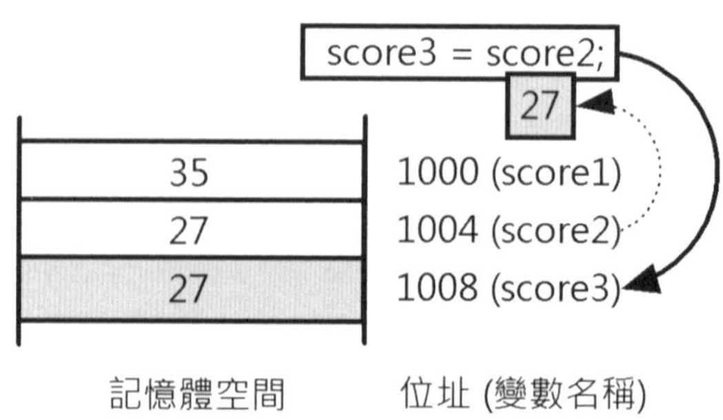

3-3-2　C 語言的多重指定敘述

C 語言支援「多重指定敘述」(Multiple Assignments)，可以在同一指定敘述同時指定多個變數值，如下所示：

```
score1 = score2 = score3 = score4 = 25;
```

上述指定敘述同時將 4 個變數值指定為 25。

Tips
Blockly 積木程式並不支援多重指定敘述。

程式範例：Ch3_3_2.c

在 C 程式宣告 score1、score2、score3 和 score4 變數後，使用多重指定敘述來指定變數值，最後顯示 4 個變數值，如下所示：

```
第一節： 25
第二節： 25
第三節： 25
第四節： 25
```

程式內容

```
/* 程式範例： Ch3_3_2.c */
#include <stdio.h>
/* 主程式 */
int main()
{
    /* 變數宣告 */
    int score1, score2, score3, score4;
    /* 多重指定敘述 */
    score1 = score2 = score3 = score4 = 25;
    /* 顯示變數值 */
    printf("第一節： %d\n", score1);
    printf("第二節： %d\n", score2);
    printf("第三節： %d\n", score3);
    printf("第四節： %d\n", score4);
    return 0;
}
```

程式說明

- 第 7 列：宣告 score1、score2、score3 和 score4 四個整數變數。
- 第 9 列：使用多重指定敘述指定 score1、score2、score3 和 score4 變數值為 25。
- 第 11~14 列：顯示 score1、score2、score3 和 score4 變數值。

3-4 C 語言的資料型態

C 語言的變數在宣告時需要指定資料型態，因為這個資料型態是告訴編譯器此變數準備儲存哪種資料和配置多大的記憶體空間。

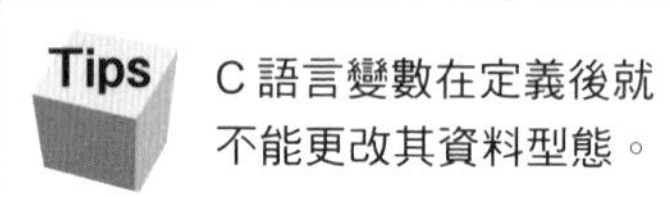

C 語言變數在定義後就不能更改其資料型態。

C 語言的資料型態分為「基本」(Basic Types) 和「延伸」(Derived Types) 兩種資料型態，如下所示：

- **基本資料型態**：C 語言提供基本資料型態 char、int、float、double 和 void，在本節是說明這些基本資料型態。
- **延伸資料型態**：C 語言除了基本資料型態外，從這些基本型態可以建立多種延伸資料型態，如下表所示：

延伸資料型態	說明
陣列（Arrays）	大部分資料型態（基本和延伸）都可以建立陣列
函數（Functions）	函數如果有傳回值，就會傳回指定資料型態
指標（Pointer）	指向特定資料型態記憶體位址的變數
結構（Structure）	可以組合各種資料型態變數來建立一種新型態
聯合（Union）	類似結構，可以在同一塊記憶體空間儲存多個不同資料型態的變數

關於上表延伸資料型態的說明請參閱本書之後的各章節。

3-4-1　C 語言的基本資料型態

C 語言「基本資料型態」(Basic Types) 的範圍和特性是定義在 <limit.h> 和 <float.h> 兩個標頭檔，各種基本資料型態的大小，即佔用記憶體的位元組數依不同的電腦系統而有不同。

基本資料型態的範圍

對於不同電腦系統和 C 語言編譯器來說，C 語言基本資料型態的範圍可能有些不同，以 ANSI-C 編譯器為例的基本資料型態範圍，如下表所示：

資料型態	說明	位元數	範圍
unsigned char	無符號字元	8	0 ~ 255
unsigned short	無符號短整數	16	0 ~ 65,535
unsigned int	無符號整數	32	0 ~ 4,294,967,295
unsigned long	無符號長整數	32	0 ~ 4,294,967,295
signed char	字元	8	-128 ~ 127
signed short	短整數	16	-32,768 ~ 32,767
signed int	整數	32	-2,147,483,648 ~ 2,147,483,647
signed long	長整數	32	-2,147,483,648 ~ 2,147,483,647
float	單精度浮點數	32	1.18e-38~3.40e+38
double	雙精度浮點數	64	2.23e-308~1.79e+308
long double	長雙精度浮點數	80	3.37e-4932~1.18e+4932

型態修飾子 (Type Modifiers)

C 語言的資料型態提供 4 種型態修飾子，其說明如下表所示：

型態修飾子	說明
unsigned	無符號的變數值，指變數值都是正整數
signed	有符號變數，即變數值可為正負值，如果沒有指明，資料型態預設是有符號，它和無符號的差異在符號位元，有符號需要保留一個位元儲存正負符號
short	如果需要比 int 還小的範圍，可以使用此修飾子來節省記憶體空間
long	如果需要比 int 還大的範圍，可以使用此修飾子來放大記憶體空間，以便儲存更大範圍的值

以 int 整數型態來說，short 和 long 都是特殊用途的整數型態，長整數的大小一定大於短整數，不過編譯器可能視為整數來處理，也就是說長整數 long 和整數 int 是一樣大小。

在 C 程式可以直接使用資料型態 char、int 和修飾子 signed、unsigned、short 和 long 來宣告變數，這些都是縮寫的宣告方式。完整修飾子的資料型態，如下表所示：

資料型態	對應的完整資料型態
char	signed char 或 unsigned char 視編譯器而定
int	signed int
signed	signed int
unsigned	unsigned int
short	signed short int
long	signed long int
unsigned short	unsigned short int
unsigned long	unsigned long int

在 C 程式可以使用 sizeof 運算子取得指定資料型態佔用的位元組數，如下所示：

```
printf("char = %d\n", sizeof(char));
```

上述程式碼使用 sizeof 運算子取得資料型態 char 佔用的位元組數，sizeof 也可以使用在變數，即取得指定變數 var1 佔用的位元組數，如下所示：

```
printf("var1 = %d\n", sizeof(var1));
```

程式範例 Ch3_4_1.c 使用 sizeof 運算子顯示各種資料型態和變數佔用的位元組數，Ch3_4_1a.c 是顯示 <limit.h> 和 <float.h> 標頭檔各種資料型態的範圍，和佔用的位元組數。

3-4-2 整數資料型態

「整數資料型態」(Integral Types)是指變數儲存的資料為整數值，沒有小數點。依照整數資料長度的不同(即佔用的記憶體位元組數)，C 語言提供四種整數資料型態，其範圍如下表所示：

整數資料型態	位元組	範圍
char	1	-27 ~ 27-1，即 -128 ~ 127
short int	2	-215 ~ 215-1，即 -32,768 ~ 32,767
int	4	-231 ~ 231-1，即 -2,147,483,648 ~ 2,147,483,647
long int	4	-231 ~ 231-1，即 -2,147,483,648 ~ 2,147,483,647

上表整數資料型態是有符號整數。無符號整數資料型態部分請參閱第 3-4-1 節，char 資料型態可以儲存字元，也可以儲存整數，程式設計者可以依據整數值的範圍來決定變數的資料型態。

整數常數

「整數常數」(Integral Constants)是在程式碼直接使用數字 1、123、21000 和 -5678 等數值。整數包含 0、正整數和負整數，可以使用十進位、八進位和十六進位來表示，如下所示：

- **八進位**：「0」開頭的整數值，每個位數的值為 0~7 的整數。
- **十六進位**：「0x」或「0X」開頭的數值，位數值為 0~9 和 A~F。

一些整數常數的範例，如下表所示：

整數常數	十進位值	說明
123	123	十進位整數
-234	-234	十進位負整數
0256	174	八進位整數
0Xff	255	十六進位整數
0xccf	3279	十六進位整數

整數常數的資料型態視數值的範圍，可以在字尾加上字尾型態字元，指明整數常數的資料型態，如右表所示：

資料型態	字元	範例
unsigned int	U/u	246u、246U
long int	L/l	350000l、350000L

程式範例 Ch3_4_2.c 宣告上表整數變數和指定初值後，顯示十進位、八進位和十六進位的變數值，可以讓我們將八進位和十六進位值輕鬆轉換成十進位值，其程式碼如下所示：

```
int k = 0256;
int l = 0xccf;
printf("int k= %d\n", k);
printf("int l= %d\n", l);
```

上述變數 k 是八進位；l 是十六進位，只需在 printf() 函數使用「%d」格式字元，輸出顯示的就是轉換成的十進位值。

3-4-3 浮點數資料型態

「**浮點數資料型態**」(Floating Types) 是指變數儲存的是整數加上小數或使用科學符號表示的數值，例如：123.23、3.14、100.567 和 5e-4 等。依照長度不同 (即佔用的記憶體位元組數)，C 語言提供三種浮點數的資料型態，其範圍如下表所示：

浮點數資料型態	位元組	範圍
float	4	1.18e-38~3.40e+38
double	8	2.23e-308~1.79e+308
long double	10	3.37e-4932~1.18e+4932

程式設計者可以依據浮點數值的範圍和精確度決定宣告的變數型態，如果 double 範圍還不夠，可以使用 long double 資料型態的長雙精度浮點數。

如果將浮點數值 123.23 指定給整數變數 n，大部分 C 編譯器不會產生錯誤，只是將小數部分刪除，保留整數部分，此時變數 n 的值是 123。

浮點常數

浮點常數（Floating Constant）是在程式碼直接使用浮點數值，這是擁有小數點的數值，例如：123.23 和 4.34 等。C 語言預設的浮點常數型態是 double 資料型態，而不是 float，我們也可以使用「e」或「E」符號代表 10 為底指數的科學符號表示。一些浮點常數的範例，如下表所示：

浮點常數	十進位值	說明
123.23	123.23	浮點數
.0007	0.0007	浮點數
5e4	50000	使用指數的浮點數
4.34e-3	0.00434	使用指數的浮點數

當宣告 float 浮點數資料型態的變數時，因為浮點常數預設是 double 資料型態，在指定浮點常數值時，需要在浮點數值的字尾加上字元「F」或「f」，將數值轉換成浮點數 float，如下所示：

```
float m = 123.23F;
```

上述 float 資料型態是使用的字尾「F」。浮點常數可以使用數值字尾型態的字元，如下表所示：

資料型態	字元	範例
float	F/f	123.34f、4.34e3F
long double	L/l	1003.2l、12312.3L

程式範例 Ch3_4_3.c 宣告上表浮點數變數和指定初值，並且在使用字尾型態字元作型態轉換後，顯示浮點常數範例的十進位值。

3-4-4 字元資料型態

C 語言的 char 資料型態可以儲存整數，也可以是「**字元資料型態**」(Char Type)，其值就是附錄 D 的 ASCII 碼。

字元常數

「字元常數」(Character Constant)是直接使用字元符號表示的資料，需要使用「'」單引號括起，如下所示：

```
char a = 'A';
```

上述變數宣告指定初值是字元 A，請注意！字元值是使用「'」單引號，而不是「"」雙引號括起，我們也可以直接使用 ASCII 碼 65。Blockly 積木程式是位在**變數 / 變數**分類下，如右圖所示：

字元常數也可以使用「\x」字串開頭的 2 個十六進位數字或「\」字串開頭的 3 個八進位數字來表示，如下所示：

```
char c = '\x20';
char d = '\040';
```

上述字元分別使用十六進位 20 和八進位 040 表示，這都是空白(Space)字元，十進位值是 32。

字串常數

「字串常數」(String Literals)就是字串，字串是 0 或多個依序字元使用 ASCII 碼的雙引號「"」括起的文字內容，如下所示：

```
"學習 C 語言程式設計"
"Hello World!"
```

在 C 語言並沒有提供字串資料型態，C 語言字串是一種字元陣列，詳細說明請參閱<第 9 章：陣列與字串>。目前的字串常數大都是使用在 printf() 函數的參數，Blockly 積木程式是位在**輸出**分類下，如下圖所示：

Escape 逸出字元（Escape Sequence）

字元常數（Character Constant）是使用「'」單引號括起，這些是可以使用鍵盤輸入的字元，如果是無法使用鍵盤輸入的特殊字元，例如：換行符號。C 語言提供 Escape 逸出字元來輸入特殊字元，使用「\」符號開頭的字串，如下表所示：

Escape 逸出字元	說明
\b	Backspace，←Backspace 鍵
\f	FF，Form feed 換頁字元
\n	LF（Line Feed）換行或 NL（New Line）新行字元
\r	Carriage Return，Enter 鍵
\t	Tab 鍵，定位字元
\'	「'」單引號
\"	「"」雙引號
\\	「\」符號
\?	「?」問號
\N	N 是八進位值的字元常數，例如：\040 空白字元
\xN	N 是十六進位值的字元常數，例如：\x20 空白字元

Blockly 積木程式在**輸出**分類下支援「\n」和「\t」兩種 Escape 逸出字元，如下圖所示：

程式範例：Ch3_4_4.c

在 C 程式使用 Escape 逸出字元顯示空白字元、換行、顯示定位符號和顯示雙引號，如下所示：

```
a= 'A'
b= 'A'
c= ' '
d= ' '
換行字元
"Escape"        逸出字元
```

上述執行結果可以看到顯示的字元，變數 c 和 d 都是空白字元，最後顯示換行符號和定位符號。

程式內容

```
01: /* 程式範例: Ch3_4_4.c */
02: #include <stdio.h>
03: /* 主程式 */
04: int main()
05: {
06:     char a = 'A';  /* 宣告變數 */
07:     char b = 65;
08:     char c = '\x20';
09:     char d = '\040';
10:     /* 顯示變數值 */
11:     printf("a= \'%c\'\n", a);
12:     printf("b= \'%c\'\n", b);
13:     printf("c= \'%c\'\n", c);
14:     printf("d= \'%c\'\n", d);
15:     printf("換行字元\n");
16:     printf("\"Escape\"\t逸出字元\n");
17:     return 0;
18: }
```

程式說明

- 第 6~9 列：宣告 4 個字元變數，分別使用字元值、ASCII 值、Escape 逸出字元的十六進位和八進位值來指定初始值。
- 第 11~14 列：顯示 4 個字元變數值和測試 Escape 逸出字元「\'」。
- 第 15 列：測試 Escape 逸出字元「\n」，因為 printf() 函數的參數字串並不會換行，但是加上 Escape 逸出字元「\n」，就可以顯示換行。
- 第 16 列：測試 Escape 逸出字元「\"」和「\t」。

3-4-5 void 資料型態

void 資料型態在 C 語言是一種特殊資料型態，代表一個並不存在的值，在 C 語言並不能直接宣告這種資料型態的變數，主要是使用在型態轉換、函數傳回值和參數列等。

3-5 常數

「常數」（Constants）是在程式中使用一個名稱代表一個常數值。在 C 語言提供兩種方法來建立常數：**#define 指令**和 **const 常數修飾子**。

fChart 程式碼編輯器的功能表指令並不支援 #define 指令，Blockly 積木程式也不支援常數積木。如果使用 const 常數修飾子，我們可以在定義變數後，自行在宣告前加上 const 關鍵字。

#define 指令

在 C 程式可以使用前置處理器（Preprocessor）的 #define 指令來定義常數，如下所示：

```
#define PI 3.1415926
```

上述程式碼宣告圓周率常數 PI，請注意！這是巨集指令，並不是指定敘述，所以沒有等號，在最後也不用「;」分號，其進一步說明請參閱第 12 章。簡單的說，當在 C 程式碼之中出現 PI 名稱時，就是將它使用 3.1415926 的值來取代，PI 是一個識別字。

const 常數修飾子

C 程式也可以使用 const 常數修飾子來建立常數，我們只需在宣告變數前使用 const 常數修飾子，就可以建立常數，如下所示：

```
const double e = 2.71828182845;
```

上述程式碼表示變數 e 的值不能更改，如果使用在陣列變數，表示陣列之中的所有元素都不能更改；如果使用在函數參數，表示在函數中不允許更改參數值。

為什麼在程式中使用常數？

常數在程式中扮演的角色是希望在程式執行中，無法使用程式碼更改變數值，只能在編譯前修改原始程式碼來更改常數值。例如：前述 PI 圓周率因為前置處理器是在編譯前執行，所以定義的巨集指令可以在編譯前取代指定名稱的值，其功能如同常數。

程式範例：Ch3_5.c

在 C 程式宣告圓周率常數 PI 和常數 e，然後計算指定半徑的圓面積，最後顯示圓面積和常數 e，如下所示：

```
面積： 314.159260
常數 e = 2.718282
```

上述執行結果可以看到計算結果的圓面積和常數 e 的值，因為預設格式輸出的精確度只有小數點下 6 位，所以常數 e 只顯示小數點下 6 位的值。

程式內容

```
01: /* 程式範例 : Ch3_5.c */
02: #include <stdio.h>
03: #define PI 3.1415926 /* 常數 */
04: /* 主程式 */
05: int main()
06: {
07:     double area;    /* 變數宣告 */
08:     double r = 10.0;
09:     /* 常數宣告 */
10:     const double e = 2.71828182845;
11:     area = PI * r * r;     /* 計算面積 */
12:     /* 顯示面積與常數值 */
13:     printf("面積 : %f\n", area);
14:     printf("常數e = %f\n", e);
15:     return 0;
16: }
```

程式說明

- 第 3 列：使用 #define 指令宣告常數 PI。
- 第 7~8 列：宣告圓面積變數 area 和半徑變數 r 且指定初值。
- 第 10 列：使用 const 修飾子宣告常數。
- 第 11 列：計算圓面積。
- 第 13~14 列：顯示圓面積和 e 的值。

學習評量

選擇題

(　　) 1. 請指出下列哪一個不是合法 C 語言的識別字？

A. joe_chen　　B. 12_22　　C. _A124　　D. a1234

(　　) 2. 請問下列哪一個並不是 C 語言的型態修飾子？

A. signed　　B. short　　C. long　　D. double

(　　) 3. 請問下列哪一種 C 語言的資料型態只佔一個位元組？

A. int　　B. float　　C. char　　D. double

(　　) 4. 請問常數值使用下列哪一個字尾型態字元可以表示數值是 long int？

A. U/u　　B. L/l　　C. F/f　　D. D/d

(　　) 5. 請問下列哪一個 C 語言的 Escape 逸出字元是定位字元？

A.「\t」　　B.「\n」　　C.「\b」　　D.「\\」

(　　) 6. 請問下列哪一個 C 語言的運算子可以指定或更改變數值？

A.「=」　　B.「!=」　　C.「:=」　　D.「==」

簡答題

1. 請簡單說明 C 語言的命名原則？何謂識別字？
2. 請說明程式中的變數是什麼？其扮演的角色？ C 語言宣告變數的語法為何？
3. 請指出下列哪些是 C 語言合法的變數名稱，如下所示：

```
Total_Grades、teamWork、#100、_test、2Int、float、char、abc、j、123variables、
one.0、gross-cost、RADIUS、Radius、radius
```

4. 請說明 C 語言的基本資料型態有哪幾種？什麼是型態修飾子（Type Modifiers）？
5. C 語言的 short 資料型態佔用 ______ 位元組，float 佔用 ______ 位元組，double 佔用 ______ 位元組。unsigned int 資料型態的字尾型態字元為 ______，float 為 ______，long double 為 ______。
6. 請依據下列說明文字決定最佳的變數資料型態，如下所示：

圓半徑。
父親的年收入。
個人電腦的價格。
地球和月球之間的距離。
年齡、體重。
溫度。
測試的最高成績。

7. 請替簡答題 6 的變數說明決定最佳的變數名稱？
8. 請簡單說明什麼是常數？ C 語言有哪兩種方法建立常數？

實作題

1. 請建立 C 程式宣告 2 個整數變數、1 個浮點數變數，在分別指定初值為 100，200 和 23.45 後，將變數值都顯示出來。

2. 請建立 C 程式將八和十六進位值轉換成十進位值顯示，如下所示：

```
0277、0xcc、0xab、0333、0555、0xff
```

3. 請建立 C 程式依據下列程式碼的常數值來決定變數 a 到 g 宣告的資料型態，然後將變數值都顯示出來，如下所示：

```
a= 'r';          b= 100;
c= 23.14;        d= 453.13;
e= 453.13f;      f= 146U;
g= 150000L;
```

4. 請建立 C 程式來完成下列工作，如下所示：

- 宣告 int 型態變數 var 和 double 型態 var，同時指定 var 初值 123。
- 指定變數 num 的值是 3.14。
- 在螢幕顯示變數 var 和 num 的值。

5. 請建立 C 程式宣告 2 個變數 h 和 w 沒有指定初值，在指定變數值分別是 175 和 78 後，在螢幕輸出顯示下列執行結果，如下所示：

```
身高： 175 公分
體重： 78 公斤
```

CHAPTER

4

基本輸入與輸出

4-1／C 語言的主控台輸入與輸出

4-2／輸入與輸出整數

4-3／輸入與輸出浮點數

4-4／輸入與輸出字串

4-5／輸入與輸出字元

4-6／輸入與輸出多種不同型態的資料

4-1 C 語言的主控台輸入與輸出

在電腦執行的程式通常都需要與使用者進行互動，程式在詢問問題後，可以取得使用者以電腦周邊裝置輸入的回答資料，即可進行處理，最後將執行結果輸出至電腦輸出裝置來顯示，如下圖所示：

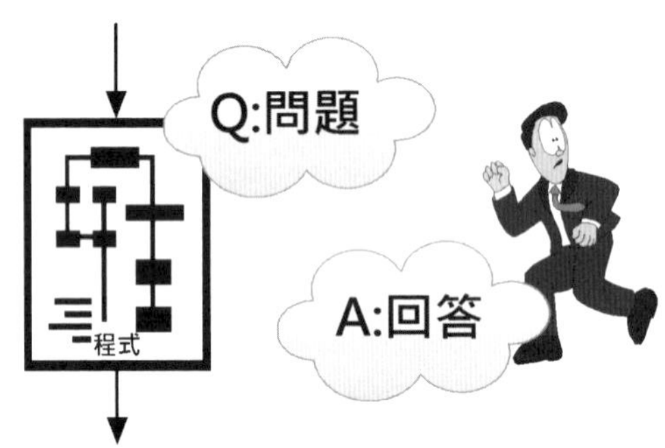

主控台輸入與輸出

C 語言使用的標準輸入裝置主要是**鍵盤**；標準輸出裝置是**電腦螢幕**，即所謂的主控台輸入與輸出（Console Input and Output，Console I/O），如下圖所示：

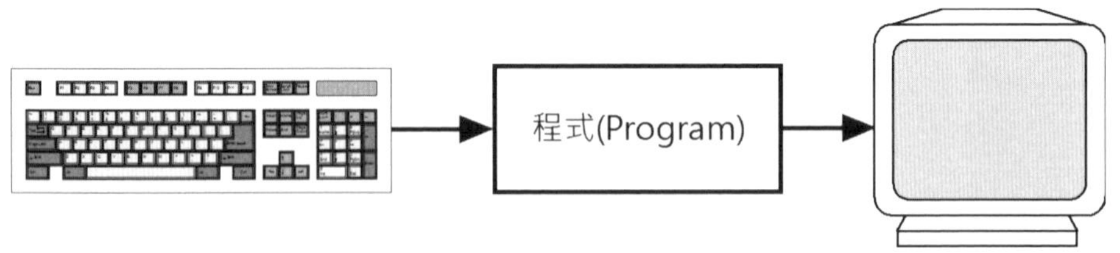

上述圖例是程式的基本輸入與輸出，程式取得使用者鍵盤輸入的資料，在執行後以指定格式在螢幕上顯示執行結果。

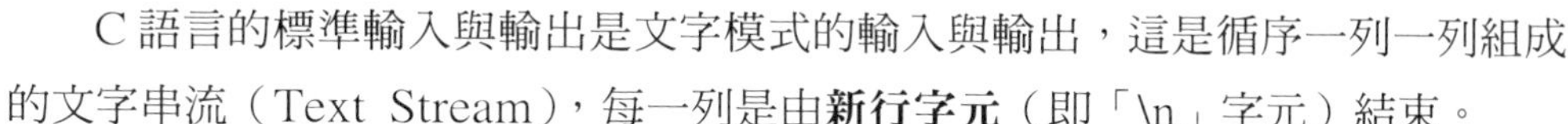

C 語言的標準輸入與輸出是文字模式的輸入與輸出，這是循序一列一列組成的文字串流（Text Stream），每一列是由**新行字元**（即「\n」字元）結束。

C 語言的輸入與輸出函數

C 語言的輸入與輸出並非 C 語言的內建功能，這些函數都是 C 語言標準函數庫提供的函數，定義在 <stdio.h> 標頭檔的函數。

因為 C 語言標準輸入與輸出是使用新行字元結束的文字串流，所以，標準輸入函數在輸入資料時，就會將使用者按下 Enter 鍵和 LF（Line Feed）換行字元，轉換成新行字元「\n」，這就是文字串流的一列資料。

4-2 輸入與輸出整數

C 語言可以使用格式化資料輸入函數來讓使用者輸入字元、數值或字串值。在 C 語言標準函數庫 <stdio.h> 標頭檔提供函數來執行格式化資料輸入和輸出的 scanf() 和 printf() 函數。

在本節 C 程式可以讓使用者輸入一個整數後，馬上顯示使用者輸入的整數值。

步驟 ①：觀察流程圖

請啟動 fChart 執行「檔案 / 載入流程圖專案」命令，開啟「\C\Ch04\Ch4_2.fpp」專案的流程圖，如下圖所示：

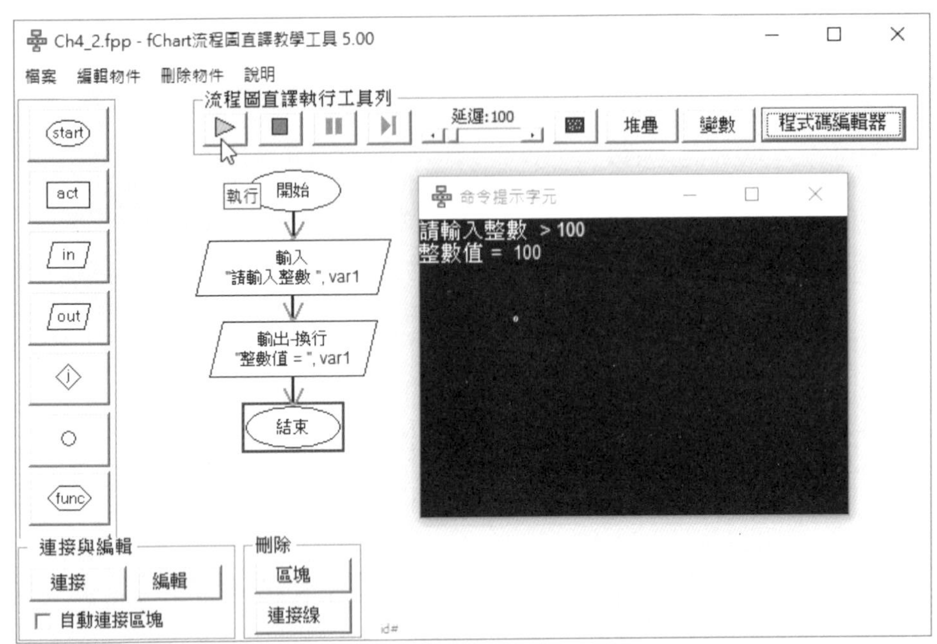

按**執行**鈕，可以看到提示文字，在輸入整數值 100 後，按 Enter 鍵，可以馬上輸出顯示我們輸入的整數值。其執行步驟如下所示：

Step 1：顯示提示文字輸入整數變數 var1 值（輸入符號）

Step 2：輸出文字內容和變數 var1 值（輸出符號）

步驟 ②：實作程式碼

我們可以使用 fChart 程式碼編輯器或 Blockly 積木程式編輯器來建立對應流程圖符號的 C 程式碼。

方法一：使用 fChart 程式碼編輯器

使用 fChart 程式碼編輯器輸入對應流程圖符號的 C 程式碼，其步驟如下所示：

Step 1 請啟動 fChart 程式碼編輯器建立新程式，然後在 main() 函數中點一下作為插入點。

Step 2 執行「輸出 / 輸入符號」下的「輸入符號 / 輸入整數值」命令，可以插入輸入整數 scanf() 函數的 C 程式碼片段。

Step 3 執行「輸出 / 輸入符號」下的「輸出符號 / 訊息文字 + 整數變數 + 換行」命令，插入 printf() 函數的 C 程式碼，如下圖所示：

C 程式碼

```
1   #include <stdio.h>
2
3   int main()
4   {
5       int var1;
6       printf("請輸入整數 =>");
7       scanf("%d", &var1);
8       printf("變數值 = %d\n" , var1);
9
10
11      return 0;
12  }
```

Step 4 請修改第 8 列的訊息文字，從「變數值」改為「整數值」，就完成 C 程式碼，請儲存成檔名 Ch4_2.c 的 C 程式檔案，如下所示：

```
int var1;
printf(" 請輸入整數 =>");
scanf("%d", &var1);
printf(" 整數值 = %d\n" , var1);
```

方法二：使用 Blockly 積木程式編輯器

我們也可以使用 Blockly 積木程式編輯器拼出積木程式來轉換成 C 程式碼（**輸入 scanf** 積木位在**輸入**分類下），如下圖所示：

請儲存積木程式成為 Ex4_2.xml，轉換的 C 程式 Ex4_2.c。

編譯執行 C 程式

請按**編譯程式碼**鈕編譯 C 程式，再按**執行程式**鈕執行 C 程式，可以開啟「命令提示字元」視窗顯示執行結果，看到輸入整數的提示文字，如下圖所示：

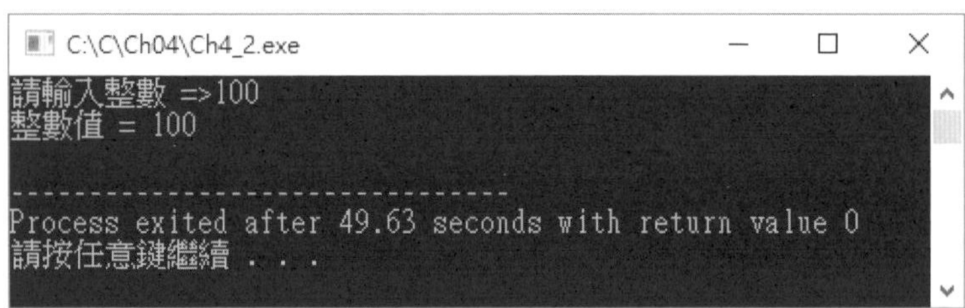

請輸入 100 後，按 Enter 鍵，可以看到馬上輸出顯示我們輸入的整數值 100。

步驟 ③：了解程式碼

在 C 語言的輸入整數值是使用 scanf() 函數，因為我們通常都會顯示提示文字，所以需要配合 printf() 函數來顯示提示文字，如下所示：

```
int var1;
printf(" 請輸入整數 =>");
scanf("%d", &var1);
```

上述程式碼宣告變數 var1 後，首先使用 printf() 函數輸出提示文字，因為沒有換行，等待輸入的游標會出現在提示文字最後的同一列。

輸入的 scanf() 函數是使用第 1 個參數格式字串中的格式字元「%d」來判斷輸入哪一種資料型態，「%d」是整數，如下所示：

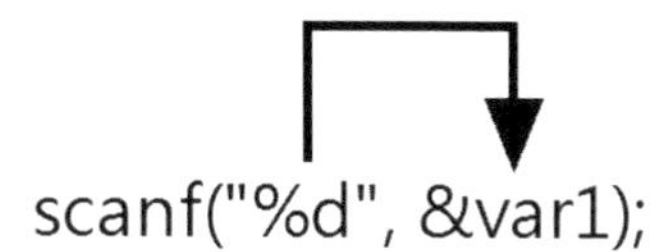

scanf("%d", &var1);

上述函數的「%d」格式字元對應第 2 個參數的變數 var1，變數 var1 之前使用「&」取址運算子（詳細說明請參閱第 10 章的指標），可以取得變數的記憶體位址（即指定敘述的左值），scanf() 函數相當於是在執行指定敘述，將變數 var1 指定成使用者輸入的整數值。

當程式讀取的資料是整數，使用者如果輸入浮點數或非數值字元，scanf() 函數都只會讀取足以判別是整數的部分，其他部分是多餘字元，並不會讀取。

輸出整數資料是使用 printf() 函數，格式字元也是「%d」，如下所示：

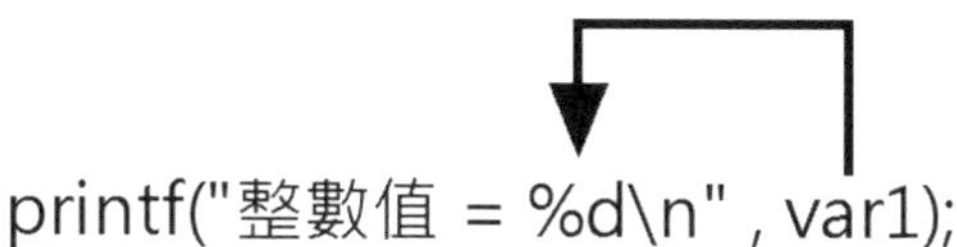

printf("整數值 = %d\n" , var1);

上述 printf() 函數的第 1 個參數是格式字串，內含格式字元「%d」表示保留一個位置，用來填入第 2 個參數的 var1 變數值，所以輸出結果是「整數值 = 10」。

4-3 輸入與輸出浮點數

在 C 程式使用相同的 scanf() 和 printf() 函數來輸入和輸出浮點數。

步驟 ①：觀察流程圖

請啟動 fChart 執行「檔案 / 載入流程圖專案」命令，開啟「\C\Ch04\Ch4_3.fpp」專案的流程圖，如下圖所示：

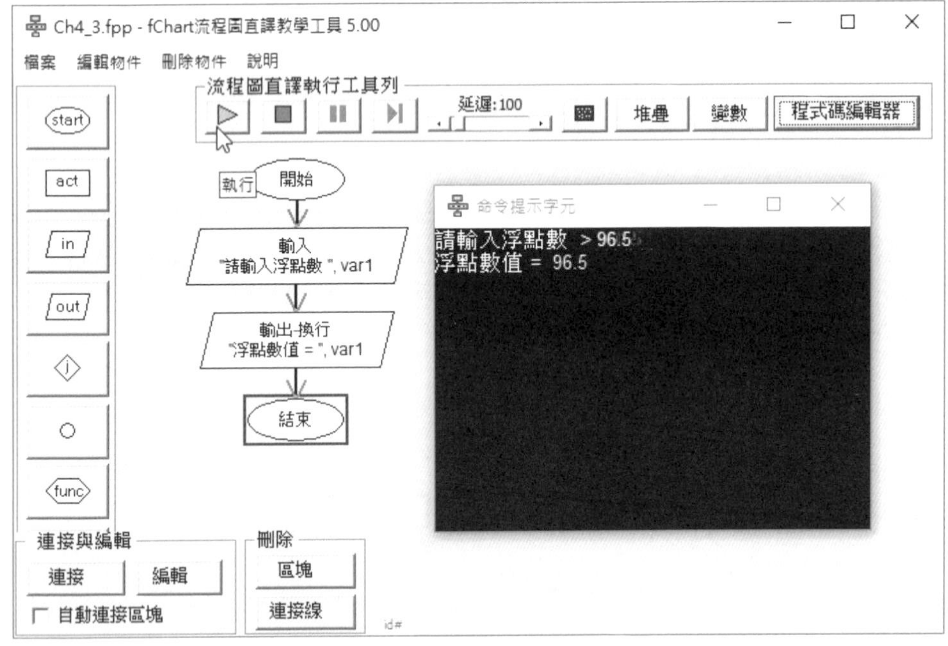

按**執行**鈕，在提示文字後輸入浮點數 96.5 後，按 Enter 鍵，可以馬上輸出顯示我們輸入的浮點數值。其執行步驟如下所示：

Step 1：顯示提示文字輸入浮點數變數 var1 值(輸入符號)
Step 2：輸出文字內容和變數 var1 值(輸出符號)

步驟 ②：實作程式碼

我們可以使用 fChart 程式碼編輯器或 Blockly 積木程式編輯器來建立對應流程圖符號的 C 程式碼。

方法一：使用 fChart 程式碼編輯器

使用 fChart 程式碼編輯器輸入對應流程圖符號的 C 程式碼，其步驟如下所示：

Step 1 請啟動 fChart 程式碼編輯器建立新程式，然後在 main() 函數中點一下作為插入點。

Step 2 執行「輸出 / 輸入符號」下的「輸入符號 / 輸入浮點數值」命令，可以插入輸入浮點數 scanf() 函數的 C 程式碼片段。

Step 3 執行「輸出 / 輸入符號」下的「輸出符號 / 訊息文字 + 浮點數變數 + 換行」命令，插入 printf() 函數的 C 程式碼，如下圖所示：

```
1   #include <stdio.h>
2
3   int main()
4   {
5       double var1;
6       printf("請輸入浮點數 =>");
7       scanf("%lf", &var1);
8       printf("變數值 = %f\n" , var1);
9       |
10
11      return 0;
12  }
```

Step 4 請修改第 8 列的訊息文字，從「變數值」改為「浮點數值」，就完成 C 程式碼，請儲存成檔名 Ch4_3.c 的 C 程式檔案，如下所示：

```
double var1;
printf(" 請輸入浮點數 =>");
scanf("%lf", &var1);
printf(" 浮點數值 = %f\n" , var1);
```

方法二：使用 Blockly 積木程式編輯器

我們也可以使用 Blockly 積木程式編輯器拼出積木程式來轉換成 C 程式碼，請注意！因為 var1 是 double 型態，不能指定成整數 1 的初值，請加上小數點，例如：1.0，如下圖所示：

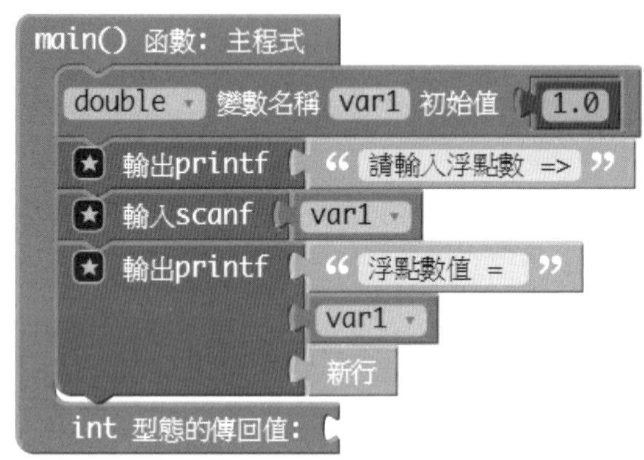

請儲存積木程式成為 Ex4_3.xml，轉換的 C 程式 Ex4_3.c。

編譯執行 C 程式

請按**編譯程式碼**鈕編譯 C 程式，再按**執行程式**鈕執行 C 程式，可以開啟「命令提示字元」視窗顯示執行結果，看到輸入浮點數的提示文字，如下圖所示：

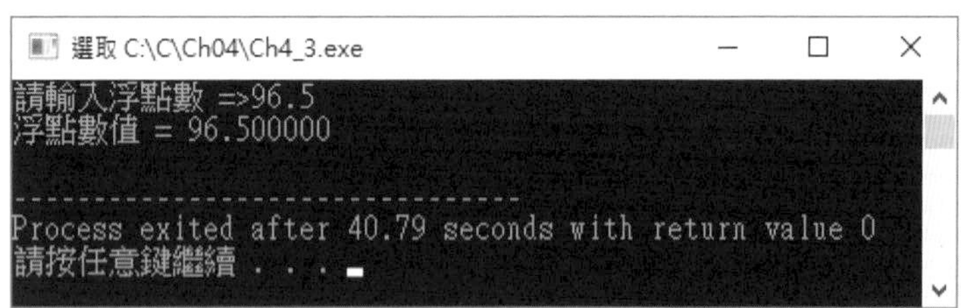

請輸入 96.5 後，按 Enter 鍵，可以看到馬上輸出我們輸入的浮點數值 96.500000，預設精確度至小數點下 6 位。

步驟 ③：了解程式碼

C 語言的浮點數輸入也是使用 scanf() 函數，因為是 double 資料型態，格式字元是「%lf」，請注意！ f 前是小寫 L，並不是數字 1，如下所示：

```
double var1;
printf(" 請輸入浮點數 =>");
scanf("%lf", &var1);
```

如果變數是 float 資料型態，scanf() 函數的格式字元是「%f」(C 程式：Ch4_3a.c，Blockly 是 Ex4_3a.xml、Ex4_3a.c)，如下所示：

```
float var1;
printf(" 請輸入浮點數 =>");
scanf("%f", &var1);
```

printf() 函數不論是輸出 double 或 float 資料型態的變數，其格式字元都是「%f」，如下所示：

```
printf(" 浮點數值 = %f\n" , var1);
```

4-4 輸入與輸出字串

C 語言的輸入與輸出字串也可以使用 scanf() 和 printf() 函數，如果需要輸入包含空白字元的字串，請使用 gets() 函數。

4-4-1 格式化輸入與輸出字串

在 C 程式可以使用 scanf() 函數讀取字串，和使用 printf() 輸出字串內容。

格式化輸入字串

C 程式可以使用 scanf() 函數輸入沒有空白字元分隔的字串（C 程式：Ch4_4_1.c），如下所示：

```
char var1[80];
printf("請輸入字串 =>");
scanf("%s", var1);
```

上述程式碼宣告字元陣列 var1[] 後，大小是 80 個字元，因為 C 語言的字串是 char 型態的一維陣列（在第 9 章有進一步的說明），函數的第 1 個參數「%s」格式字元表示輸入資料是字串，第 2 個參數是儲存讀取字串的字元陣列 var1。

因為 C 語言的陣列名稱本身就是位址，所以並不需要在之前使用「&」取址運算子。

scanf() 函數需要按下 Enter 鍵後，才會將資料送到 C 程式進行處理，讀取的字串是使用空白字元，例如：Space 和 Tab 鍵等作為分隔，簡單的說，我們是以字（Words）為單位來讀取字串，如下所示：

```
請輸入字串 =>This is a book. Enter
字串值 = This
```

上述執行結果輸入 This is a book.，因為使用空白字元分隔，我們只能讀取到第 1 個單字 This。

格式化輸出字串

輸出字串一樣是使用 printf() 函數，格式字元是「%s」，如下所示：

```
printf("字串值 = %s\n" , var1);
```

Blockly 積木程式 Ex4_4_1.xml 是使用**變數 / 陣列**分類下的字串積木（倒數第 2 個）來建立字元陣列的字串和指定初值，如下圖所示：

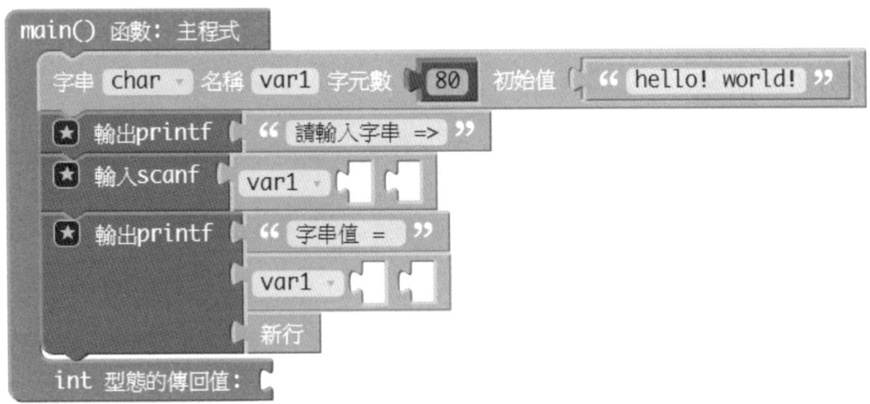

上述**輸入 scanf** 和**輸出 printf** 積木是使用**變數 / 陣列**分類下第 3 個積木來取得字串（取值積木請刪除索引積木 0），格式字元是「%s」；如果有索引積木，就是取出指定索引的陣列元素，因為是字元陣列，此時的格式字元是「%c」。

4-4-2　使用 gets() 和 puts() 函數

如果需要輸入整個句子的字串（包含空白字元），C 程式是使用標準函數庫的 gets() 函數來輸入字串；輸出字串可以使用 printf() 或 puts() 函數（Blockly 積木程式並不支援這 2 個函數）。

使用 gets() 函數讀取字串

C 程式可以使用 gets() 函數讀取整行文字內容的字串，同樣需要等到按下 Enter 鍵後，才會將字串送給 C 程式處理，如下所示：

```
char var1[80];
printf(" 請輸入字串 =>");
gets(var1);
```

上述程式碼宣告 80 個字元的字元陣列 var1[] 後，使用字元陣列為參數讀取字串內容，傳回值是字元陣列指標，也就是字串內容。

使用 puts() 函數輸出字串

在輸入字串後，除了使用 printf() 函數，我們也可以使用 puts() 函數將字串輸出到螢幕顯示，如下所示：

```
printf("輸出字串 : ");
puts(var1);
```

上述程式碼呼叫 puts() 函數將參數字串 var1 輸出到螢幕顯示，和在字串後自動加上新行字元。C 程式範例：Ch4_4_2.c 的執行結果，如下所示：

```
請輸入字串 =>This is a book. Enter
輸出字串 : This is a book.
```

上述執行結果輸入 This is a book.，可以輸出包含空白字元的完整字串。

4-5 輸入與輸出字元

C 語言 <stdio.h> 的 scanf() 和 printf() 函數是使用格式字元「%c」來輸入和輸出字元 ch（Blockly 積木程式是 Ex4_5.xml 和 Ex4_5.c），如下所示：

```
printf("請輸入字元 =>");
scanf("%c", &ch);
printf("%c\n", ch);
```

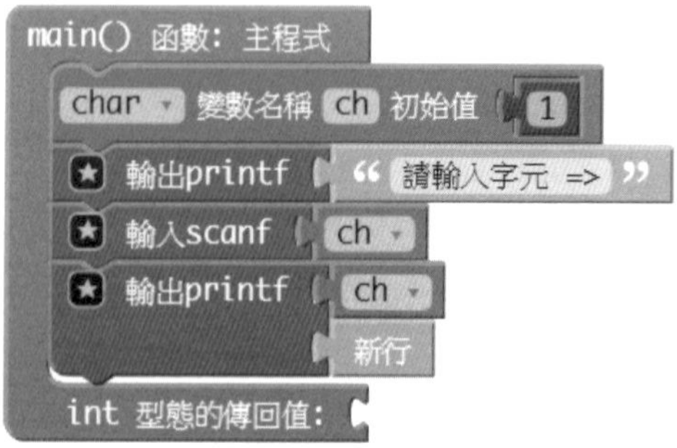

輸入與輸出單一字元

在 <stdio.h> 標頭檔還提供有字元輸入與輸出函數 getchar() 和 putchar()，可以從電腦標準輸入裝置讀取字元和將字元顯示在標準輸出裝置。

我們可以使用 getchar() 函數讀取單一字元，傳回值是整數 int 的 ASCII 碼，如果有錯誤傳回 EOF，函數同樣需要等到按下 Enter 鍵後，才會將輸入字元送給 C 程式處理，如下所示：

```
char ch;
printf(" 請輸入字元 =>");
ch = getchar();
putchar(ch);
putchar('\n');
```

上述程式碼讀入字元後，呼叫 putchar() 函數將字元輸出到螢幕顯示，第 2 個 putchar() 函數是換行。C 程式範例：Ch4_5.c 的執行結果，如下所示：

```
請輸入字元 =>a Enter
a
```

4-6 輸入與輸出多種不同型態的資料

C 語言的 scanf() 和 printf() 函數可以透過格式字元來輸入或輸出多種不同型態的資料，而且，我們可以在同一 scanf() 或 printf() 函數來同時輸入或輸出多個變數值。

4-6-1 使用 scanf() 函數讀取不同型態的資料

如果 C 程式需要輸入 1 個整數和 1 個浮點數值，我們可以重複呼叫 2 次 scanf() 函數來分別讀取整數和浮點數資料，也可以在同一 scanf() 函數讀取多筆不同型態的資料，如下所示：

```
scanf("%f,%d,%f", &x, &y, &z);
```

上述程式碼的格式字串有 %f、%d 和 %f 共 3 個格式字元，在之後也有對應的 3 個變數 &x、&y 和 &z 來讀取 3 筆輸入資料，分別是浮點數、整數和浮點數，如下圖所示：

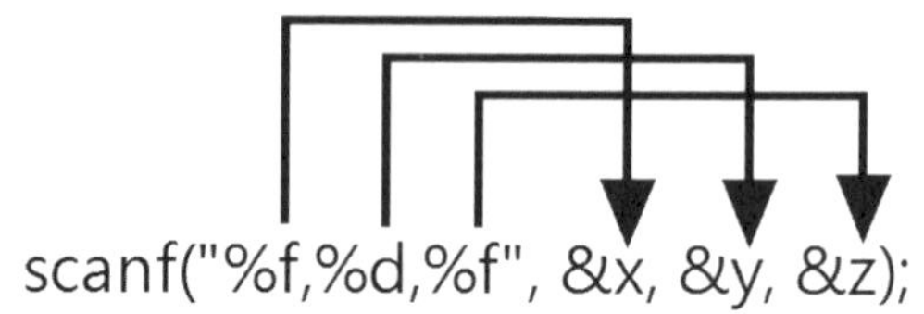

上述 scanf() 函數的格式字串同時使用多個不同的格式字元，格式字元數就是 scanf() 函數讀取的資料數，在之後需要相同數量的變數來取得輸入資料，別忘了變數前的「&」取址運算子。

基本上，scanf() 函數的格式字串是使用空白字元、非空白字元的符號和格式字元組成，我們可以在 scanf() 函數使用非格式字元來控制輸入資料的格式，以此例是使用「,」符號來分隔 3 個數值。

當 scanf() 函數格式字串是 "%f,%d,%f" 時，第 2 個 %d 是整數的格式字元，所以輸入 3 個資料的第 2 個一定是整數，若為 "%f,%f,%d"，最後一個就算輸入浮點數也可以，因為只會讀取整數部分。

請注意！因為 scanf() 函數是從使用者輸入資料和格式字串進行比對，一一找尋符合格式字元的資料，如果第 2 個輸入浮點數，格式字元 %d 只會讀取小數點前的整數部分，接著讀取「,」分隔字元，但是讀到的是小數點，所以第 3 個浮點數的資料就會讀取錯誤。

格式字元

在 scanf() 函數的格式字串中一定需要格式字元，一個格式字元對應一種資料型態。scanf() 函數的格式字元說明，如右表所示：

格式字元	說明
%d	整數
%f	浮點數（float）
%lf	浮點數（double）
%c	字元
%s	字串
%e	科學符號的數值
%u	無符號整數
%o	八進位表示法的整數
%x	十六進位表示法的整數

程式範例：Ch4_6_1.c

在 C 程式呼叫 scanf() 函數來同時輸入 x、y 和 z 多個數值資料，如下所示：

```
請輸入 x,y,z 的值: 22.45, 45, 77.8 Enter
x= 22.450001 y= 45 z= 77.800003
```

上述執行結果可以看到輸入的數值是使用「,」逗號分隔，x 輸入值 22.45，顯示的是 22.450001，這是精確度上的誤差，不是程式錯誤。Blockly 積木程式 Ex4_6_1.xml、Ex4_6_1.c，如右圖所示：

程式內容

```
01: /* 程式範例: Ch4_6_1.c */
02: #include <stdio.h>
03: /* 主程式 */
04: int main()
05: {
06:     float x, z;  /* 變數宣告 */
07:     int y;
08:     printf("請輸入x,y,z的值: ");
09:     scanf("%f,%d,%f", &x, &y, &z);
10:     printf("x= %f y= %d z= %f\n", x, y, z);
11:
12:     return 0;
13: }
```

程式說明

- 第 9 列：呼叫 scanf() 函數，分別使用格式字串的「,」符號來控制輸入 3 種不同資料型態的資料。

4-6-2 使用 printf() 函數輸出不同資料型態的資料

C 語言的 printf() 函數也可以使用格式字串來輸出多個不同資料型態的變數資料，內含「%」符號開始的格式字元（C 程式：Ch4_6_2.c），如下所示：

```
int a = 2046;
char b = 97;
double c = 3.14159;
printf("a= %d\n", a);
printf("b= %c c= %f\n", b, c);
```

上述程式碼宣告 3 個變數 a，b 和 c 後，使用格式字元「%d」、「%c」和「%f」輸出變數 a、b 和 c 的值，並且在同一 printf() 函數輸出字元變數 b 和浮點變數 c，如下圖所示：

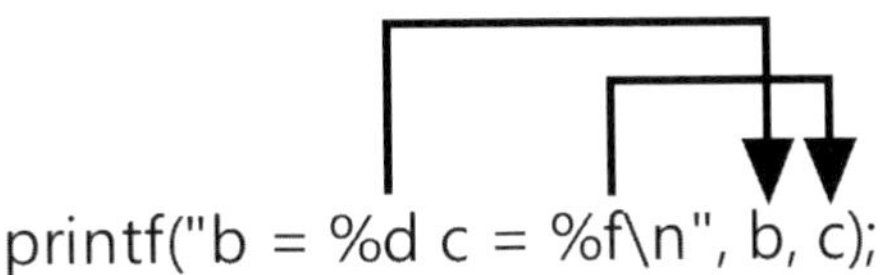

Blockly 積木程式 Ex4_6_2.xml、Ex4_6_2.c，如右圖所示：

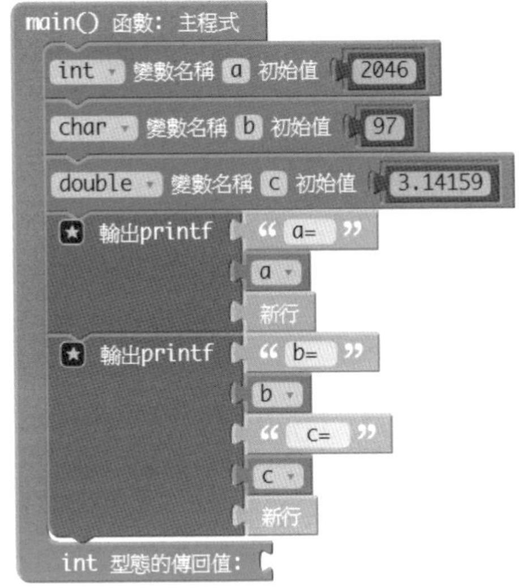

在 printf() 函數的格式字元對應輸出變數的資料型態，其說明如下表所示：

格式字元	資料型態	說明
%d 或 %i	int	輸出正負符號的十進位整數，即 signed int
%o	int	輸出無符號的八進位整數，即 unsigned int，數值的第 1 個 0 並不會輸出
%x 或 %X	int	輸出無符號的十六進位整數，即 unsigned int，數值前的 0x 或 0X 並不會輸出，abcdef 代表 0x，ABCDEF 代表 0X
%u	int	輸出無符號的十進位整數，即 unsigned int
%c	char、int	輸出字元，如果整數轉換成無符號的字元值，即 unsigned char
%s	char *、char []	依序輸出字串的字元，直到 '\0' 字串結束字元為止，可以是字元指標或字元陣列，詳見第 12-2 節
%f	float、double	輸出預設精確度為 6 位小數的浮點數
%e 或 %E	float、double	以科學符號輸出預設精確度為 6 位小數的浮點數
%g 或 %G	float、double	如果指數小於 -4 或大於等於精確度時，使用 %e 或 %E 科學符號，否則使用 %f 輸出數值，如果數值最後是 0 或小數點，就不會輸出
%p	void *	輸出指標的位址

4-6-3 printf() 函數的最小欄寬與精確度

如果輸出的資料需要細部編排，printf() 函數的格式字元「%」符號後，字元前，可以加上數值來調整最小欄寬和浮點數的精確度。

printf() 函數的最小欄寬

在 printf() 函數的格式字元可以加上最小欄寬的整數值，表示輸出變數值最少會顯示出指定欄寬的字元數，如果輸出長度小於欄寬，預設向右靠齊，然後在左邊填入空白字元，如下所示：

```
printf("i(3d)  = [%3d]\n", i);
printf("i(7d)  = [%7d]\n", i);
printf("i(10d) = [%10d]\n", i);
```

上述程式碼的格式字串分別指定最小欄寬 3、7 和 10 顯示整數變數 i 的值 2046，其說明如下表所示：

格式字元	說明	範例
%3d	顯示最小欄寬為 3，因為超過 3，所以顯示完整值	[2046]
%7d	顯示最小欄寬 7，不足部分在左邊填入空白字元	[2046]
%10d	顯示最小欄寬 10，不足部分在左邊填入空白字元	[2046]

上表 "[" 和 "]" 符號是為了標示輸出資料的最小欄寬。C 程式 Ch4_6_3.c 是測試整數和浮點數的最小欄寬。

printf() 函數的精確度

printf() 函數的精確度是使用在浮點數和字串剪裁，例如：%f、%e 預設精確度是小數點下 6 位數，在 printf() 函數可以調整輸出資料的精確度，如下所示：

```
printf("f(.0f)        = [%.0f]\n", f);
printf("f(.3f)        = [%.3f]\n", f);
printf("f(12.3f)      = [%12.3f]\n", f);
printf("f(12.5f)      = [%12.5f]\n", f);
```

上述程式碼的格式字元中，在「.」小數點前是最小欄寬，之後是精確度，變數 f 的值為 3.1415926535898，其說明如下表所示：

格式字元	說明	範例
%.0f	不顯示小數點和小數點下的位數	[3]
%.3f	顯示小數點下 3 位	[3.142]
%12.3f	顯示最小寬度為 12，小數點下 3 位	[3.142]
%12.5f	顯示最小寬度為 12，小數點下 5 位	[3.14159]

上表 "[" 和 "]" 符號是用來標示輸出資料的最小欄寬。C 程式 Ch4_6_3a.c 是測試浮點數的各種精確度。

學習評量

選擇題

(　　) 1. 請問 C 程式可以使用下列哪一個函數從標準輸入裝置讀取一個字元？

A. getchar()　B. printf()　C. putchar()　D. putch()

(　　) 2. 請問在 printf() 函數的格式字串中，我們可以使用下列哪一個符號開頭來定義使用的格式字元，以便輸出指定格式的變數內容？

A.「%」　B.「$」　C.「*」　D.「#」

(　　) 3. 請問 scanf() 函數可以使用下列哪一個格式字元來輸入字串？

A.「%d」　B.「%f」　C.「%s」　D.「%c」

(　　) 4. 請問下列哪一個格式字元可以在 printf() 函數輸出字元或整數？

A.「%d」　B.「%f」　C.「%s」　D.「%c」

(　　) 5. 請問下列哪一個格式字串可以顯示整數值的最小欄寬為 6，不足部分在左邊填入空白字元？

A.「%6d」　B.「%10.6d」　C.「%.6f」　D.「%6.3f」

(　　) 6. 請問下列哪一個格式字串可以顯示小數點下 6 位的浮點數值？

A.「%6d」　B.「%10.6d」　C.「%.6f」　D.「%6.3f」

簡答題

1. 請說明什麼是程式輸入與輸出和 C 語言的基本輸出和輸入？

2. C 語言標準輸入和輸出函數的標準函數庫是定義在 ________ 標頭檔。

3. 如果在 C 程式使用 printf() 函數輸出變數值，請寫出下列資料型態的格式字元，如下所示：

```
int、float、double、unsigned int
```

4. 請完成下列 C 語言的程式片段且寫出輸出結果，如下所示：

```
a = 5;
b = 77.34
printf("共有 ________ 位學生\n", a);
printf("學生平均成績是：________ 分\n", b);
```

5. 請完成下列 C 程式且寫出輸出結果，如下所示：

```
#include ___________
int main()
{
    int score = 68.56;
    char a = 'c';
    printf("學生 ___________平均成績：___________分\n", a , score);
    return 0;
}
```

6. 請指出下列 C 程式碼的錯誤，如下所示：

```
int main()
{
    int answer = 0;
    printf( 輸入 1 或 0 表示是或否 :);
    scanf("%f", answer);
    printf("%f\n", answer);
    return 0;
}
```

實作題

1. 請建立 C 程式輸入 1 個整數值後，顯示數值的十進位、十六進位和八進位值。
2. 請建立 C 程式使用 3 個 scanf() 函數輸入 3 個整數後，顯示輸入的 3 個數值。
3. 請建立 C 程式使用 scanf() 函數輸入 2 個使用「,」逗號分隔的浮點數，然後顯示輸入的 2 個浮點數值。
4. 請建立 C 程式使用 3 個整數值儲存日期的年、月和日，在使用 scanf() 函數輸入日期資料後，分別輸出 mm/dd/yy 和 dd-mm-yy 格式的日期資料。

CHAPTER 5

運算子與運算式

5-1／運算式的基礎

5-2／C 語言運算子的優先順序

5-3／算術運算子

5-4／指定運算子

5-5／資料型態的轉換

5-1 運算式的基礎

C 語言的運算式可以執行算術或邏輯運算來產生所需的結果，運算式可以只有一個常數值或變數，也可以是多個運算子和運算元所組成。

5-1-1 認識運算式

「運算式」(expressions)是由一序列「運算子」(operators)和「運算元」(operands)組成，可以在程式中執行所需的運算任務，如下圖所示：

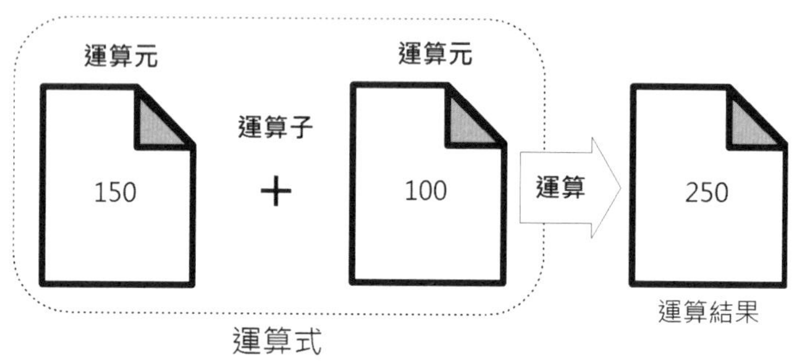

上述圖例的運算式是「150+100」,「+」加號是運算子；150 和 100 是運算元，在執行運算後，可以得到運算結果 250，其說明如下所示：

- **運算子**：執行運算處理的加、減、乘和除等運算子符號。
- **運算元**：執行運算的對象，可以是常數值、變數或其他運算式。

C 語言的運算式

C 語言的運算式到底是執行哪一種運算？這需視運算式包含的運算子種類而定。一些 C 語言的運算式範例，如下所示：

```
a
b
15
-15
a + b * 1
a >= b
a > b && a > 1
a = b + 1
(a = 1, a+1)
```

上述運算式的變數 a、b 和常數值 1、15、-15 是運算元,「+」、「*」、「>=」、「>」、「&&」、「=」和「,」是運算子。

C 語言的運算子是使用 1 到 2 個字元組成的符號,運算元是常數值(或稱字面值)、變數或其他運算式。如果只有單獨的單一運算元(不包含運算子)也是一種運算式。

運算式是如何執行運算

當同一運算式擁有一個以上的運算子時,運算式的執行結果會因運算子的執行順序而不同。例如:一個加法和乘法的運算式,如下所示:

```
10 * 2 + 5
```

上述運算式的執行結果有 2 種情況,如下所示:

- **先執行加法**:運算過程是 2+5=7,然後 7*10=70,結果為 70。
- **先執行乘法**:運算過程是 10*2=20,然後 20+5=25,結果是 25。

在同一運算式卻有兩種不同的運算結果,程式執行時並不允許這種情況發生,為了保證運算式擁有相同的運算結果,當運算式擁有多個運算子時,運算子的執行順序是由優先順序(Precedence)和結合(Associativity)來決定。

5-1-2 優先順序與和結合

當運算式擁有多個運算子時，為了得到相同的運算結果，我們需要使用優先順序和結合來執行運算式的運算。

優先順序（Precedence）

C 語言因為提供多種運算子，當同一運算式使用多個運算子時，為了讓運算式能夠得到相同的運算結果，運算式是以運算子預設的優先順序進行運算，也就是我們所熟知的「先乘除後加減」口訣，如下所示：

```
a + b * 2
```

上述運算式因為運算子的優先順序「*」大於「+」，所以先計算 b*2 後才和 a 相加。關於 C 語言運算子優先順序的說明，請參閱第 5-2-1 節。

程式語言的乘法是使用「*」符號，不是常用的「x」符號，因為「x」符號容易與變數名稱 x 混淆，當運算式有 x 時，編譯器會視為變數，而不是運算子。

在運算式可以使用括號來推翻預設的運算子優先順序，例如：改變上述運算式的運算順序，先執行加法運算後，才是乘法，如下所示：

```
(a + b) * 2
```

上述加法運算式使用括號括起，表示目前的運算順序是先計算 a+b，然後才乘 2。

結合（Associativity）

當運算式的所有運算子擁有相同優先順序時，運算子的執行順序是以結合（Associativity）來決定。結合分為兩種，如下所示：

- **右左結合**（Right-to-left Associativity）：運算式從右到左執行運算子的運算，例如：運算式 a=b=c+4 是先計算 b=c+4，然後才是 a=b。
- **左右結合**（Left-to-right Associativity）：運算式是從左到右執行運算子的運算，例如：運算式 a-b-c 是先計算 a-b 的結果 d，然後才是 d-c。

5-1-3 運算式的種類

C 語言的運算式依運算元的個數可以分成數種，如下所示：

單運算元運算式（Unary Expressions）

單運算元運算式只包含一個運算元和「單運算元運算子」（Unary Operator），例如：正負號是一種單運算元運算式，如下所示：

```
-15
+10
x++
--y
```

在 C 語言的「!」、「-」、「+」、「++」、「--」和「~」是單運算元運算子，這些運算子擁有相同的優先順序，使用右左結合（Right-to-left Associativity）進行運算式的計算。

二元運算式（Binary Expressions）

二元運算式包含兩個運算元，使用一個二元運算子來分隔運算元。在 C 語言的運算式大部分都是二元運算式，如下所示：

```
a + b * 1
c + d + e
```

上述數學運算式的第 1 個運算式是使用運算子優先順序執行運算。第 2 個運算式的 2 個運算子擁有相同的優先順序，所以使用左右結合（Left-to-right Associativity）執行運算。

請注意！C語言的二元運算子大都是使用左右結合（Left-to-right Associativity）執行運算，只有指定運算子的指定運算式是使用右左結合（Right-to-left Associativity），如下所示：

```
a = b = c
```

三元運算式（Ternary Expressions）

三元運算式包含3個運算元，C語言只有一種三元運算子「?:」，如下所示：

```
h = (h >= 12) ? h-12 : h;
```

上述三元運算子有h >= 12、h-12和h共3個運算元，這是條件運算子，其進一步說明請參閱第6-3-3節。三元運算子是使用右左結合（Right-to-left Associativity）進行運算式的計算。

5-2 C語言運算子的優先順序

C語言提供完整**算術** (Arithmetic)、**指定** (Assignment)、**位元** (Bitwise)、**關係** (Relational) 和**邏輯** (Logical) 運算子。C語言運算子預設的優先順序（愈上面愈優先），如下表所示：

運算子	說明
()、[]、->、.	括號、陣列元素、結構指標存取結構元素和存取結構元素
!、-、+、++、--、~、*、&、(type)、sizeof	邏輯運算子NOT、負號、正號、遞增、遞減、1' 補數、取值、取址、型態迫換和取得記憶體尺寸
*、/、%	算術運算子的乘、除法和餘數
+、-	算術運算子加和減法
<<、>>	位元運算子左移、右移
>、>=、<、<=	關係運算子大於、大於等於、小於和小於等於

<table>
<tr><th>運算子</th><th>說明</th></tr>
<tr><td>==、!=</td><td>關係運算子等於和不等於</td></tr>
<tr><td>&</td><td>位元運算子 AND</td></tr>
<tr><td>^</td><td>位元運算子 XOR</td></tr>
<tr><td>|</td><td>位元運算子 OR</td></tr>
<tr><td>&&</td><td>邏輯運算子 AND</td></tr>
<tr><td>||</td><td>邏輯運算子 OR</td></tr>
<tr><td>?:</td><td>條件控制運算子</td></tr>
<tr><td>=、op=</td><td>指定運算子</td></tr>
<tr><td>,</td><td>逗號運算子</td></tr>
</table>

在上表的第 1 列「[]」運算子是陣列運算、「->」和「.」是結構運算子，用來取得結構或聯合成員，詳細說明請參閱第 9 章和第 11 章。

在第 2 列的單運算元運算子「*」和「&」是指標運算子，詳細說明請參閱第 10 章。關係、邏輯和條件控制運算子「?:」的詳細說明請參閱第 6 章。位元運算子請參閱＜第 12 章：巨集與位元運算＞。

5-3 算術運算子

算術運算子就是我們常用的四則運算，即加、減、乘和除法等數學運算子，C 語言還提供遞增和遞減運算子來簡化加減法的運算。

主群組運算子就是**括號**，其主要目是推翻現有運算子的優先順序，以便得到我們所需要的運算結果。

5-3-1 算術運算子

C 語言的「算術運算子」(Arithmetic Operators) 可以建立數學的算術運算式 (Arithmetic Expressions)。在這一節的 C 程式是修改第 2-3 節的範例，可以讓使用者輸入 2 個運算元來計算相乘和相除的結果。

步驟 ①：觀察流程圖

請啟動 fChart 開啟「\C\Ch05\Ch5_3_1.fpp」專案的流程圖，如右圖所示：

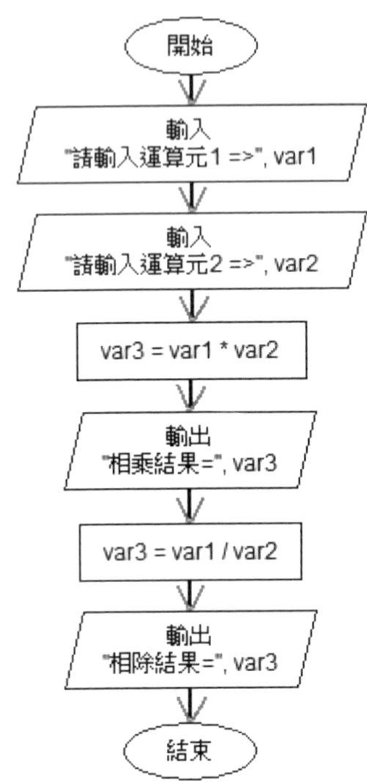

請執行流程圖依序輸入 10 和 5，就會顯示相乘結果 50，和相除結果 2（請注意！流程圖的除法運算結果是浮點數），依據流程圖的執行順序，我們可以找出執行步驟，如下所示：

```
Step 1：顯示提示文字輸入整數 var1 值（輸入符號）
Step 2：顯示提示文字輸入整數 var2 值（輸入符號）
Step 3：計算相乘結果儲存至 var3（動作符號）
Step 4：輸出文字內容和 var3 值（輸出符號）
Step 5：計算相除結果儲存至 var3（動作符號）
Step 6：輸出文字內容和 var3 值（輸出符號）
```

步驟 ②：實作程式碼

我們可以使用 fChart 程式碼編輯器或 Blockly 積木程式編輯器來建立對應流程圖符號的 C 程式碼。

方法一：使用 fChart 程式碼編輯器

請先執行 2 次「輸出 / 輸入符號」下的「輸入符號 / 輸入整數值」命令，然後執行「動作符號 / 算術運算式 / 乘法」命令插入乘法運算式，加上輸出符號後，請再重複執行命令來插入除法運算式和輸出運算結果，如下圖所示：

```
int main()
{
    int var1;
    printf("請輸入整數 =>");
    scanf("%d", &var1);
    int var1;
    printf("請輸入整數 =>");
    scanf("%d", &var1);
    result = var1 * var2;
    printf("變數值 = %d\n" , var1);
    result = var1 / var2;
    printf("變數值 = %d\n" , var1);

    return 0;
}
```

在新增變數 var3 的宣告後，請修改變數名稱和訊息文字，可以建立 C 程式 Ch5_3_1.c，如下所示：

```
int main()
{
    int var1, var3;
    printf("請輸入運算元 1 =>");
    scanf("%d", &var1);
    int var2;
    printf("請輸入運算元 2 =>");
    scanf("%d", &var2);
    var3 = var1 * var2;
    printf("相乘結果 = %d\n" , var3);
```

```
    var3 = var1 / var2;
    printf(" 相除結果 = %d\n" , var3);
    return 0;
}
```

方法二：使用 Blockly 積木程式編輯器

我們也可以使用 Blockly 積木程式編輯器拼出積木程式來轉換成 C 程式碼，運算式積木是位在**運算**分類，如下圖所示：

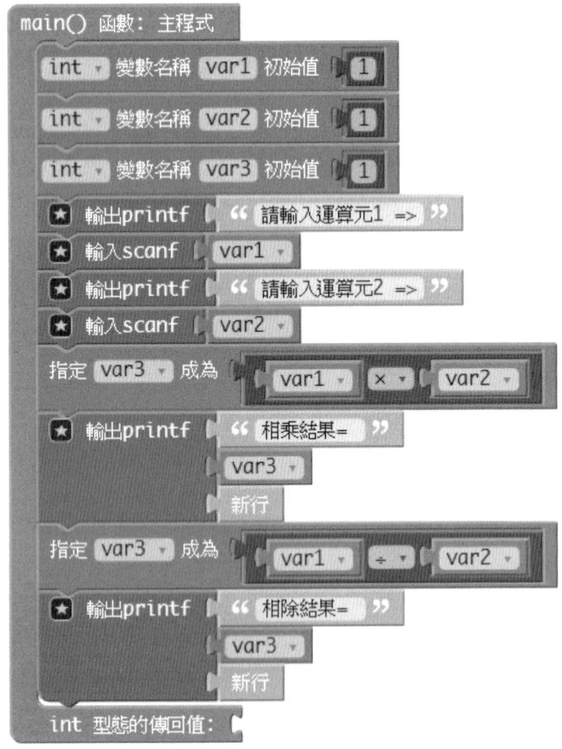

請儲存積木程式成為 Ex5_3_1.xml，轉換的 C 程式 Ex5_3_1.c。

編譯執行 C 程式

請編譯和執行 C 程式，可以看到執行結果，如下圖所示：

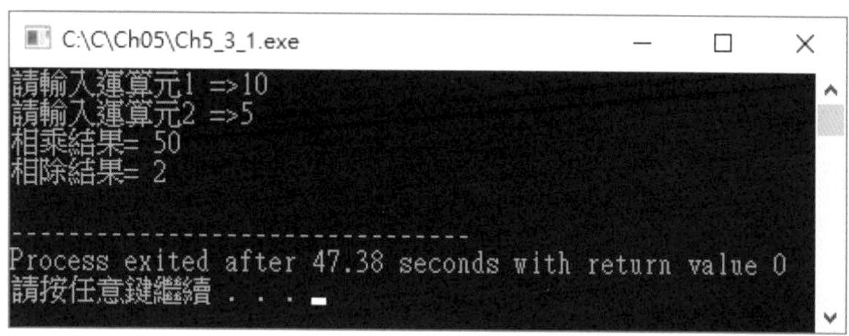

請輸入 10，按 Enter 鍵，再輸入 5 按 Enter 鍵，可以顯示相乘結果是 50；相除結果是 2。

步驟 ③：了解程式碼

C 語言的算術運算式和數學運算並沒有什麼不同，其說明如下表所示：

運算子	說明	運算式範例
-	負號	-6
+	正號	+6
*	乘法	3 * 4 = 12
/	除法	7.0 / 2.0 = 3.5、7 / 2 = 3
%	餘數	7 % 2 = 1
+	加法	5 + 3 = 8
-	減法	5 - 3 = 2

上表的運算式範例是使用常數值，C 語言的「%」運算子是整數除法的餘數，不能使用在 float 和 double 資料型態。除法運算子「/」如果使用在 int 資料型態是整數除法，自動會將小數刪除，所以 7 / 2 = 3。

在 Ch5_3_1.c 程式的除法是整數除法，請修改 C 程式改為浮點數除法，其運算結果是輸出成浮點數（C 程式：Ch5_3_1a.c，積木程式：Ex5_3_1a.xml 和 Ex5_3_1a.c），如下所示：

```
double var1, var3;
printf(" 請輸入運算元 1 =>");
scanf("%lf", &var1);
double var2;
printf(" 請輸入運算元 2 =>");
scanf("%lf", &var2);
var3 = var1 / var2;
printf(" 相除結果 = %f\n" , var3);
```

上述程式碼的 3 個變數都改為 double 型態，此時的除法運算結果就會保留小數，如下圖所示：

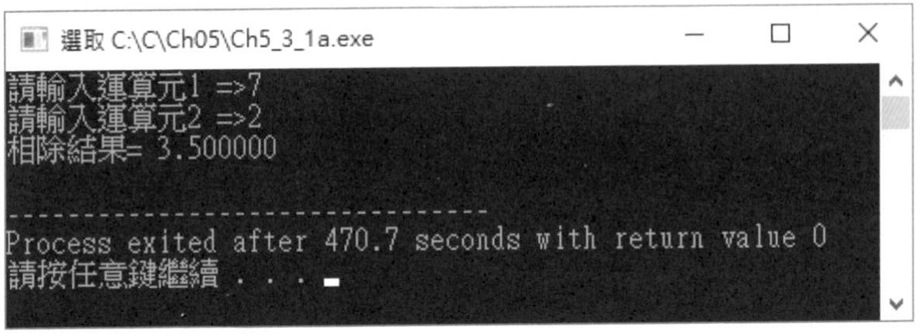

5-3-2 使用算術運算子建立數學公式

我們只需使用 C 語言的算術運算子和變數，就可以輕鬆建立複雜的數學運算式，例如：華氏（Fahrenheit）和攝氏（Celsius）溫度轉換公式。首先是攝氏轉華氏公式，如下所示：

```
f = (9.0 * c) / 5.0 + 32.0;
```

華氏轉攝氏公式，如下所示：

```
c = (5.0 / 9.0 ) * (f - 32.0);
```

下列左圖是攝氏轉華氏為例的 fChart 流程圖（Ch5_3_2.fpp），右圖是華氏轉攝氏（Ch5_3_2a.fpp），如下圖所示：

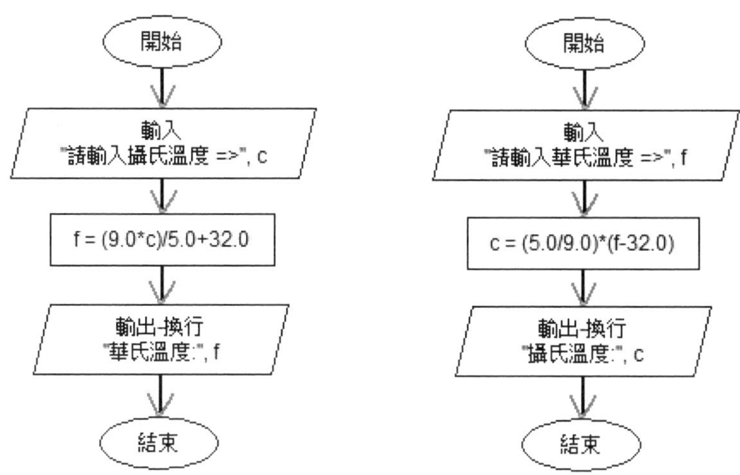

現在，我們可以建立 C 程式來解決數學問題，配合 C 語言標準函數庫的相關數學函數（詳見第 8 章），不論是統計或工程上的數學問題，都可以自行撰寫 C 程式來進行處理。

程式範例：Ch5_3_2.c

在 C 程式輸入攝氏溫度後，使用算術運算子建立的數學公式來進行溫度轉換，如下所示：

```
請輸入攝氏溫度 => 45 Enter
攝氏 45= 華氏 113.000000 度
```

上述執行結果輸入攝氏溫度 45，可以看到轉換結果是華氏 113 度。Blockly 積木程式 Ex5_3_2.xml，如下圖所示：

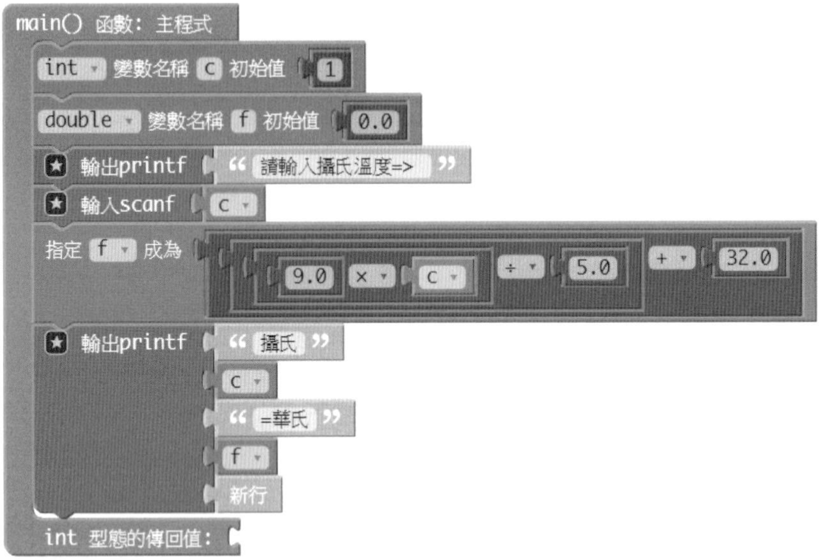

上述溫度轉換公式重複使用 3 個**運算**分類下第 2 個數學運算積木（運算式的運算元是另一個運算式積木），位在愈上層的數學運算積木，擁有愈高的運算優先順序。

程式內容

```
/* 程式範例 : Ch5_3_2.c */
#include <stdio.h>
/* 主程式 */
int main()
{
    int c;  /* 宣告變數 */
    double f;
    printf(" 請輸入攝氏溫度 => ");
    scanf("%d", &c);
    /* 建立數學公式 */
    f = (9.0 * c) / 5.0 + 32.0;
    printf(" 攝氏 %d= 華氏 %f 度 \n", c, f);
    return 0;
}
```

程式說明

- 第 8~9 列：輸入攝氏溫度。
- 第 11 列：建立數學公式來執行溫度轉換。

同樣方式，我們可以建立華氏轉攝氏的溫度轉換程式 Ch5_3_2a.c，只是溫度轉換公式不同，如下所示：

```
int f;   /* 宣告變數 */
double c, tmp;
printf("請輸入華氏溫度 => ");
scanf("%d", &f);
/* 建立數學公式 */
c = (5.0 / 9.0 ) * (f - 32.0);
printf("華氏 %d= 攝氏 %f 度 \n", f, c);
```

Blockly 積木程式 Ex5_3_2a.xml，如下圖所示：

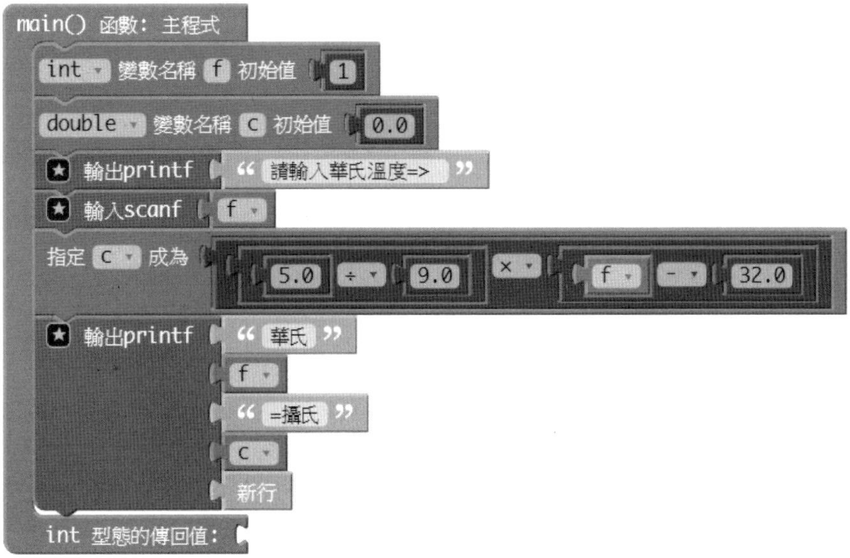

main() 函數: 主程式
int 變數名稱 f 初始值 1
double 變數名稱 c 初始值 0.0
輸出printf " 請輸入華氏溫度=> "
輸入scanf f
指定 c 成為 5.0 ÷ 9.0 × f − 32.0
輸出printf " 華氏 " f " =攝氏 " c 新行
int 型態的傳回值:

5-3-3 遞增和遞減運算子

C語言的遞增和遞減運算子(Increment and Decrement Operators)是一種置於變數之前或之後的運算式簡化寫法，如右表所示：

運算子	說明	運算式範例
++	遞增運算	x++、++x
--	遞減運算	y--、--y

上表遞增和遞減運算子可以置於變數的前或後來建立遞增和遞減運算式，例如：x = x + 1 運算式相當於是：

```
x++; 或 ++x;
```

例如：y = y - 1 運算式相當於是：

```
y--; 或 --y;
```

上述遞增和遞減運算子在變數之後或之前並不會影響運算結果。如果遞增和遞減運算子是使用在指定運算式，運算子在運算元之前或之後就有很大的不同，如下表所示：

運算子位置	說明
運算子在運算元之前（++x、--y）	先執行運算，才取得運算元的值
運算子在運算元之後（x++、y--）	先取得運算元值，才執行運算

上表是說，當運算子在前面，變數值是立刻改變；如果位在後面，表示在執行運算式後才會改變。例如：運算子是位在運算元之後，如下所示：

```
x = 10;
y = x++;
```

上述程式碼變數 x 的初值為 10，x++ 的運算子在後，所以之後才會改變，y 值仍然為 10；x 為 11。例如：運算元是位在運算子之後，如下所示：

```
x = 10;
y = --x;
```

上述程式碼變數 x 的初值為 10，--x 的運算子是在前，所以 y 為 9；x 也是 9。

程式範例：Ch5_3_3.c

在 C 程式使用遞增 / 遞減運算子建立遞增 / 遞減運算式，如下所示：

```
遞增運算： x=10 -->x++= 11
遞減運算： y=10 -->y--= 9
```

Blockly 積木程式 Ex5_3_3.xml（遞增 / 遞減運算式積木位在**運算**分類），如右圖所示：

程式內容

```
/* 程式範例：Ch5_3_3.c */
#include <stdio.h>
/* 主程式 */
int main()
{
    int x = 10, y = 10;  /* 宣告變數 */
    x++;    /* 遞增 */
    printf("遞增運算： x = 10 --> x++ = %d\n", x);
    y--;    /* 遞減 */
    printf("遞減運算： y = 10 --> y-- = %d\n", y);
    return 0;
}
```

程式說明

- 第 7 列和第 9 列：使用遞增和遞減運算子建立運算式。

程式範例：Ch5_3_3a.c

在 C 程式分別將遞增 / 遞減運算子置於運算元之前或之後來檢視變數值的變化，如下所示：

```
x = 11
y = x++ = 10
x = 9
y = --x = 9
```

Blockly 積木程式 Ex5_3_3a.xml（遞增 / 遞減運算子積木是**運算**分類的最後 2 個積木），如右圖所示：

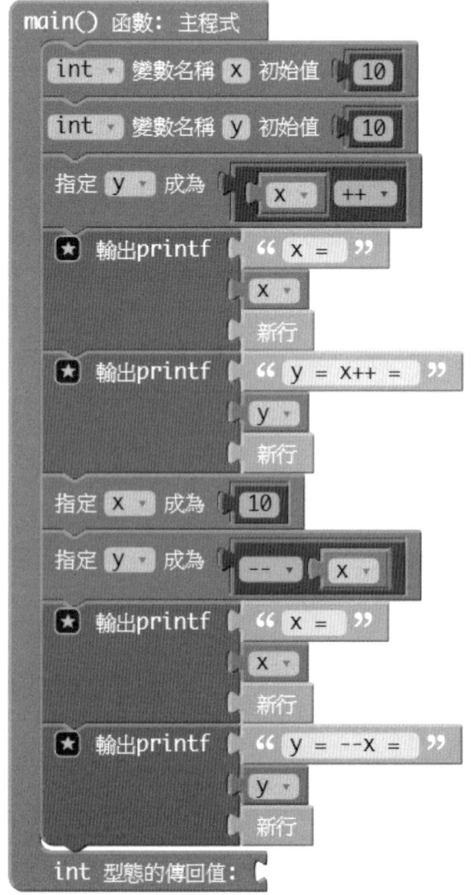

程式內容

```
01: /* 程式範例：Ch5_3_3a.c */
02: #include <stdio.h>
03: /* 主程式 */
04: int main()
05: {
06:     int x = 10, y = 10;  /* 宣告變數 */
07:     /* 測試遞增和遞減運算子 */
08:     y = x++;    /* 運算子在後 */
09:     printf("x = %d\n" , x);
10:     printf("y = x++ = %d\n" , y);
11:     x = 10;
12:     y = --x;    /* 運算子在前 */
13:     printf("x = %d\n" , x);
14:     printf("y = --x = %d\n" , y);
15:     return 0;
16: }
```

程式說明

- 第 8~12 列：在指定敘述的變數前後測試遞增和遞減運算子。

5-3-4 主群組運算子 - 括號

ANSI-C 括號稱為「**主群組運算子**」（Primary Grouping Operators），其目的是為了推翻現有優先順序，如果是複雜運算式，我們可以使用括號來改變運算子的優先順序。Blockly 積木程式的運算式是位在愈上層的運算積木，擁有愈高的優先順序，也會自動加上括號。

括號運算式（Parenthetical Expressions）

當運算式擁有超過 2 個運算子時，我們才有可能需要使用括號來改變運算順序，例如：在算術運算式擁有乘法和加法運算子，如下所示：

```
a = b * c + 10;
```

上述運算式的運算順序是先計算 b * c 後，再加上常數值 10，因為乘法的優先順序大於加法。如果我們需要先計算 c + 10，就可以使用括號來改變優先順序，如下所示：

```
a = b * (c + 10);
```

上述運算式的運算順序是先計算 c + 10 後，再乘以 b。

巢狀括號運算式（Nested Parenthetical Expressions）

在運算式的括號中可以擁有其他括號，稱為**巢狀括號**，此時位在最內層的括號擁有最高優先順序，然後是其上一層，直到得到最後的運算結果，如下所示：

```
a = (b * 2) + (c * (d + 10));
```

上述運算式的運算順序是先計算最內層 d + 10，然後是其上一層的 (b * 2) 和 (c * (d + 10))，最後才計算相加的運算結果。

程式範例：Ch5_3_4.c

在 C 程式建立擁有括號的算術運算式，和計算巢狀括號運算式的結果（Blockly 積木程式 Ex5_3_4.xml），如下所示：

```
b = 10  c = 5
b * c + 10 = 60
b * (c + 10) = 150
d = 2
(b * 2) + (c * (d + 10)) = 80
```

程式內容

```
/* 程式範例：Ch5_3_4.c */
#include <stdio.h>
/* 主程式 */
int main()
{
```

```
06:     int a, b, c, d;  /* 宣告變數 */
07:     b = 10;     c = 5;
08:     printf("b = %d  c = %d\n", b, c);
09:     /* 括號運算式 */
10:     a = b * c + 10;
11:     printf("b * c + 10 = %d\n", a);
12:     a = b * (c + 10);
13:     printf("b * (c + 10) = %d\n", a);
14:     /* 巢狀括號運算式 */
15:     d = 2;
16:     printf("d = %d\n", d);
17:     a = (b * 2) + (c * (d + 10));
18:     printf("(b * 2) + (c * (d + 10)) = %d\n", a);
19:     return 0;
20: }
```

程式說明

- 第 10 列和第 12 列：分別是沒有括號和擁有括號的算術運算式。
- 第 17 列：擁有巢狀括號的算術運算式。

5-4 指定運算子

「**指定運算式**」(Assignment Expressions) 就是第 3 章的指定敘述，使用「=」等號指定運算子來建立運算式，請注意！這是指定或稱為指派；並不是相等的等於，其目的如下所示：

「將右邊運算元或運算式運算結果的常數值，存入位在左邊的變數。」

在指定運算子「=」等號的左邊是指定值的變數；右邊可以是變數、常數值或運算式，在本節前我們已經有很多程式範例。

在這一節我們準備說明 C 語言指定運算式的簡化寫法，其條件如下所示：

- 在指定運算子「=」等號的右邊是二元運算式，擁有 2 個運算元。
- 在指定運算子「=」等號的左邊的變數和第 1 個運算元相同。

例如：滿足上述條件的指定運算式，如下所示：

```
x = x + y;
```

上述「=」等號右邊是加法運算式，擁有 2 個運算元，而且第 1 個運算元 x 和「=」等號左邊的變數相同，此時可以改用「+=」運算子來改寫此運算式，如下所示：

```
x += y;
```

上述運算式就是指定運算式的簡化寫法，其語法如下所示：

```
變數名稱 op= 變數或常數值 ;
```

上述 op 代表「+」、「-」、「*」或「/」等運算子，在 op 和「=」之間不能有空白字元，此種寫法展開的指定運算式，如下所示：

```
變數名稱 = 變數名稱 op 變數或常數值
```

上述「=」等號左邊和右邊是同一變數名稱。簡潔或稱縮寫表示的指定運算式和運算子（Blockly 積木程式並不支援），如下表所示：

指定運算子	範例	相當的運算式	說明
=	x = y	N/A	指定敘述
+=	x+ = y	x = x + y	加法
-=	x -= y	x = x - y	減法
*=	x *= y	x = x * y	乘法
/=	x /= y	x = x / y	除法
%=	x %= y	x = x % y	餘數

5-5 資料型態的轉換

「資料型態轉換」(Type Conversions)是因為運算式可能擁有多個不同資料型態的變數或常數值。例如:在運算式中擁有整數和浮點數的變數或常數值時,就需要執行型態轉換。

Blockly 積木程式在**運算**分類下提供 2 個資料型態轉換積木,如下圖所示:

上述左邊積木是第 5-5-3 節的型態轉換運算子,右邊積木是自動型態轉換,因為 Blockly 並不允許不同型態變數的指定敘述,例如:整數變數指定成浮點數,如果變數需要指定成不同型態的變數值,請使用右邊的積木來執行指定敘述或算術型態的自動型態轉換。

5-5-1 指定敘述的型態轉換

指定敘述的型態轉換規則很簡單,就是將「=」運算子右邊的運算式轉換成和左邊變數相同的資料型態,如下所示:

```
a = b;
```

上述指定敘述的變數 a 和 b 如果是不同資料型態,變數 b 的值會自動轉換成變數 a 的資料型態。

資料型態轉換是指轉換變數儲存的資料,並不是變數本身的資料型態,因為不同型態佔用的位元組數不同,在進行資料型態轉換時,例如:double 轉換成 float,變數資料就有可能損失精確度。

C 語言基本資料型態的指定敘述型態轉換，其可能的資料損失，如下表所示：

變數資料型態	運算式的資料型態	可能的資料損失
signed char	unsigned char	如果值大於 127，變數值將為負值
char	short int	高位的 8 位元
char	int	高位的 24 位元
char	long int	高位的 24 位元
short int	int	高位的 16 位元
int	long int	沒有損失
int	float	損失小數且可能更多
float	double	損失精確度
double	long double	損失精確度

上表是指定敘述型態轉換，從右邊運算式的資料型態轉換成左邊變數資料型態時，所可能產生的資料損失；反過來從 char 轉換成 int、float 或 double 資料型態，並不會增加資料的精確度。

如果上表找不到直接轉換的資料型態，就可能需要經過多次轉換。例如：double 轉換成 short int，就需要從 double 轉換成 float，float 轉換成 int，到 int 轉換成 short int。

程式範例 Ch5_5_1.c 在宣告字元、整數和浮點數變數後，分別執行指定敘述的型態轉換，可以看到轉換結果的資料損失。

5-5-2 算術型態轉換

「算術型態轉換」(Arithmetic Conversions) 並不需要特別語法，運算式如果擁有不同型態的運算元，就會將儲存的資料自動轉換成相同資料型態且是運算元中範圍最大的資料型態，運算式型態轉換的順序是型態數值範圍大者比較高，如下所示：

```
long double > double > float > unsigned long > long > unsigned int > int
```

上述型態的轉換順序是當 2 個運算元是不同型態時，就會自動轉換成範圍比較大的資料型態，一些轉換範例如下表所示：

運算元 1	運算元 2	自動轉換成
long double	float	long double
double	float	double
float	int	float
long	int	long

如果一個運算元是 long，另一個是 unsigned int 就稍有不同，因為需視 long 範圍是否包括 unsigned int，如果是，就轉換成 long，否則轉換成 unsigned long。

例如：宣告 char、int、float 和 double 資料型態的變數 c、i、f 和 d 且指定初值，運算式 (c+i)*(f/d)+(i-f) 的型態轉換，如下圖所示：

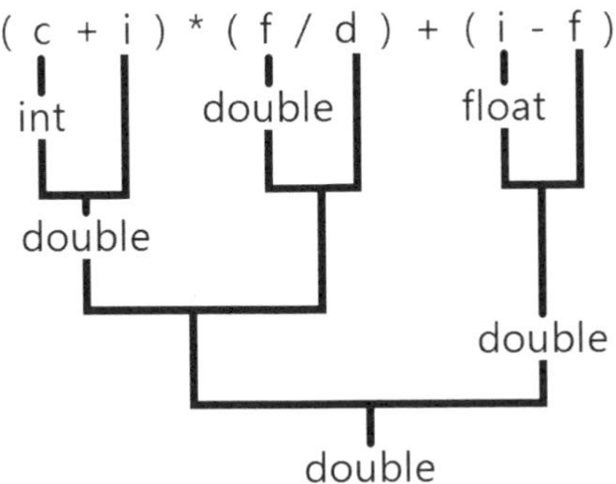

上述運算式 c + i 轉換成 int，f / d 轉換成 double，i - f 轉換成 float，接著是 (c+i)*(f/d) 轉換成 double，最後運算式轉換成 double 資料型態。

程式範例 Ch5_5_2.c 建立 char、int、float 和 double 資料型態變數且指定初值後，測試算術型態轉換，其執行結果是依序轉換成 int、float 和 double 型態。

5-5-3 強迫型態轉換運算子

指定敘述和算術型的型態轉換都會自動進行型態轉換，不過有時，自動轉換的結果並非我們的預期結果，此時需要使用 C 語言的「型態轉換運算子」(Cast Operator)，在運算式中強迫轉換資料型態，其語法如下所示：

```
(型態名稱) 運算式或變數
```

上述語法可以將運算式或變數強迫轉換成前方括號中的型態。

在型態名稱之外一定需要有括號。

例如：整數除法 17/5，其結果是整數 3。如果需要精確到小數點，就不能使用算術型態轉換，我們需要強迫轉換成浮點數，例如：a=17、b=5，如下所示：

```
r = (float)a / (float)b;
```

上述程式碼將整數變數 a 和 b 都強迫轉換成浮點數 float，我們也可以只強迫轉換其中一個，然後讓算術型態轉換自動轉換其他運算元，此時 17/5 的結果是 3.4。

程式範例：Ch5_5_3.c

在 C 程式宣告 2 個整數變數，然後分別計算不轉換和強迫型態轉換成浮點數後的相除結果，如下所示：

```
a = 17  b = 5
r = a / b = 3.000000
r = (float)a / (float)b = 3.400000
```

上述執行結果可以看到沒有強迫型態轉換時，結果為 3，如果有強迫型態轉換，結果是 3.4。在 Blockly 積木程式 Ex5_5_3.xml 是使用型態轉換積木，如下圖所示：

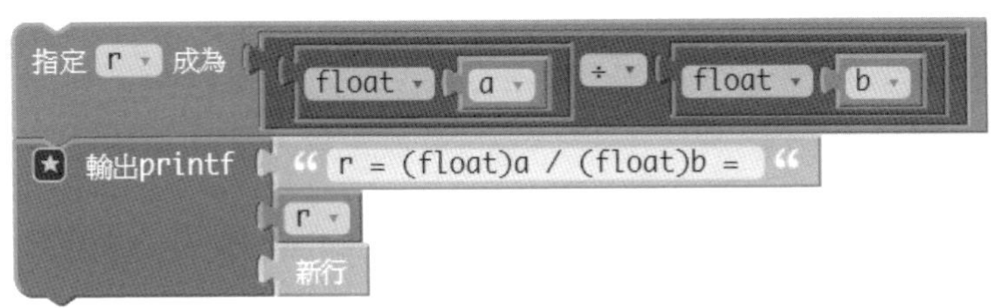

程式內容

```
01: /* 程式範例: Ch5_5_3.c */
02: #include <stdio.h>
03: /* 主程式 */
04: int main()
05: {
06:     int a = 17, b = 5;  /* 宣告變數 */
07:     float r;
08:     /* 算術型態轉換 */
09:     printf("a = %d  b = %d\n", a, b);
10:     r = a / b;
11:     printf("r = a / b = %f\n", r);
12:     /* 強迫型態轉換運算子 */
13:     r = (float)a / (float)b;
14:     printf("r = (float)a / (float)b = %f\n", r);
15:     return 0;
16: }
```

程式說明

- 第 10 列：整數除法。
- 第 13 列：浮點數除法。

學習評量

選擇題

(　　) 1. 請問下列哪一個 C 語言運算子的優先順序是最高的？

A.「!」　B.「%」　C.「==」　D.「+」

(　　) 2. 請問 C 語言遞增運算式 i++ 和 ++i 的的差異為何？

A. 沒有什麼不同

B. 有時不同，有時是相同的

C. i++ 是合法的運算式

D. ++i 是合法的運算式

(　　) 3. 請問下列 C 運算式最後運算結果的 i 值為何，如下所示：

```
i=1;
i *= 5;
i += 2;
```

A. 1　B. 5　C. 2　D. 7

(　　) 4. 請問下列 C 運算式最後運算結果的 x 值為何，如下所示：

```
y=10;
x = (y = y + 5, y = y / 5, y + 1);
```

A. 3　B. 15　C. 4　D. 7

( ) 5. 請問 C 語言運算式型態轉換的順序是型態數值範圍大者比較高，請問下列哪一種型態最高？

A. unsigned long　　B. long

C. unsigned int　　D. int

( ) 6. 當變數 a 的值 16；b 是 5 時，請問 C 運算式：r = a / b; 的運算結果是什麼？

A. 3.2　　B. 3　　C. 21　　D. 165

簡答題

1. 請說明什麼是運算式？C 語言的運算式分為哪幾種？如果同一個運算式擁有多個運算子，請問如何決定其運算順序。

2. 請舉例說明運算子優先順序（Precedence）和結合（Associativity）？為什麼在運算式需要使用括號？

3. 請問在下列 C 語言的運算子清單中，哪一個運算子擁有較高的優先順序，如下所示：

(1) ==、<

(2) / -

(3) != 、==

(4) <=、<

(5) ++、*

4. 請分別計算下列 C 運算式的值，寫出最後變數 a~g 的值為何？

```
c = 4 + (a = 3 + (b = 4 + 5));
d = 10.0 + 2.0 * 4.0 - 6.0 / 3.0;
e = 10 % 3;
f = 5 + 3 * 6 / 2 + 3;
g = ( 5 + 3 ) * 6 / 2 + 3;
```

5. 假設變數 x 的值為 10，y 的值為 41，請分別執行下列 C 運算式後，寫出變數 a~d 的值，如下所示：

```
a = x++;        b = ++x;
c = x--;        d = --x;
```

6. 請寫出下列 C 語言運算式的值，如下所示：

```
(1) 1 * 2 + 4
(2) 7 / 5
(3) 10 % 3 * 2 * ( 2 + 5 )
(4) 1 + 2 * 3
(5) (1 + 2) * 3
```

7. 請說明什麼是型態轉換？ C 語言的型態轉換有哪幾種？

8. 請寫出下列運算式執行運算後的資料型態，如下所示：

```
(1) ( char + int ) * ( float / double ) + ( int - float )
(2) char * double + int * float
(3) char + int * float
```

實作題

1. 請建立和編譯下列 C 程式碼，然後說明程式的目的和執行結果，如下所示：

```
#include <stdio.h>
int main()
{
    int r, area;
    printf("輸入r ==> ");
    scanf("%d", &r);
    area = (int) (3.1415926 * r * r);
    printf("面積 = %d\n", area);
    return 0;
}
```

2. 現在有 250 個蛋，一打是 12 個，請建立 C 程式計算 250 個蛋是幾打，還剩下幾個蛋。

3. 請建立 C 程式計算下列運算式的值，如下所示：

(1) $2x^2 - 4x + 1$	x = 3.0、4.0 和 2/3	
(2) $a^2 + b$	a = 2.0、4.0 和 2/3	b = 10.0、5.0 和 12.0
(3) $3y^2 + 8y + 4$	y = 2.0、4.0 和 2/3	

4. 圓周長的公式是 2*PI*r，PI 是圓周率 3.1415，r 是半徑 20, 30, 45, 請建立 C 程式使用常數定義圓周率後，計算各半徑的圓周長。

5. 某人在銀行存入 200 萬，利率是 1.5%，如果每年的利息都繼續存入銀行，請使用 C 程式計算在 3 年後，本金和利息共有多少錢。

6. 如果一元美金可兌換 33.2 元新台幣，請建立 C 程式計算（實作題 5）存入銀行的金額可兌換成多少美金。

7. 計算體脂肪 BMI 值的公式是 W/(H*H)，H 是身高（公尺）和 W 是體重（公斤），請建立 C 程式輸入身高和體重後，計算 BMI 值。

8. 變數 a 是 5，b 是 10，請建立 C 程式計算數學運算式 (a + b) * (a - b) 的值。

CHAPTER

6

條件敘述

6-1 結構化程式設計

結構化程式設計是一種組織和撰寫程式碼的軟體開發方法，可以幫助我們建立良好品質的程式碼。

6-1-1 結構化程式設計

「結構化程式設計」（Structured Programming）是使用由上而下設計方法（Top-down Design）來找出解決問題的方法，在進行程式設計時，首先將程式分解成數個主功能，然後一一從各主功能出發，找出下一層的子功能，每一個子功能是由 1 至多個控制結構組成的程式碼，這些控制結構都只有單一進入點和離開點。

基本上，流程控制結構有三種：循序結構（Sequential）、選擇結構（Selection）和重複結構（Iteration），程式就是使用這三種結構來組合建立出程式碼（如同三種不同類別的積木），如下圖所示：

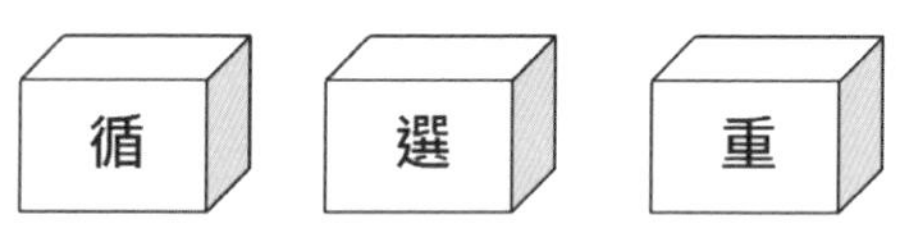

簡單的說，每一個子功能的程式碼是由三種流程控制結構連接的程式碼，也就是從一個控制結構的離開點，連接至另一個控制結構的進入點，結合多個不同的流程控制結構來撰寫程式碼。如同小朋友在玩堆積木遊戲，三種控制結構是積木方塊，進入點和離開點是積木方塊上的連接點，透過這些連接點組合出成品。例如：一個循序結構連接 1 個選擇結構的程式碼，如下圖所示：

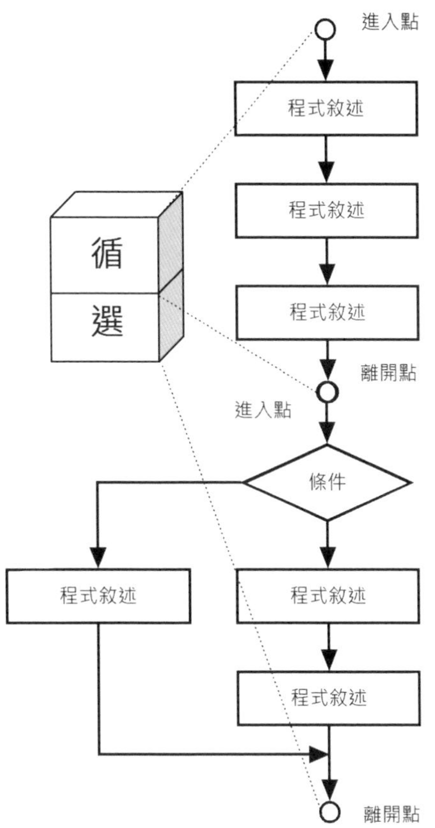

我們除了可以使用進入點和離開點連接積木外，還可以使用巢狀結構來連接流程控制結構，如同積木是一個大盒子，可以在盒子中放入其他積木（例如：巢狀迴圈），如右圖所示：

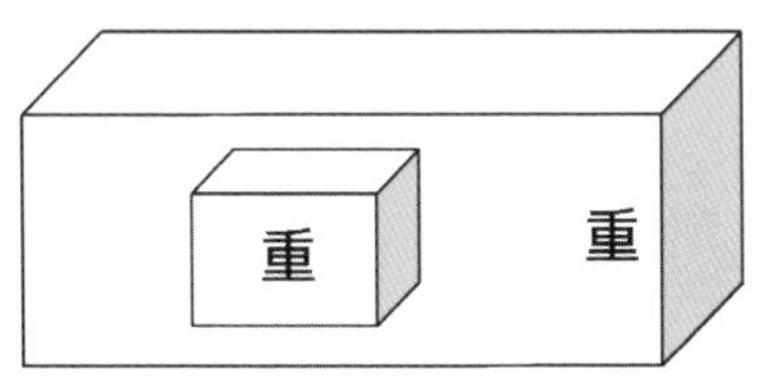

總而言之，結構化程式設計的主要觀念有三項，如下所示：

- 由上而下設計方法（前述）。
- 流程控制結構（第 6-1-2 節、第 6 章和第 7 章）。
- 模組：第 8 章的函數。

6-1-2 流程控制結構

程式語言撰寫的程式碼大部分是一行指令接著一行指令循序的執行，對於複雜的工作，為了達成預期的執行結果，我們需要使用「流程控制結構」（Control Structures）來改變執行順序。

循序結構（Sequential）

循序結構是程式預設的執行方式，也就是一個敘述接著一個敘述依序的執行（在流程圖上方和下方的連接符號是控制結構的單一進入點和離開點，循序結構只有一種），如下圖所示：

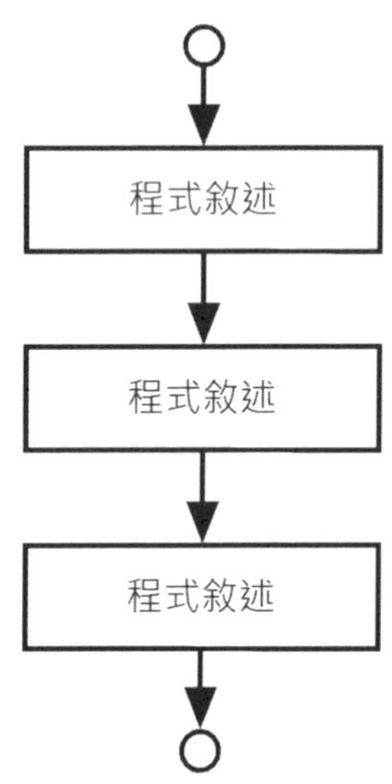

選擇結構（Selection）

選擇結構是一種條件判斷，這是一個選擇題，區分成是否選、二選一或多選一共三種。程式執行順序是依照條件運算式的條件，決定執行哪一個區塊的程式碼（在流程圖上方和下方的連接符號是控制結構的單一進入點和離開點，從左至右依序為是否選、二選一或多選一），如下圖所示：

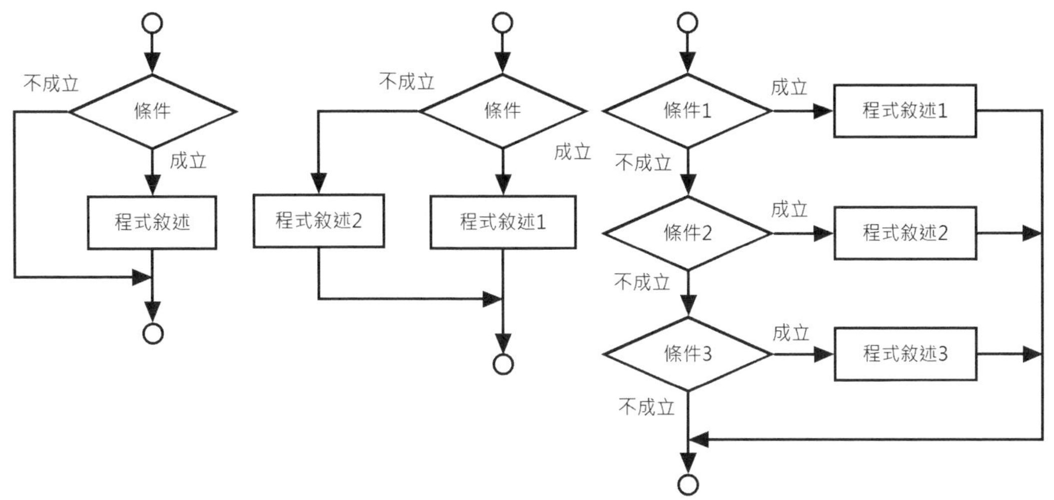

選擇結構如同從公司走路回家，因為回家的路不只一條，當走到十字路口時，你可以決定向左、向右或直走，雖然最終都可以到家，但是經過的路徑並不相同，也稱為「決策判斷敘述」(Decision Making Statements)。

重複結構（Iteration）

重複結構就是迴圈（繞圈子），可以重複執行一個程式區塊的程式碼，在迴圈提供有結束條件可以結束迴圈的執行，依結束條件測試的位置分為兩種：前測式重複結構（左圖）和後測式重複結構（右圖），如下圖所示：

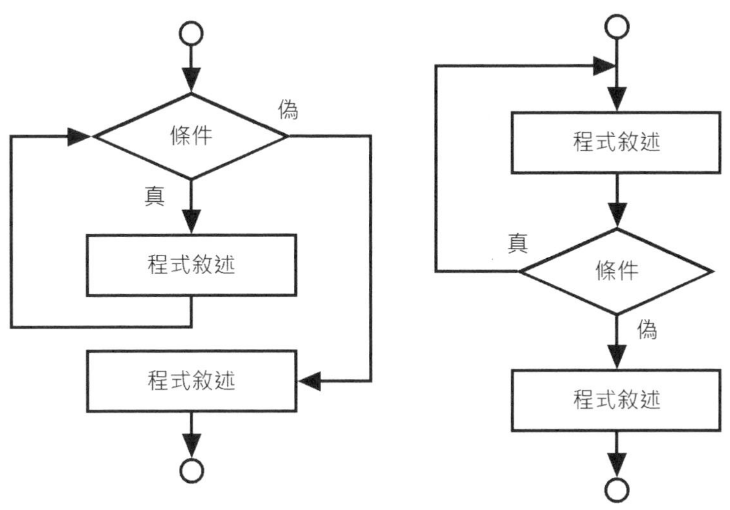

重複結構有如搭乘環狀的捷運系統回家，因為捷運系統一直環繞著軌道行走，上車後可依不同情況來決定繞幾圈才下車，上車是進入迴圈；下車就是離開迴圈回家。

6-1-3 程式區塊

程式區塊（Blocks）是一種最簡單的結構敘述，其目的是將零到多列程式敘述組合成一個群組，也稱為「**結合敘述**」（Compound Statements）。

我們可以將整個程式區塊視為是一列程式敘述，以結構化程式設計來說，程式區塊就是最簡單的模組組成單位，其語法如下所示：

```
{
    …
    程式敘述；
    …
}
```

上述程式區塊是使用 "{" 和 "}" 大括號包圍程式敘述，由 "{" 括號進入和 "}" 括號離開，如果在大括號內不含任何程式敘述，稱為「空程式區塊」（Empty Block），如下所示：

```
{ }
```

6-2 認識條件敘述與條件運算式

條件運算式是使用關係與邏輯運算子建立的運算式，即本章條件敘述的抉擇條件，換句話說，條件敘述就是：「條件運算式 + 程式區塊，然後使用條件來決定執行哪一個程式區塊」。

6-2-1 認識條件敘述

一般來說，我們回家的路不會只有一條路；回家方式也不會只有一種方式，是直接回家，或買了晚餐再回家，如下圖所示：

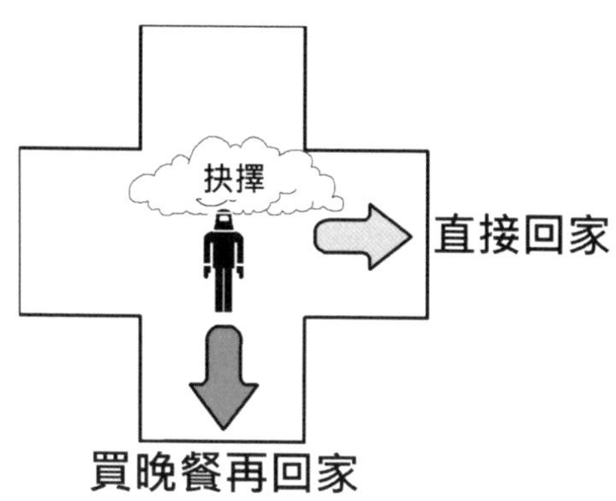

日常生活中，我們常常需要面臨一些「抉擇」，決定做什麼；或不做什麼，例如：

如果天氣有些涼的話，出門需要加件外套。
如果下雨的話，出門需要拿把傘。
如果下雨的話，就搭公車上學。
如果成績及格的話，就和家人去旅行。
如果成績不及格的話，就在家 K 書。

我們會因為不同狀況的發生，需要使用「條件」(Conditions) 判斷決定如何解決這些問題，不同情況，有不同的解決方式。在流程圖中，當面臨抉擇就是使用**決策符號**繪出多條不同路徑的流程圖，能夠讓我們依據條件選擇走其中一條路徑（請注意！一定只有一條路徑可以走）。

同理，C 語言可以將流程圖的決策符號轉換成條件敘述，以便程式依據條件是否成立來決定走哪一條路。在實務上，當我們使用「如果」開頭說話時，隱含的就是包含有一個條件，如下所示：

```
「如果成績及格的話 ...」
```

上述描述是人類的思考邏輯，轉換到程式語言，就是使用條件運算式（Conditional Expressions）描述條件和執行運算，不同於算術運算式的運算結果是數值的常數值，條件運算式的運算結果只有 2 種值，如下所示：

```
條件成立   → 真(true)
條件不成立 → 假(false)
```

所以，我們可以將「如果成績及格的話 ...」的思考邏輯轉換成程式語言的條件運算式，如下所示：

```
成績超過 60 分 → 及格分數 60 分，超過 60 是及格，條件成立為 true
```

> 請注意！人類的思考邏輯並不能直接轉換成程式的條件運算式，因為條件運算式是一種數學運算，只有哪些可以量化成數值的條件，才可以轉換成程式語言的條件運算式。

6-2-2 關係與邏輯運算子

條件運算式（Conditional Expressions）是一種複合運算式，每一個運算元是關係運算子（Relational Operators）連接建立的關係運算式（單一的關係運算式也是一種條件運算式），多個關係運算式可以使用邏輯運算子（Logical Operators）來連接，如下所示：

```
a > b && a > 1
```

上述條件運算式使用左右結合（Left-to-Right Associativity）進行運算，先執行 a > b 的運算，然後才是 a > 1。

條件運算式通常是作為本章條件和第 7 章迴圈敘述的判斷條件，可以比較 2 個運算元的關係，例如：「==」是判斷前後 2 個運算元是否相等，關係運算子的說明與範例，如下表所示：

運算子	說明	運算式範例	結果
==	等於	3 == 4	0
!=	不等於	3 != 4	1
<	小於	3 < 4	1
>	大於	3 > 4	0
<=	小於等於	3 <= 4	1
>=	大於等於	3 >= 4	0

C 語言關係運算式如果成立，運算結果是數值 1 或非零值，就是 true 真；如果是 0 就是 false 偽。

邏輯運算子（Logical Operators）可以連接多個關係運算式來建立複雜的條件運算式，如下表所示：

運算子	範例	說明
!	! op	NOT 運算，傳回運算元相反的值，true 成 false；false 成 true
&&	op1 && op2	AND 運算，連接的 2 個運算元都為 true，運算式為 true
||	op1 || op2	OR 運算，連接的 2 個運算元，任一個為 ture，運算式為 true

上表 true 為 1；false 是 0，請注意！ C 語言會將非 0 值視為 true，值 0 為 false。邏輯運算子的真假值表，如下表所示：

<table>
<tr><th>op1</th><th>op2</th><th>!op1</th><th>op1 && op2</th><th>op1 || op2</th></tr>
<tr><td>0</td><td>0</td><td>1</td><td>0</td><td>0</td></tr>
<tr><td>0</td><td>1</td><td>1</td><td>0</td><td>1</td></tr>
<tr><td>1</td><td>0</td><td>0</td><td>0</td><td>1</td></tr>
<tr><td>1</td><td>1</td><td>0</td><td>1</td><td>1</td></tr>
</table>

程式範例 Ch6_2_2.c 測試 C 語言的關係運算子，Ch6_2_2a.c 是測試邏輯運算子。Blockly 積木程式編輯器的關係和邏輯運算子是在**邏輯**分類，關係運算子只有一個積木（積木程式：Ex6_2_2.xml），如下圖所示：

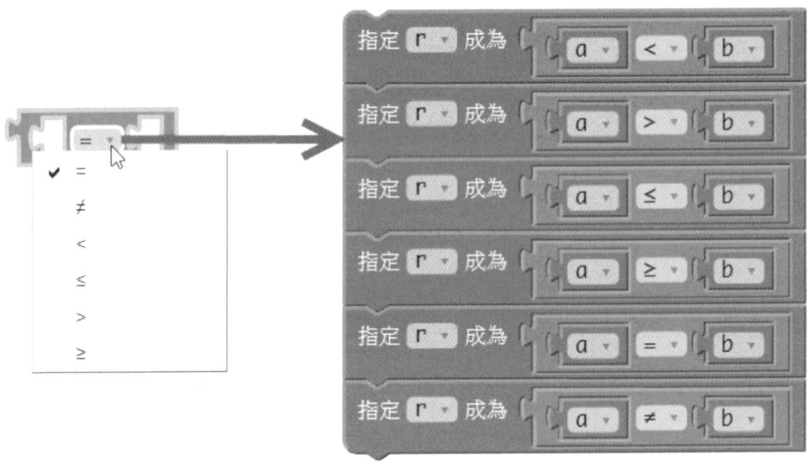

邏輯運算子有 2 個積木（積木程式：Ex6_2_2a.xml），如下圖所示：

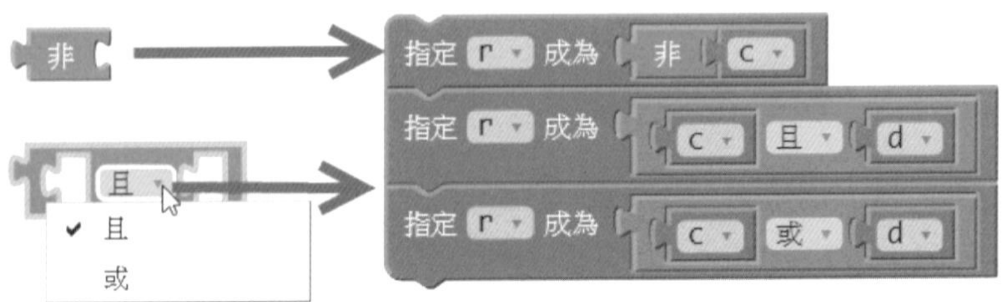

6-3 單選與二選一條件敘述

C 語言的條件敘述分為單選（if）、二選一（if/else）或多選一（switch）三種。條件運算子（?:）可以建立單行程式碼的條件控制來依條件指定不同的變數值。

6-3-1 if 單選條件敘述

if 條件敘述是一種是否執行的單選題，只是決定是否執行程式區塊內的程式碼，如果條件運算式的結果不為 0（即 true），就執行括號的程式區塊。本節的 C 程式可以判斷今天氣溫，如果低於 20 度，就顯示需加件外套的訊息文字。

步驟 ①：觀察流程圖

請 啟 動 fChart 開 啟「\C\Ch06\Ch6_3_1.fpp」專案的流程圖，如右圖所示：

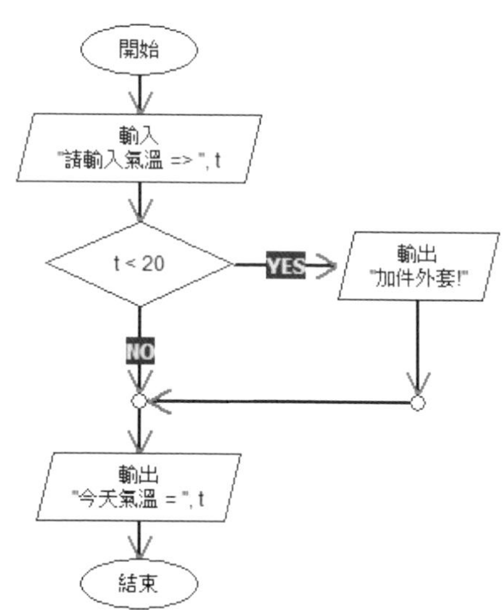

請執行流程圖且輸入 20，就會顯示今天氣溫為 20 度，如果輸入 15，就會多顯示「加件外套！」訊息文字，不論決策的條件是否成立，一定都會顯示今天的氣溫，顯示「加件外套！」訊息文字是條件成立才顯示；不成立就不會顯示，所以，這個決策符號是一種單選的條件敘述。

在確認流程圖的決策符號是單選條件敘述後，我們可以找出執行步驟，如下所示：

```
Step 1：顯示提示文字輸入整數變數 t 值（輸入符號）
Step 2：如果氣溫小於 20 度（決策符號）
   Step 2.1：輸出加件外套！（輸出符號）
Step 3：輸出文字內容和變數 t 值（輸出符號）
```

步驟 ②：實作程式碼

我們可以使用 fChart 程式碼編輯器或 Blockly 積木程式編輯器來建立對應流程圖符號的 C 程式碼。

方法一：使用 fChart 程式碼編輯器

請先執行「輸出 / 輸入符號」下的「輸入符號 / 輸入整數值」命令，然後執行「決策符號 - 條件 /If 單選條件」命令插入單選條件敘述，最後是輸出符號，如下圖所示：

```
int main()
{
    int var1;
    printf("請輸入整數 =>");
    scanf("%d", &var1);
    if (var1 >= 10) {
        printf("條件成立!\n");
    }
    printf("變數值 = %d\n" , var1);
    

    return 0;
}
```

然後在修改變數名稱和訊息文字後，可以建立 C 程式 Ch6_3_1.c，如下所示：

```
int main()
{
```

```
    int t;
    printf(" 請輸入氣溫 => ");
    scanf("%d", &t);
    if ( t < 20 ) {
        printf(" 加件外套 !\n");
    }
    printf(" 今天氣溫 = %d\n", t);
    return 0;
}
```

方法二：使用 Blockly 積木程式編輯器

Blockly 積木程式編輯器是使用**條件**分類的第 1 個積木，和**邏輯**分類的條件運算式來拼出 if 條件，當條件成立時，執行的程式積木是連接至下方的大嘴巴之中，如右圖所示：

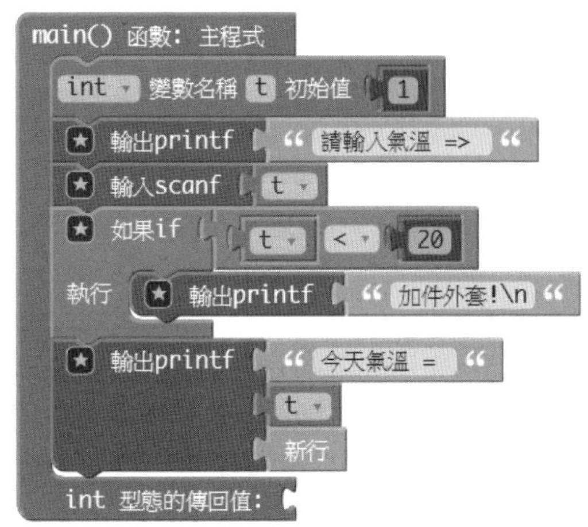

請儲存積木程式成為 Ex6_3_1.xml，轉換的 C 程式 Ex6_3_1.c。

編譯執行 C 程式

請編譯和執行 C 程式，可以看到執行結果，如下圖所示：

```
C:\C\Ch06\Ch6_3_1.exe
請輸入氣溫 => 20
今天氣溫 = 20

--------------------------------
Process exited after 32.17 seconds with return value 0
請按任意鍵繼續 . . .
```

首先輸入 20，按 Enter 鍵，可以顯示今天氣溫為 20。請再按**執行程式**鈕第二次執行此程式，在輸入 15 後，可以看到多顯示「加件外套！」訊息文字，如下圖所示：

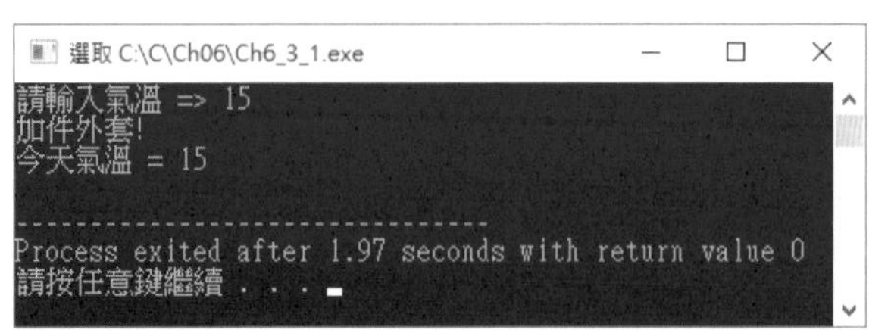

步驟 ③：了解程式碼

C 語言 if 單選條件敘述的語法，如下所示：

```
if ( 條件運算式 ) {
    程式敘述；
    …
}
```

上述 if 條件的條件運算式如果不等於 0（true），就執行區塊的程式碼，如果為 0（false）就不執行程式區塊。例如：判斷氣溫決定是否加件外套的 if 條件敘述，如下所示：

```
if ( t < 20 ) {
    printf("加件外套 !\n");
}
```

上述條件敘述需要條件成立，才會執行之中的程式敘述。如果程式區塊的程式敘述只有一列，我們可以省略區塊前後的大括號（C 程式：Ch6_3_1a.c），如下所示：

```
if ( t < 20 ) printf("加件外套 !\n");
```

更進一步，我們可以活用邏輯運算式，當氣溫在 20~22 度之間時，顯示「加一件薄外套！」訊息文字，如下所示：

```
if ( t >= 20 && t <=22 ) {
    printf(" 加一件薄外套 !\n");
}
```

上述 if 的條件是使用 AND 邏輯運算子連接 2 個條件，輸入的氣溫需要在 20~22 度之間，條件才成立（C 程式：Ch6_3_1b.c），Blockly 積木程式 Ex6_3_1b.xml 的 if 條件敘述，如下圖所示：

fChart 流程圖 Ch6_3_1b.fpp，如右圖所示：

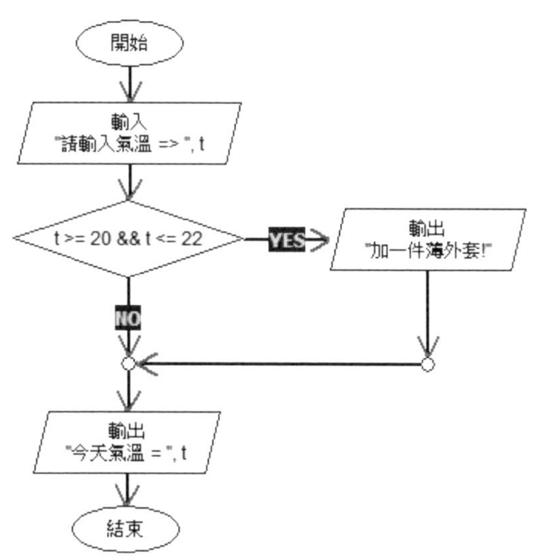

6-3-2 if/else 二選一條件敘述

單純 if 條件只是選擇是否執行程式區塊的單選題，更進一步，如果是排它情況的兩個執行區塊，只能二選一，我們可以加上 else 關鍵字，依判斷條件來決定執行哪一個程式區塊。

本節 C 程式可以判斷成績，大於等於 60 分是及格；反之是不及格。

步驟 ①：觀察流程圖

請啟動 fChart 開啟「\C\Ch06\Ch6_3_2.fpp」專案的流程圖，如下圖所示：

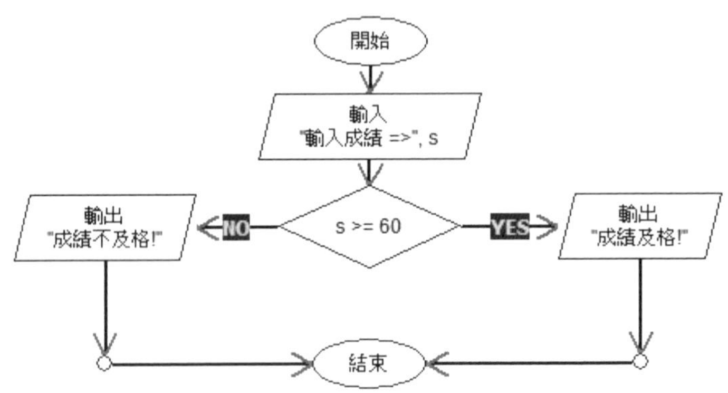

請執行流程圖且輸入成績 65，因為條件成立往右走，顯示成績及格，如果輸入 55，條件不成立往左走，顯示成績不及格，很明顯的！當輸入成績後，流程圖的路徑就只有往左走；或往右走的 2 種選擇，而且一定只會走其中一條路徑，這個決策符號是二選一條件敘述。

在確認流程圖的決策符號是二選一條件敘述後，我們可以找出執行步驟，如下所示：

```
Step 1：顯示提示文字輸入整數變數 s 值（輸入符號）
Step 2：如果成績大於等於 60（決策符號）
   Step 2.1：輸出成績及格（輸出符號）
Step 3：否則：
   Step 3.1：輸出成績不及格（輸出符號）
```

步驟 ②：實作程式碼

我們可以使用 fChart 程式碼編輯器或 Blockly 積木程式編輯器來建立對應流程圖符號的 C 程式碼。

方法一：使用 fChart 程式碼編輯器

請先執行「輸出 / 輸入符號」下的「輸入符號 / 輸入整數值」命令，然後執行「決策符號 - 條件 /If/Else 二選一條件」命令插入二選一條件敘述，如下圖所示：

```
int main()
{
    int varl;
    printf("請輸入整數 =>");
    scanf("%d", &varl);
    if (varl >= 10) {
        printf("條件成立!\n");
    }
    else {
        printf("條件不成立!\n");
    }
    printf("變數值 = %d\n" , varl);

    return 0;
}
```

然後修改變數名稱和訊息文字後，可以建立 C 程式 Ch6_3_2.c，如下所示：

```
int main()
{
    int s;
    printf(" 請輸入成績 => ");
    scanf("%d", &s);
    if ( s >= 60 ) {
        printf(" 成績及格 !\n");
    }
    else {
        printf(" 成績不及格 !\n");
    }
    return 0;
}
```

方法二：使用 Blockly 積木程式編輯器

Blockly 積木程式編輯器的**條件**積木預設是單選，我們需要新增**否則 else** 積木的條件，請點選積木左上角藍色圖示（再點一下可以關閉視窗），然後拖拉積木至嘴巴之中，如下圖所示：

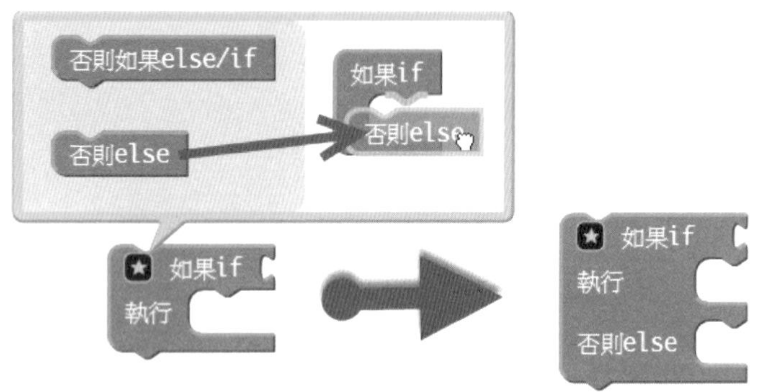

現在，我們可以拼出二選一條件敘述的積木程式，如下圖所示：

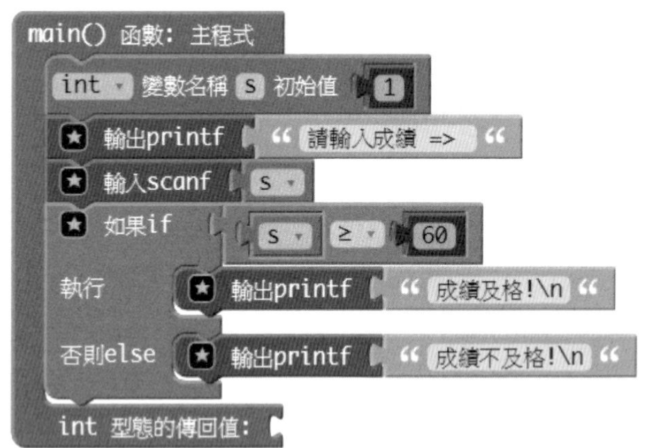

請儲存積木程式成為 Ex6_3_2.xml，轉換的 C 程式 Ex6_3_2.c。

編譯執行 C 程式

請編譯和執行 C 程式，可以看到執行結果，如下圖所示：

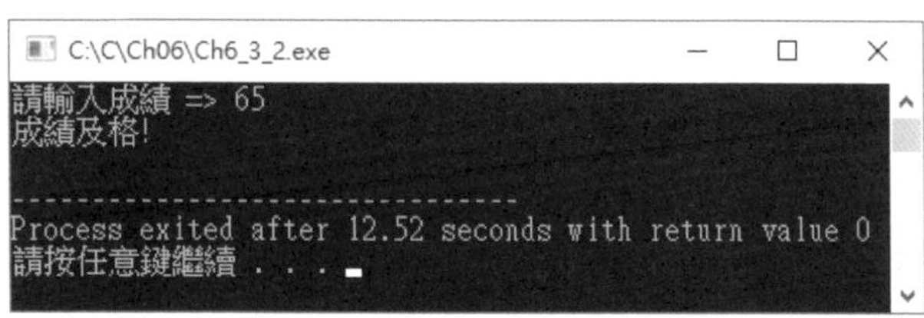

首先輸入 65，按 Enter 鍵，可以顯示成績及格。請再按**執行程式**鈕第二次執行程式，輸入 55，可以看到顯示成績不及格。

步驟 ③：了解程式碼

C 語言 if/else 二選一條件敘述的語法，如下所示：

```
if ( 條件運算式 ) {
   程式敘述 1;
   …
}
else {
   程式敘述 2;
   …
}
```

如果 if 的條件運算式為 true（不等於 0），就執行程式敘述 1 和之後的程式碼；false（等於 0）就執行程式敘述 2。例如：學生成績以 60 分區分是否及格的 if/else 條件敘述，如下所示：

```
if ( s >= 60 ) {
   printf("成績及格!\n");
}
else {
   printf("成績不及格!\n");
}
```

上述程式碼因為成績有排它性，60 分以上為及格分數，60 分以下為不及格。

請比較程式範例 Ch6_3_1.c 和 Ch6_3_2.c，讀者可以看出 if/else 條件敘述是二選一條件，一個 if/else 條件可以使用 2 個互補的 if 條件來取代（C 程式：Ch6_3_2a.c，積木程式：Ex6_3_2a.xml），如下所示：

```
if ( s >= 60 ) {
    printf("成績及格!\n");
}
if ( s < 60 ) {
    printf("成績不及格!\n");
}
```

上述 2 個 if 條件敘述的條件運算式是互補條件，所以 2 個 if 條件的判斷功能和本節 C 程式完全相同。

6-3-3 「?:」條件運算子

C 語言支援「條件運算式」（Conditional Expressions），可以使用條件運算子「?:」在指定敘述以條件來指定變數值，其語法如下所示：

```
變數 = ( 條件運算式 ) ? 變數值 1 : 變數值 2;
```

上述指定敘述的「=」號右邊是條件運算式，其功能如同 if/else 條件，使用「?」符號代替 if，「:」符號代替 else，如果條件成立，就將變數指定成變數值 1；否則就是指定成變數值 2。例如：12/24 制的時間轉換運算式，如下所示：

```
h = (h >= 12) ? h-12 : h;
```

上述程式碼使用條件敘述運算子指定變數 h 的值，如果條件為 true（即不等於 0），h 變數值為 h-12；false（等於 0）就是 h。其流程圖與 if/else 相似，筆者就不重複說明。

程式範例：Ch6_3_3.c

在 C 程式輸入小時後，使用條件運算式判斷時間是上午還是下午，並且將 24 小時制改為 12 小時制，如下所示：

```
輸入 24 小時制的小時數 => 18 Enter
目前時間為： 6
```

上述執行結果輸入 24 小時制的 18，所以顯示為 6 點的 12 小時制。Blockly 積木程式 Ex6_3_3.xml 是使用**條件**分類最後 1 個積木來拼出條件運算式，如下圖所示：

程式內容

```
01: /* 程式範例：Ch6_3_3.c */
02: #include <stdio.h>
03: /* 主程式 */
04: int main()
05: {
06:     int h;
07:     printf("輸入 24 小時制的小時數 => ");
08:     scanf("%d", &h);
09:     h = (h >= 12) ? h-12 : h;
10:     printf("目前時間為：%d\n", h);
11:     return 0;
12: }
```

程式說明

- 第 6 列：宣告整數變數 h。
- 第 9 列：條件運算式在判斷變數值後，將 24 小時制改為 12 小時制。

6-4 多選一條件敘述

多選一條件敘述因為有多條路徑，我們是依照多個條件判斷（只有 1 個會成立）來決定執行多個程式區塊中的哪一條路徑，C 語言支援兩種寫法來建立多選一條件敘述。

6-4-1 if/else/if 多選一條件敘述

第一種多選一條件敘述是擴充 if/else 條件的巢狀條件敘述，只需重複使用 if/else 條件建立 if/else/if 條件敘述，即可建立多選一條件敘述。

本節 C 程式可以判斷年齡，小於 13 歲是兒童；小於 20 歲是青少年；大於等於 20 歲是成年人，因為條件不只一個，所以需要使用多選一條件敘述。

步驟 ①：觀察流程圖

請啟動 fChart 開啟「\C\Ch06\Ch6_4_1.fpp」專案的流程圖，如下圖所示：

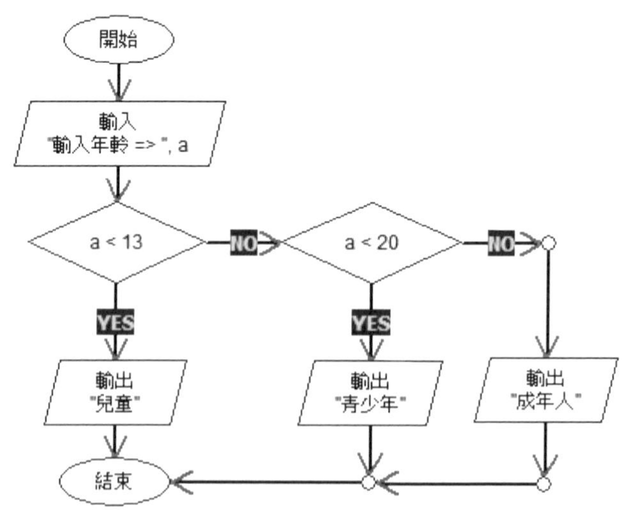

請執行流程圖且輸入年齡 10，因為第 1 個決策符號成立，所以顯示兒童，如果輸入 15，第 1 個條件不成立，繼續判斷第 2 個條件，成立，所以顯示青少年，如果輸入 22，第 1 和 2 個條件都不成立，所以顯示成年人。很明顯！ 2 個條件共有 3 個可能。

雖然路徑有很多條，我們仍然只能走其中一條路徑，因為擁有多個決策符號，所以知道是多選一條件敘述。

在確認流程圖決策符號是多選一條件敘述後，我們可以找出執行步驟，如下所示：

```
Step 1：顯示提示文字輸入整數變數 a 值（輸入符號）
Step 2：如果年齡小於 13（決策符號）
  Step 2.1：輸出兒童（輸出符號）
Step 3：否則，如果年齡小於 20（決策符號）
  Step 3.1：輸出青少年（輸出符號）
Step 4：否則
  Step 4.1：輸出成年人（輸出符號）
```

步驟 ②：實作程式碼

我們可以使用 fChart 程式碼編輯器或 Blockly 積木程式編輯器來建立對應流程圖符號的 C 程式碼。

方法一：使用 fChart 程式碼編輯器

請先執行「輸出 / 輸入符號」下的「輸入符號 / 輸入整數值」命令，然後執行「決策符號 - 條件 / 多選一條件 >If/Else/If」命令插入多選一條件敘述。

在修改變數名稱和訊息文字後，可以建立 C 程式 Ch6_4_1.c，如下所示：

```
int main()
{
    int a;
    printf("請輸入年齡 => ");
```

```
    scanf("%d", &a);
    if (a < 13) {
        printf("兒童\n");
    }
    else if (a < 20) {
        printf("青少年\n");
    }
    else {
        printf("成年人\n");
    }
    return 0;
}
```

方法二：使用 Blockly 積木程式編輯器

Blockly 積木程式編輯器因為條件積木預設是單選，我們需要新增**否則如果 else/if**（可以不只一個）和**否則 else** 積木來拼出多選一條件的積木，如下圖所示：

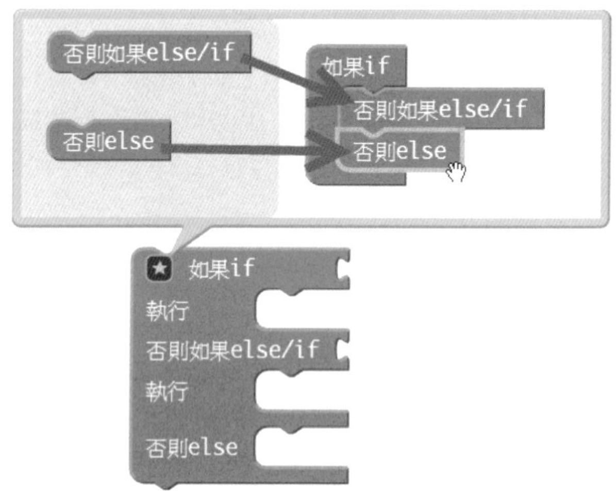

現在，我們就可以拼出多選一條件敘述的積木程式，如下圖所示：

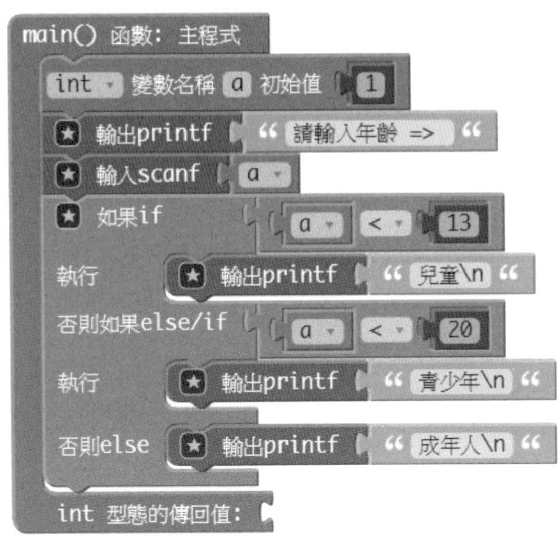

請儲存積木程式成為 Ex6_4_1.xml，轉換的 C 程式 Ex6_4_1.c。

編譯執行 C 程式

請編譯和執行 C 程式，可以看到執行結果，如下圖所示：

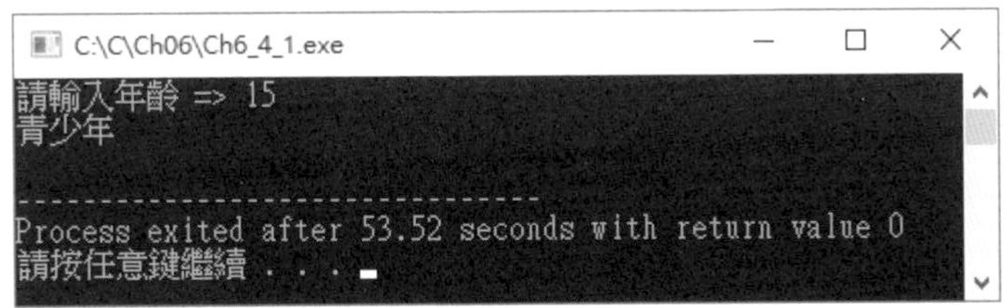

請輸入年齡 15，按 Enter 鍵，可以看到顯示青少年，請再按**執行程式**鈕執行此程式，試著輸入其他年齡，就可以顯示不同的結果。

步驟 ③：了解程式碼

C 語言的 if/else/if 多選一條件敘述，如下所示：

```
if (a < 13) {
   printf("兒童\n");
}
else if (a < 20) {
   printf("青少年\n");
}
else {
   printf("成年人\n");
}
```

上述 if/else/if 條件事實上是一種巢狀條件，從上而下如同階梯一般，一次判斷一個 if 條件，如果為 true（非 0 值），就執行程式區塊，並且結束整個多選一條件敘述；如果為 false（等於 0），就重複使用 if/else 條件進行下一次判斷。

同樣的，因為 if/else/if 條件敘述中的多個條件是互補的，我們一樣可以改為互補條件的多個 if 條件來取代（C 程式：Ch6_4_1a.c，積木程式：Ex6_4_1a.xml），如下所示：

```
if (a < 13) {
    printf("兒童\n");
}
if (a >= 13 && a < 20) {
    printf("青少年\n");
}
if (a >= 20) {
    printf("成年人\n");
}
```

上述 3 個 if 條件敘述的條件運算式是互補的，第 1 個是小於 13；第 2 個是 13~19；最後是大於 20，其功能和本節 C 程式完全相同。

6-4-2　switch 多選一條件敘述

C 語言的 if/else/if 多選一條件敘述擁有多個條件判斷，當擁有 4、5 個或更多條件時，if/else/if 條件很容易產生混淆且很難閱讀，C 語言提供 switch 多選一條件敘述來簡化 if/else/if 多選一條件敘述。

一般來說，如果條件是多個固定值的等於比較時，我們就可以改用 switch 多選一條件敘述，例如：判斷輸入選項值是 1、2 或 3。

步驟 ①：觀察流程圖

請啟動 fChart 開啟「\C\Ch06\Ch6_4_2.fpp」專案的流程圖，如下圖所示：

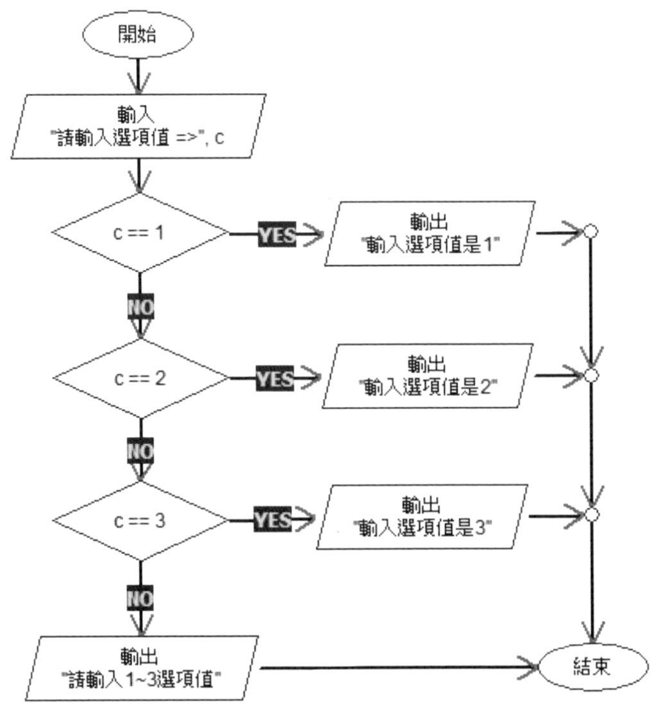

請執行流程圖分別輸入選項 1~3，可以看到第 1~3 的決策符號成立，所以分別顯示輸入選項值 1~3，因為有多個決策符號，所以是多選一條件敘述，而且 3 個條件都是「等於」。我們可以找出執行步驟，如下所示：

```
Step 1：顯示提示文字輸入整數變數 c 值（輸入符號）
Step 2：如果是 1（決策符號）
  Step 2.1：輸出輸入選項值是 1（輸出符號）
Step 3：否則，如果是 2（決策符號）
  Step 3.1：輸入選項值是 2（輸出符號）
Step 4：否則，如果是 3（決策符號）
  Step 4.1：輸入選項值是 3（輸出符號）
Step 5：否則
  Step 5.1：輸出請輸入選項值 1~3（輸出符號）
```

步驟 ②：實作程式碼

我們可以使用 fChart 程式碼編輯器或 Blockly 積木程式編輯器來建立對應流程圖符號的 C 程式碼。

方法一：使用 fChart 程式碼編輯器

請先執行「輸出 / 輸入符號」下的「輸入符號 / 輸入整數值」命令，然後執行「決策符號 - 條件 / 多選一條件」下的「Select/Switch」命令插入多選一條件敘述。

因為插入的程式片段只有 2 個 case，我們需要使用複製方式新增 case 3:，在修改變數名稱、常數值和訊息文字後，可以建立 C 程式 Ch6_4_2.c，如下所示：

```
int main()
{
   int c;
   printf("請輸入選項值 =>");
   scanf("%d", &c);
   switch (c) {
   case 1:
       printf("輸入選項值是 1!\n");
       break;
   case 2:
       printf("輸入選項值是 2!\n");
```

```
        break;
    case 3:
        printf(" 輸入選項值是 3!\n");
        break;
    default:
        printf(" 請輸入 1~3 選項值 !\n");
        break;
    }
    return 0;
}
```

方法二：使用 Blockly 積木程式編輯器

Blockly 積木程式編輯器是使用**條件**分類的第 2 個積木，預設有 1 個 default 和 1 個 case，我們需要新增 2 個**測試 case:** 積木來拼出 switch 多選一條件的積木，如下圖所示：

現在，我們就可以拼出 switch 多選一條件敘述的積木程式，在每一個 case 條件中，都需要使用**跳出 switch** 積木來跳出條件敘述，如下圖所示：

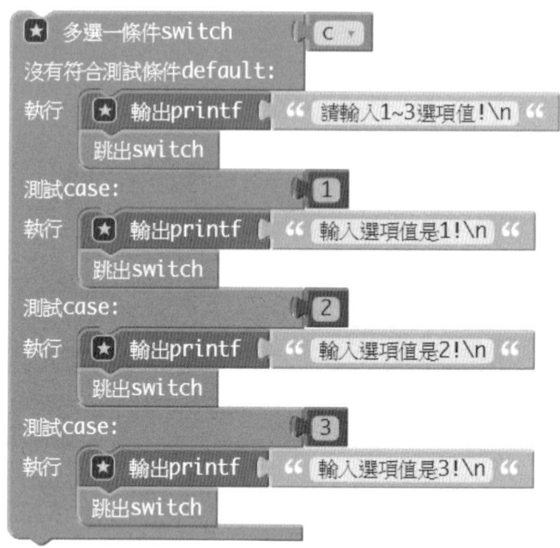

請儲存積木程式成為 Ex6_4_2.xml，轉換的 C 程式 Ex6_4_2.c。

編譯執行 C 程式

請編譯和執行 C 程式，可以看到執行結果，如右圖所示：

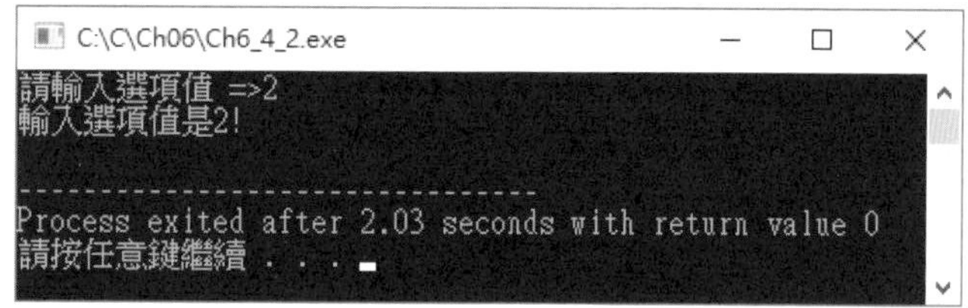

請輸入 2，按 Enter 鍵，可以看到顯示輸入選項值是 2，請再按**執行程式**鈕執行此程式，試著輸入其他值，就可以顯示不同的結果。

步驟 ③：了解程式碼

C 語言 switch 多選一條件敘述的架構，類似上一節最後改為數個互補 if 條件，只需依照符合條件，就可以執行不同程式區塊的程式碼，其語法如下所示：

```
switch ( 變數 ) {
    case 常數值 1:
        程式敘述 1;
        break;
```

```
    case 常數值 2:
        程式敘述 2;
        break;
    case 常數值 3:
        程式敘述 3;
        break;
    …
    default:
        程式敘述 ;
}
```

上述 switch 條件只有一個條件運算式，每一個 case 條件的比較相當於「==」等於運算子，如果符合，就執行 break 關鍵字之前的程式碼，每一個條件需要使用 break 關鍵字來跳出 switch 條件敘述。

最後的 default 並非必要元素，這是例外條件，如果 case 條件都沒有符合，就執行 default 程式區塊。switch 條件敘述的注意事項，如下所示：

- switch 條件只支援「==」運算子，並不支援其他關係運算子，每一個 case 條件是一個「==」運算子。
- 在同一 switch 條件敘述中，每一個 case 條件的常數值都不能相同。

6-5 巢狀條件敘述

在 if/else 和 switch 條件敘述中可以擁有其他 if/else 或 switch 條件敘述，稱為「巢狀條件敘述」。例如：使用巢狀條件敘述判斷 3 個變數中，哪一個變數值最大，如下所示：

```
if (a > b && a > c) {
   printf("變數 a 最大!\n");
}
else {
```

```
    if (b > c) {
       printf(" 變數 b 最大 !\n");
    }
    else {
       printf(" 變數 c 最大 !\n");
    }
}
```

上述 if/else 條件敘述的 else 程式區塊擁有另一個 if/else 條件敘述，首先判斷變數 a 是否是最大，如果不是，再判斷變數 b 和 c 中哪一個值最大，其流程圖（Ch6_5.fpp）如下圖所示：

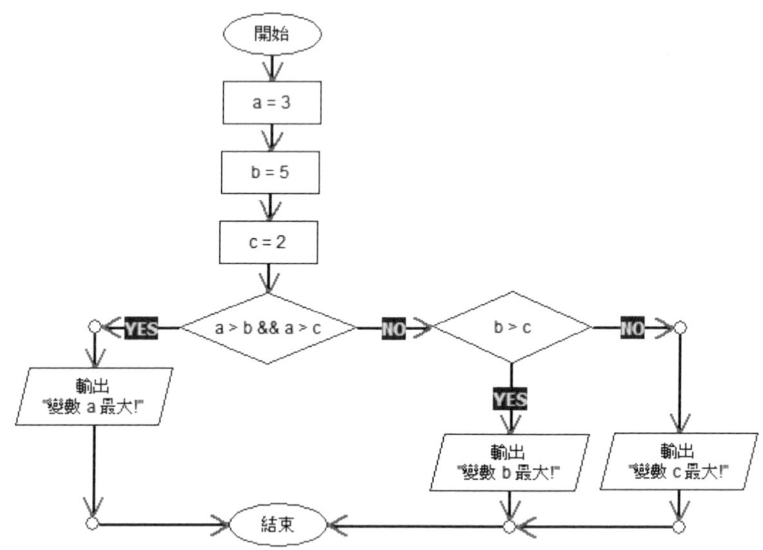

程式範例：Ch6_5.c

在 C 程式使用巢狀條件敘述判斷 3 個變數值 a、b 和 c 中，哪一個變數值是最大值，如下所示：

```
變數 b 最大 !
```

Blockly 積木程式 Ex6_5.xml 比較 3 個變數值的巢狀條件敘述，如下圖所示：

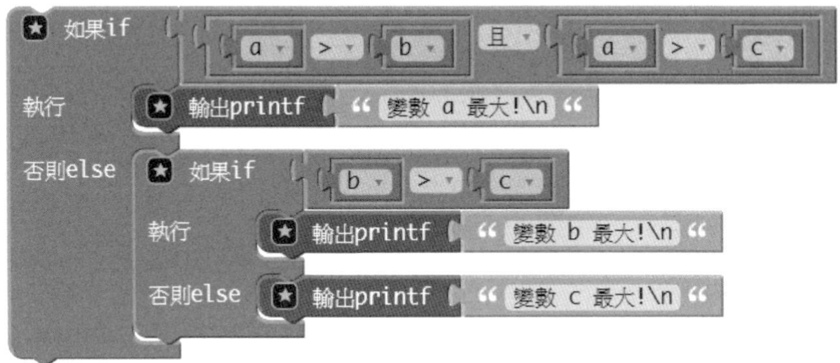

程式內容

```
01: /* 程式範例：Ch6_5.c */
02: #include <stdio.h>
03: /* 主程式 */
04: int main()
05: {
06:     int a = 3;  /* 變數宣告 */
07:     int b = 5;
08:     int c = 2;
09:     if (a > b && a > c){
10:        printf("變數 a 最大!\n");
11:     }
12:     else {
13:        if (b > c){
14:           printf("變數 b 最大!\n");
15:        }
16:        else {
17:           printf("變數 c 最大!\n");
18:        }
19:     }
20:     return 0;
21: }
```

程式說明

- 第 9~19 列：使用 if/else 巢狀條件敘述判斷變數 a、b 和 c 的值，可以判斷哪一個變數值最大。

學習評量

選擇題

(　　) 1. 請問下列哪一個並不是程式語言使用的流程控制結構？

A. 專案結構　B. 循序結構　C. 選擇結構　D. 重複結構

(　　) 2. 在 C 語言的條件運算式中，下列哪一個結果是 false（偽）？

A. 6 != 5　B. 5 == 2 || 5 > 3

C. !(6 < 5)　D. 10 > 5 && 8 < 5

(　　) 3. 請問下列哪一個 C 語言條件敘述不是二選一、多選一，而是一種是否選的單選條件敘述？

A. if　B. if/else　C. switch　D. if/else/if

(　　) 4. C 程式需要建立條件敘述判斷身高是超過 120 公分，或沒有超過，請問下列哪一種條件敘述是最佳的選擇？

A. if　B. if/else　C. switch　D. if/else/if

(　　) 5. 請寫出 C 語言的條件敘述，只有在變數 s 等於 5 時才執行？

A. if s == 5　B. if (s == 5)

C. if s = 5 then　D. if s == 5 then

(　　) 6. 請問下列 C 程式片段運算結果的 j 值為何，如下所示：

```
i = 5; j = 0;
if ( i == 5) j = 5;
if ( i = 3) j = 2;
```

A. 1　　B. 5　　C. 2　　D. 7

(　　) 7. C 語言的條件運算子「?:」相當於是下列哪一種條件敘述？

A. if　　B. if/else　　C. switch　　D. if/else if

(　　) 8. 在 C 程式如果需要依不同年齡範圍決定門票是半票、全票或敬老票，請問下列哪一種條件敘述是最佳的選擇？

A. if　　B. if/else　　C. switch　　D. if/else if

簡答題

1. 請簡單說明什麼是結構化程式設計？
2. 請問程式語言提供哪些流程控制結構？什麼是程式區塊？
3. 請寫出下列 C 語言條件運算式的值為 true 或 false，如下所示：

```
(1) 2 + 3 == 5              (2) 36 < 6 * 6
(3) 8 + 1 >= 3 * 3          (4) 2 + 1 == (3 + 9) / 4
(5) 12 <= 2 + 3 * 2         (6) 2 * 2 + 5 != (2 + 1) * 3
(7) 5 == 5                  (8) 4 != 2
(9) 10 >= 2 && 5 == 5
```

4. 如果變數 x = 5、y = 6 和 z = 2，請問下列哪些 if 條件為 true；哪些為 false，如下所示：

```
if ( x == 4 ) {   }
if ( y >= 5 ) {   }
if ( x != y - z ) {   }
if ( z = 1 ) {   }
if ( y ) {   }
```

5. 請寫出 if 條件敘述當 x 值的範圍是在 18~65 之間時，將變數 x 的值指定給變數 y，否則 y 的值為 150。

6. 請將下列巢狀 if 條件敘述改為單一的 if 條件敘述，其條件是使用邏輯運算子連接的多個條件，如下所示：

```
if ( height > 20 ) {
    if ( width >= 50 )
        printf("尺寸不合 !\n");
}
```

7. 請寫出 if 條件敘述來判斷年齡大於 20 歲是成人，但不是年長者，即年齡不超過 65 歲。

8. 請寫出下列 C 程式片段的輸出結果，如下所示：

```
(1) int sum = 8 + 1 + 2 + 7;
    if ( sum < 20 ) printf("太小\n");
    else            println("太大\n");
(2) int depth = 10 ;
```

```
if ( depth >= 10 ) {
    printf("危險：");
    printf("水太深.\n");
}
```

實作題

1. 目前商店正在周年慶折扣，消費者消費 1000 元，就有 8 折的折扣，請建立 C 程式輸入消費額為 900、2500 和 3300 時的付款金額？

2. 請撰寫 C 程式來計算網路購物的運費，基本物流處理費 199，1~5 公斤，每公斤 50 元，超過 5 公斤，每一公斤為 30 元，在輸入購物重量為 3.5、10、25 公斤，請計算和顯示購物所需的運費 + 物流處理費？

3. 請建立 C 程式計算計程車的車資，只需輸入里程數後，就可以計算車資，里程數在 1500 公尺內是 80 元，每多跑 500 公尺加 5 元，如果不足 500 公尺以 500 公尺計？

4. 請建立 C 程式使用多選一條件敘述來檢查動物園的門票，120 公分下免費，120~150 公分半價，150 公分以上為全票？

5. 請修改 Ch6_4_2.c 的 switch 條件敘述，改為使用 if/else/if 多選一條件敘述的程式碼。

6. 請建立 C 程式輸入月份（1~12），可以使用 if/else if 判斷月份所屬的季節（3-5 月是春季，6-8 月是夏季，9-11 月是秋季，12-2 月是冬季）。

CHAPTER

7

迴圈結構

7-1／認識繞圈子的迴圈

7-2／計數迴圈

7-3／條件迴圈

7-4／巢狀迴圈

7-5／迴圈與條件敘述

7-6／跳出與繼續迴圈

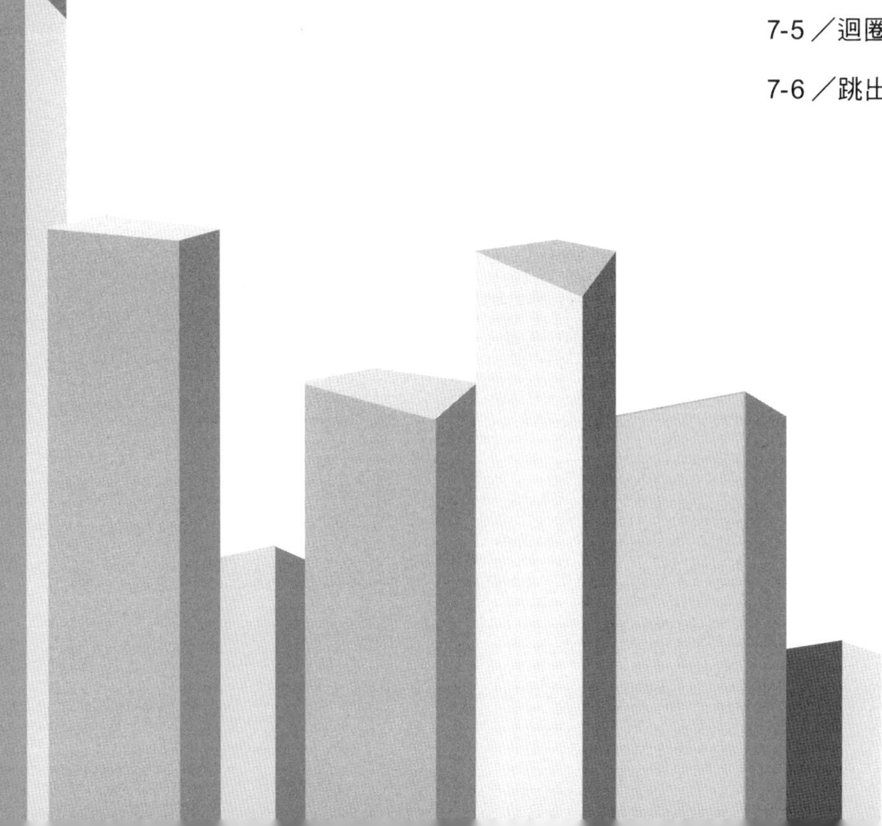

7-1 認識繞圈子的迴圈

回家的路除了在路口判斷走哪一條路（條件敘述）外，還有另一種情況是繞圈子（迴圈），例如：為了今天的運動量，在圓環跑了 3 圈才回家；為了看已經想買很久的禮物、帥哥、正妹或偶像，不知不覺繞了幾圈來重複多看幾次，即重複執行相同的工作很多次。

同樣的，日常生活也會不停重複的相同的工作，例如：每天一早起床，就是洗臉、刷牙、吃早餐，每天都會重複這些工作，如下圖所示：

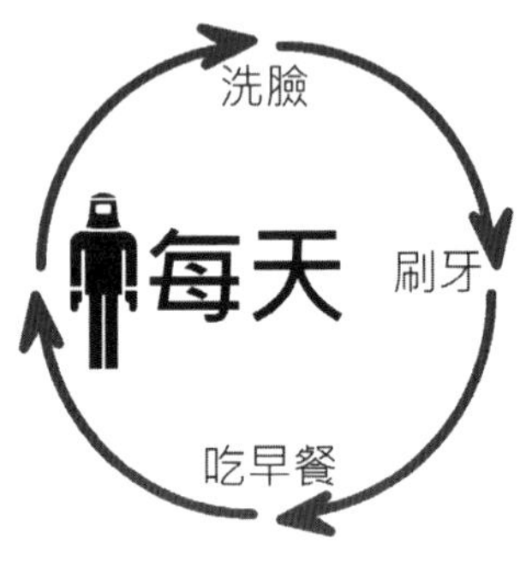

日常生活中的重複工作

在日常生活中，我們常常需要重複執行相同的工作，如下所示：

在畢業前 → 不停的寫作業
在學期結束前 → 不停的寫 C 程式
重複說 5 次 " 大家好 !"
從 1 加到 100 的總和

上述重複執行工作的 4 個描述中，前 2 個描述的執行次數未定，因為畢業或學期結束前，到底會有幾個作業，會寫幾個 C 程式，可能真的要到畢業後，或學期結束才會知道，我們並沒有辦法明確知道這個迴圈會執行多少次，最後 2 個描述明顯可知需重複執行 5 次和 100 次。

C 語言的計數迴圈與條件迴圈

基本上，當重複工作是由條件來決定迴圈是否繼續執行，而無法知道需執行的次數時，稱為條件迴圈，例如：重複執行寫作業或寫 C 程式工作，需視是否畢業，或學期結束的條件而定，在 C 語言是使用 **while** 或 **do/while** 條件迴圈來處理這種情況的重複執行程式碼。

如果明確知道需執行 5 次來說 " 大家好 !"，從 1 加到 100 重複執行 100 次加法運算，這些明確知道執行次數的工作，我們是使用 C 語言的 for 計數迴圈來處理重複執行的程式碼。

問題是，如果沒有使用 for 計數迴圈，C 程式就需寫出冗長的加法運算式，如下所示：

```
1 + 2 + 3 + ... + 98 + 99 + 100
```

上述加法運算式是一個非常長的運算式，等到學會了 for 迴圈，我們只需幾列程式碼，就可以輕鬆計算出 1 加到 100 的總和。所以：

「迴圈的主要目的是簡化程式碼，可以將重複的相同工作簡化成迴圈敘述，讓我們不用再寫出冗長的重複程式碼或運算式，就可以完成所需的工作。」

7-2 計數迴圈

C 語言的 **for 迴圈**是一種特殊版本的 while 迴圈（詳見第 7-3-1 節），稱為「**計數迴圈**」（Counting　Loop），我們可以使用 for 迴圈來重複執行固定次數的程式區塊。

7-2-1 遞增的 for 計數迴圈

基本上，for 迴圈的程式敘述語法中就擁有預設計數器變數，計數器可以每次增加或減少一個值，直到迴圈結束條件成立為止。當我們已經知道需重複執行幾次，就可以使用 for 迴圈來重複執行程式區塊。

在本節 C 程式輸入最大值後，可以計算出 1 加至最大值的總和。

步驟 ①：觀察流程圖

請啟動 fChart 開啟「\C\Ch07\Ch7_2_1.fpp」專案的流程圖，如下圖所示：

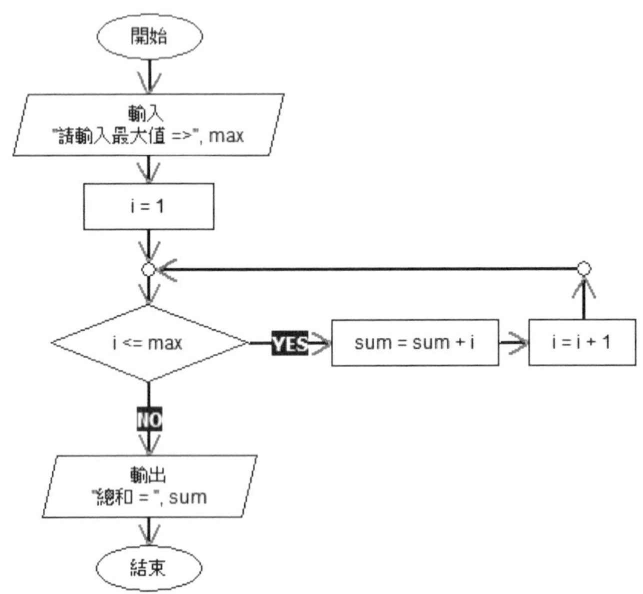

請執行流程圖且輸入 10，可以看到重複執行橫向的流程圖符號，決策符號共判斷 11 次，繞 10 圈。當我們開啟「變數」視窗，可以看到計數器變數 i 值的變化從 1~11，如下圖所示：

變數 x

	RETURN	PARAM	max	i	sum	RET-OS
目前變數值:		PARAM	10	11	55	
之前變數值:		PAR-OS		10	45	

上述變數 i 的最後值是 11，因為最後 1 次的決策符號條件不成立，所以停止繞圈子，這個決策符號是計數迴圈，而且是遞增的計數迴圈。

在確認流程圖的決策符號是計數迴圈後，我們可以找出執行步驟，如下所示：

Step 1：顯示提示文字輸入整數變數 max 值（輸入符號）
Step 2：重複執行直到變數 i > max（決策符號）
Step 2.1：將總和變數 sum 加上變數 i（動作符號）
Step 2.2：將計數器變數 i 加 1（動作符號）
Step 3：輸出文字內容和變數 sum 值（輸出符號）

上述 Step 2 重複執行下一層的步驟，這是一個迴圈。

步驟 ②：實作程式碼

我們可以使用 fChart 程式碼編輯器或 Blockly 積木程式編輯器來建立對應流程圖符號的 C 程式碼。

方法一：使用 fChart 程式碼編輯器

請先執行「輸出 / 輸入符號」下的「輸入符號 / 輸入整數值」命令，然後執行「決策符號 - 迴圈 / 前測式迴圈 /For 迴圈」命令插入 for 迴圈敘述，最後是輸出符號，如下圖所示：

```
int main()
{
    int var1;
    printf("請輸入整數 =>");
    scanf("%d", &var1);
    for (int i = 1; i <= 10; i++) {
        printf("值 = %d\n" , i);
    }
    printf("變數值 = %d\n" , var1);


    return 0;
}
```

在新增變數 sum 的宣告、插入加法運算式和修改變數名稱與訊息文字後（請注意！輸入變數是英文字母 i，並不是數字 1），可以建立 C 程式 Ch7_2_1.c，如下所示：

```
int main()
{
    int max;
    int sum = 0;
    printf("請輸入最大值 =>");
    scanf("%d", &max);
    for (int i = 1; i <= max; i++) {
        sum = sum + i;
    }
    printf("總和 = %d\n" , sum);
    return 0;
}
```

方法二：使用 Blockly 積木程式編輯器

Blockly 積木程式編輯器是使用**迴圈**分類下的倒數第 2 個積木，如右圖所示：

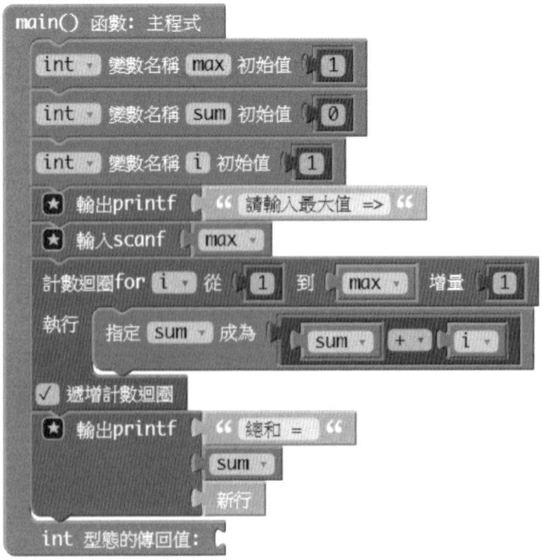

上述計數器變數 i 需事先宣告（Blockly 並不支援在 for 迴圈之中宣告變數），請儲存積木程式 Ex7_2_1.xml，轉換的 C 程式 Ex7_2_1.c。

因為 for 迴圈可以是遞增或遞減，預設勾選左下角**遞增計數迴圈**，是遞增 for 計數迴圈；取消勾選是遞減 for 計數迴圈。

編譯執行 C 程式

請編譯和執行 C 程式，可以看到執行結果，如下圖所示：

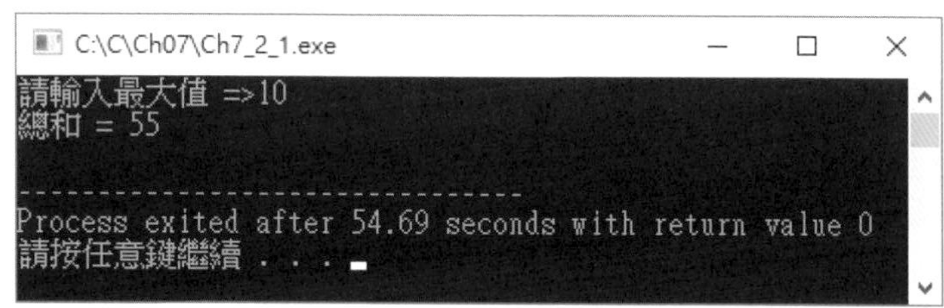

C:\C\Ch07\Ch7_2_1.exe
請輸入最大值 =>10
總和 = 55

Process exited after 54.69 seconds with return value 0
請按任意鍵繼續 . . .

請輸入 10，按 Enter 鍵，可以顯示計算出的總和是 55。

步驟 ③：了解程式碼

C 語言 for 迴圈的語法，如下所示：

```
for ( 初值 ; 條件 ; 變數更新 ) {
    程式敘述 ;
    …
}
```

上述迴圈的執行次數是從括號的初值開始，執行變數更新到條件 false 為止，在括號中有 3 個使用「;」分隔的運算式，第 1 個和第 3 個運算式可以是指定敘述或函數呼叫，中間第 2 個運算式是條件運算式。

在這一節的 for 迴圈是遞增計數迴圈，因為計數器變數是逐次增加到結束條件 max 最大值為止，如下所示：

```
for (int i = 1; i <= max; i++) {
    sum = sum + i;
}
```

上述迴圈是從 1 加到 max 計算其總和。在 for 迴圈的括號部分使用「;」符號分成三個部分，其說明如下所示：

- **i = 1**：迴圈的初值，變數 i 就是計數器。
- **i <= max**：迴圈結束條件，值 false，即當 i > max 時結束迴圈執行，值 true 就繼續執行迴圈。
- **i++**：更改計數器的值，i++ 是遞增 1，變數 i 的值依序為 1、2、3、4、…和 max，共執行 max 次迴圈。

> 在 for 括號內的 3 個運算式如果都是空的，即 for(; ;) { }，因為沒有結束條件，預設為 true，表示是無窮迴圈，迴圈會持續重複執行，而不會跳出迴圈。

在上述 for 迴圈只有計算總和的加法運算式，如果想進一步顯示執行過程，我們可以修改 C 程式，加上顯示計數器變數的程式碼，並且將加法運算式改為縮寫寫法（C 程式：Ch7_2_1a.c），如下所示：

```
for ( i = 1; i <= max; i++ ) {
    printf("i = %d\n", i);
    sum += i;
}
```

上述 for 迴圈的積木程式 Ex7_2_1a.xml，如下圖所示：

這個 for 迴圈可以將計數器變數值的變化顯示出來，如下圖所示：

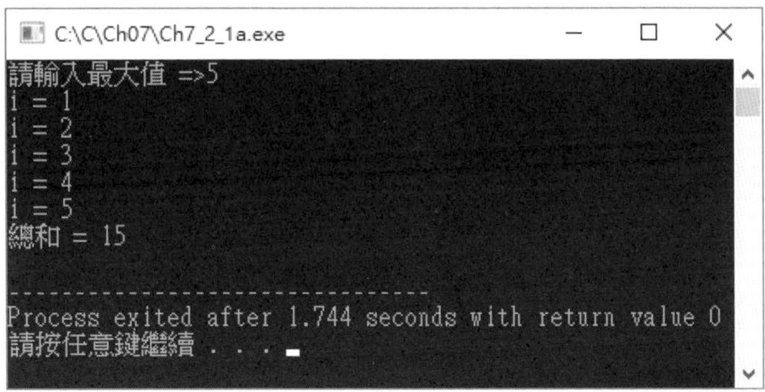

7-2-2　遞減的 for 計數迴圈

遞減的 for 計數迴圈和遞增的 for 計數迴圈相反，for 迴圈是從 max 到 1，計數器使用 i-- 表示每次遞減 1，其流程圖（Ch7_2_2.fpp）如下圖所示：

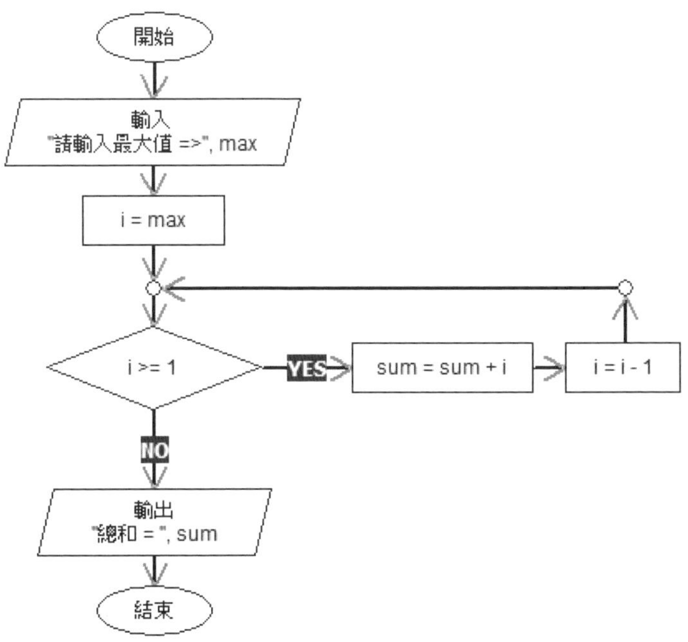

上述流程圖轉換成的 for 迴圈敘述，如下所示：

```
for ( i = max; i >= 1; i-- ) { … }
```

程式範例：Ch7_2_2.c

在 C 程式輸入變數 max 的值，然後使用遞減的 for 計數迴圈計算 max 加到 1 的總和，如下所示：

```
請輸入最大值 => 6 Enter
|6||5||4||3||2||1| ==> 從 6 到 1 的總和 =21
```

上述執行結果可以看到輸入最大值 6 後，使用遞減的計數迴圈計算 6 加到 1 的總和。Blockly 積木程式 Ex7_2_2.xml 是使用遞減 for 計數迴圈，如下圖所示：

程式內容

```
/* 程式範例：Ch7_2_2.c */
#include <stdio.h>
/* 主程式 */
int main()
{
   int i, j, max, sum = 0; /* 變數宣告 */
   printf("請輸入最大值 => ");
   scanf("%d", &max);    /* 讀入最大值 */
   /* for 遞減迴圈敘述 */
   for ( i = max; i >= 1; i-- ) {
      printf("|%d|", i);
      sum += i;
```

```
13:     }
14:     printf(" ==> 從 %d 到 1 的總和 =%d\n", max, sum);
15:     return 0;
16: }
```

程式說明

- 第 10~13 列：for 迴圈計算 max 加到 1，計數器為 i--。

7-2-3 for 計數迴圈的應用

在實務上，只要是需要定量遞增或遞減的重複計算問題，都可以使用 for 計數迴圈來實作。例如：使用 for 計數迴圈遞增溫度值，可以建立攝氏 - 華氏溫度對照表，如下所示：

```
upper = 300;
step = 20;
for ( c = 100; c <= upper; c += step ) {
    f = (9.0 * c) / 5.0 + 32.0;
    printf("%d     %f\n", c, f);
}
```

上述迴圈顯示溫度對照表，從攝氏溫度 100 到 300，每次增加 20 度，fChart 流程圖是 Ch7_2_3.fpp。

程式範例：Ch7_2_3.c

在 C 程式使用 for 迴圈顯示華氏 - 攝氏溫度對照表，如下所示：

```
100     212.000000
120     248.000000
140     284.000000
160     320.000000
180     356.000000
200     392.000000
220     428.000000
```

```
240     464.000000
260     500.000000
280     536.000000
300     572.000000
```

Blockly 積木程式 Ex7_2_3.xml 的 for 迴圈，如下圖所示：

程式內容

```
01: /* 程式範例：Ch7_2_3.c */
02: #include <stdio.h>
03: /* 主程式 */
04: int main()
05: {
06:    int c, step, upper;   /* 變數宣告 */
07:    float f;
08:    /* 華氏 - 攝氏溫度對照表 */
09:    upper = 300;
10:    step = 20;
11:    for ( c = 100; c <= upper; c += step ) {
12:       f = (9.0 * c) / 5.0 + 32.0;
13:       printf("%d    %f\n", c, f);
14:    }
15:    return 0;
16: }
```

程式說明

- 第 11~14 列：使用 for 迴圈顯示華氏 - 攝氏溫度對照表。

7-3 條件迴圈

C 語言的條件迴圈是在迴圈開始或結尾來測試迴圈的結束條件，以便決定是否繼續執行下一次迴圈，或是結束迴圈的執行。

7-3-1 前測式 while 迴圈敘述

前測式 while 迴圈敘述需要在程式區塊自行處理計數器變數的增減，迴圈是在程式區塊的開頭檢查條件，條件成立才允許進入迴圈執行；不成立結束迴圈。本節 C 程式是使用 while 迴圈計算階層函數值。

步驟 ①：觀察流程圖

請啟動 fChart 開啟「\C\Ch07\Ch7_3_1.fpp」專案的流程圖，如下圖所示：

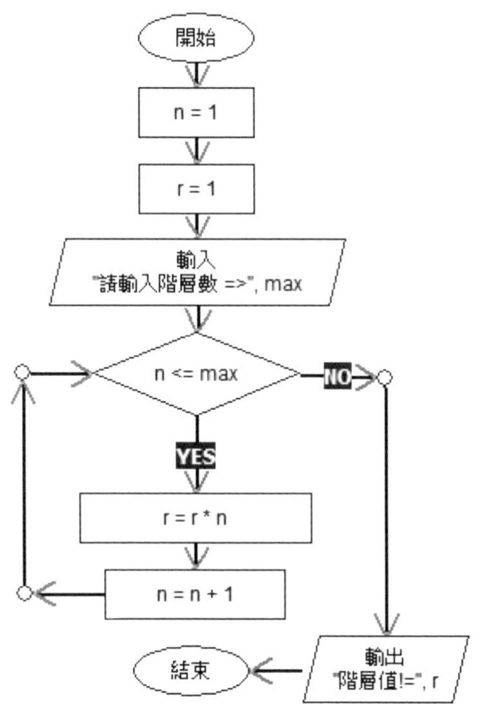

請執行流程圖和輸入 5，可以看到重複執行直向的流程圖符號，決策符號共判斷 6 次，繞 5 圈。變數 n 的最後值是 6，因為決策符號的條件不成立，停止繞圈子，這個決策符號是一個迴圈。

在確認流程圖的決策符號是迴圈後，我們可以找出執行步驟，如下所示：

Step 1：顯示提示文字輸入整數變數 max 值（輸入符號）

Step 2：重複執行直到變數 n > max（決策符號）

  Step 2.1：將變數 r 乘上變數 n（動作符號）

  Step 2.2：將計數器變數 n 加 1（動作符號）

Step 3：輸出文字內容和變數 r 值（輸出符號）

步驟 ②：實作程式碼

我們可以使用 fChart 程式碼編輯器或 Blockly 積木程式編輯器來建立對應流程圖符號的 C 程式碼。

方法一：使用 fChart 程式碼編輯器

請先執行「輸出 / 輸入符號」下的「輸入符號 / 輸入整數值」命令，然後執行「決策符號 - 迴圈 / 前測式迴圈 /While 迴圈」命令插入 while 迴圈敘述，和最後的輸出符號，如下圖所示：

```
int main()
{
    int var1;
    printf("請輸入整數 =>");
    scanf("%d", &var1);
    int i = 1;
    while ( i <= 10 ) {
        printf("值 = %d\n" , i);
        i = i + 1;
    }
    printf("變數值 = %d\n" , var1);
    

    return 0;
}
```

然後新增變數 r 宣告且指定初值為 1 後，在 while 迴圈插入乘法運算式和修改變數名稱與訊息文字，就可以建立 C 程式 Ch7_3_1.c，如下所示：

```
int main()
{
    int max, r = 1;
    int n = 1;
    printf(" 請輸入階層數 =>");
    scanf("%d", &max);
    while ( n <= max ) {
        r = r * n;
        n = n + 1;
    }
    printf(" 階層值! = %d\n" , r);
    return 0;
}
```

方法二：使用 Blockly 積木程式編輯器

Blockly 積木程式編輯器是使用**迴圈**分類下的第 1 個積木，如右圖所示：

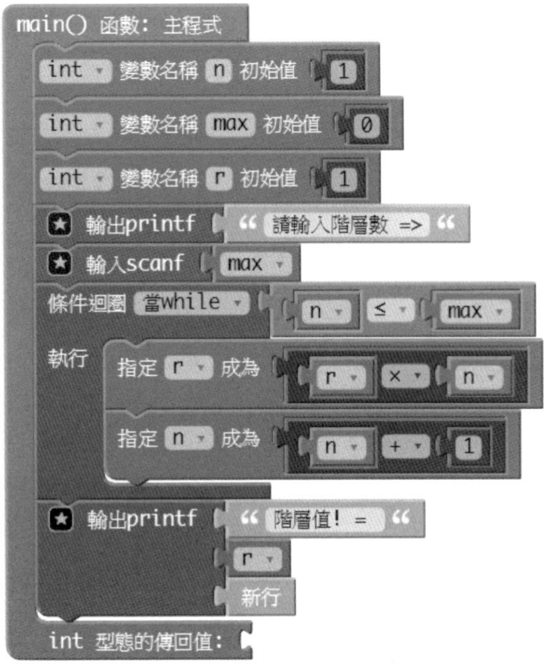

main() 函數: 主程式
int 變數名稱 n 初始值 1
int 變數名稱 max 初始值 0
int 變數名稱 r 初始值 1
輸出printf " 請輸入階層數 => "
輸入scanf max
條件迴圈 當while n ≤ max
執行 指定 r 成為 r × n
指定 n 成為 n + 1
輸出printf " 階層值! = "
r
新行
int 型態的傳回值:

請儲存積木程式成 Ex7_3_1.xml，轉換的 C 程式 Ex7_3_1.c。

編譯執行 C 程式

請編譯和執行 C 程式，可以看到執行結果，如下圖所示：

```
C:\C\Ch07\Ch7_3_1.exe
請輸入階層數 =>5
階層值! = 120

--------------------------------
Process exited after 27.2 seconds with return value 0
請按任意鍵繼續 . . .
```

請輸入 5，按 Enter 鍵，可以顯示 5! 階層的值是 120。

步驟 ③：了解程式碼

C 語言前測式 while 迴圈的語法，如下所示：

```
while ( 條件 ) {
    程式敘述;
    …
}
```

上述 while 迴圈是在程式區塊的開頭檢查條件，如果條件是 true（不等於 0）就進入迴圈執行（for 迴圈也是前測式迴圈）；false 結束執行，所以迴圈執行次數是直到條件 false（等於 0）為止，例如：變數 max 的值是 5，階層函數的 while 迴圈，如下所示：

```
while ( n <= 5 ) {
   r = r * n;
   n = n + 1;
}
```

上述 while 迴圈的執行次數是直到條件 false 為止，可以計算 5! 的值，變數 n 是計數器變數。如果符合 n <= 5 條件，就進入迴圈執行程式區塊，迴圈結束條件是 n > 5。

在程式區塊的最後不要忘了更新計數器變數 n = n + 1。

C 語言的 while 迴圈和下一節 do/while 迴圈需要在程式區塊自行處理計數器變數，如果沒有處理計數器變數的更新，無法到達結束條件，就會產生無窮迴圈，讀者在使用時請務必再三小心！

很明顯！當我們輸入最大值 max 後，while 迴圈的執行次數也是固定次數，因為 while 迴圈也可以是一種計數迴圈，以流程圖來說，for 迴圈通常會繪成橫向；while 迴圈是繪成直向。

不同於 for 迴圈是固定次數，while 迴圈除了是固定次數的計數迴圈，還可以是執行次數未定的條件迴圈，例如：計算 n! 階層值大於 100 的 n 值，因為 n 值是多少，需執行後才知道（C 程式：Ch7_3_1a.c；流程圖 Ch7_3_1a.fpp），如下所示：

```
int max = 100, r = 1;
int n = 1;
while ( r <= max ) {
   r = r * n;
   n = n + 1;
}
printf("大於 100 的階層 n! = %d\n" , (n-1));
```

上述 while 迴圈的結束條件是階層函數值 r 大於 100（max 等於 100），迴圈執行次數無法一眼就清楚判斷，稱為**條件迴圈**，最後 printf() 函數顯示的 n 值需減 1，因為 while 迴圈是一種前測式迴圈，程式區塊會先加 1 後，才判斷是否結束迴圈執行，所以真正的 n 值需要減 1。

Blockly 積木程式 Ex7_3_1a.xml 的 while 條件迴圈，如下圖所示：

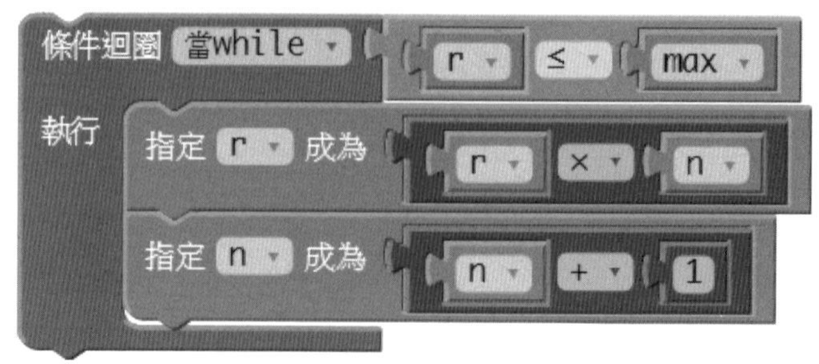

7-3-2 後測式 do/while 迴圈敘述

後測式 do/while 和 while 迴圈的差異是在迴圈結尾檢查條件，迴圈是先執行程式區塊的程式碼後才測試結束條件，所以 do/while 迴圈的程式區塊至少會執行「1」次。本節 C 程式準備改用 do/while 迴圈來計算階層函數值。

步驟 ①：觀察流程圖

請啟動 fChart 開啟「\C\Ch07\Ch7_3_2.fpp」專案的流程圖，如右圖所示：

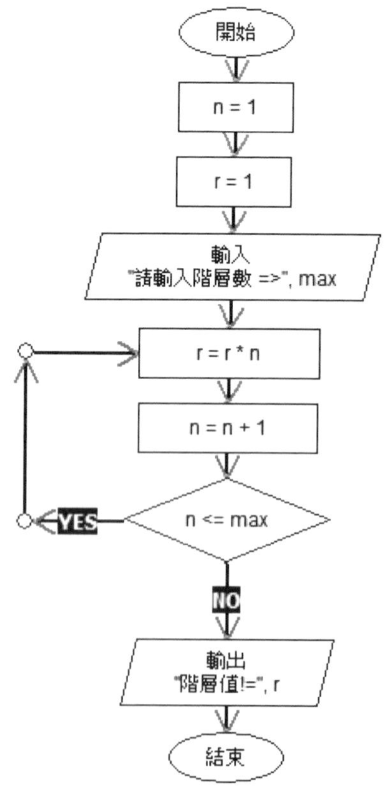

請執行流程圖且輸入 5，可以看到重複執行直向流程圖符號，第 1 次需要執行到最後的決策符號才進行判斷，共判斷 6 次，繞 5 圈。變數 n 的最後值是 6，因為決策符號的條件不成立，所以停止繞圈子，這個決策符號是一個迴圈，和上一節的差別，就是在迴圈結尾才測試條件。

在確認流程圖的決策符號是迴圈後，我們可以找出執行步驟，如下所示：

Step 1：顯示提示文字輸入整數變數 max 值（輸入符號）

Step 2：

Step 2.1：將變數 r 乘上變數 n（動作符號）

Step 2.2：將計數器變數 n 加 1（動作符號）

Step 3：重複執行 Step 2 直到變數 n > max（決策符號）

Step 4：輸出文字內容和變數 r 值（輸出符號）

步驟 ②：實作程式碼

我們可以使用 fChart 程式碼編輯器或 Blockly 積木程式編輯器來建立對應流程圖符號的 C 程式碼。

方法一：使用 fChart 程式碼編輯器

請先執行「輸出 / 輸入符號」下的「輸入符號 / 輸入整數值」命令，然後執行「決策符號 - 迴圈 / 後測式迴圈」下的「Do/While 迴圈」命令插入 do/while 迴圈敘述，最後是輸出符號，如下圖所示：

```
int main()
{
    int var1;
    printf("請輸入整數 =>");
    scanf("%d", &var1);
    int i = 1;
    do {
        printf("值 = %d\n" , i);
        i = i + 1;
    } while ( i <= 10 );
    printf("變數值 = %d\n" , var1);
    

    return 0;
}
```

然後新增變數 r 宣告且指定初值為 1 後，在 do/while 迴圈插入乘法運算式和修改變數名稱與訊息文字，就可以建立 C 程式 Ch7_3_2.c，如下所示：

```
int main()
{
    int r = 1, max;
    int n = 1;
    printf("請輸入階層數 =>");
    scanf("%d", &max);
    do {
        r = r * n;
        n = n + 1;
    } while ( n <= max );
    printf("階層值! = %d\n" , r);
    return 0;
}
```

方法二：使用 Blockly 積木程式編輯器

Blockly 積木程式編輯器是使用**迴圈**分類下的第 2 個積木，如下圖所示：

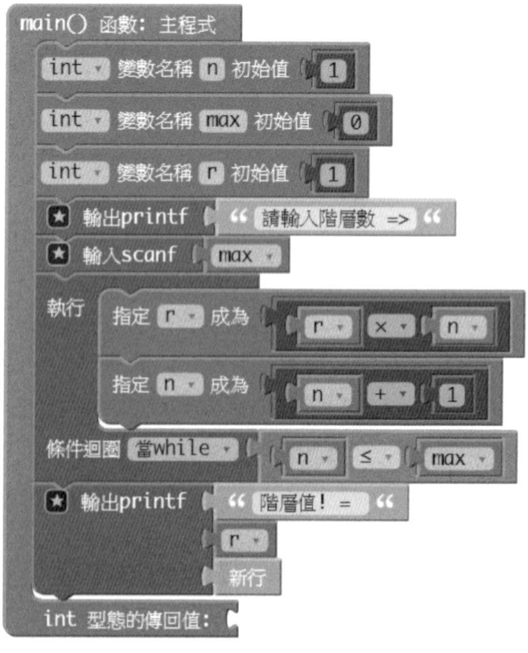

main() 函數: 主程式
int 變數名稱 n 初始值 1
int 變數名稱 max 初始值 0
int 變數名稱 r 初始值 1
輸出printf " 請輸入階層數 => "
輸入scanf max
執行
指定 r 成為 r × n
指定 n 成為 n + 1
條件迴圈 當while n ≤ max
輸出printf " 階層值! = "
r
新行
int 型態的傳回值:

請儲存積木程式成 Ex7_3_2.xml，轉換的 C 程式 Ex7_3_2.c。

編譯執行 C 程式

請編譯和執行 C 程式，可以看到執行結果，如下圖所示：

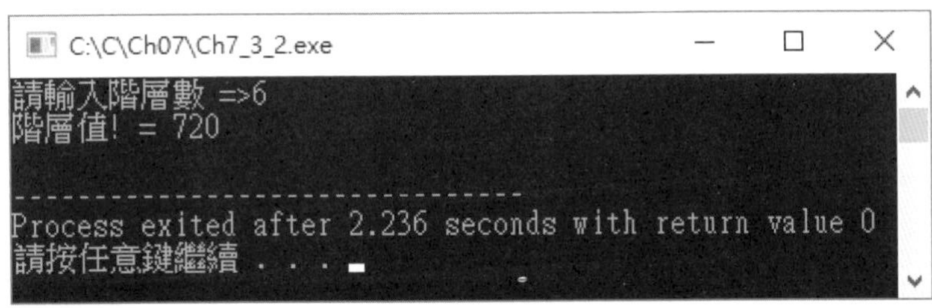

請輸入 6，按 Enter 鍵，可以顯示 6! 階層函數的值是 720。

步驟 ③：了解程式碼

C 語言 do/while 迴圈的語法，如下所示：

```
do {
    程式敘述；
    …
} while ( 條件 )
```

上述迴圈的執行次數是直到條件 false（等於 0）為止，假設：變數 max 的值是 6，階層函數的 do/while 迴圈，如下所示：

```
do {
   r = r * n;
   n = n + 1;
} while ( n <= 6 );
```

上述 do/while 迴圈的執行次數是直到條件 false 為止，可以計算 6! 的階層函數值，變數 n 是計數器變數。

第 1 次執行是直到迴圈結尾才檢查 while 條件是否為 true，所以程式區塊一定會執行「1」次。如果符合 n <= 6 條件，就繼續執行迴圈的程式區塊；n > 6，條件 false，就結束迴圈執行。

7-3-3 將 for 迴圈改成 while 迴圈

C 語言的 for 迴圈是一種特殊版本的 while 迴圈，我們可以輕易將 for 迴圈改成 while 迴圈，例如：將顯示溫度對照表的 for 迴圈改為 while 迴圈。首先是 for 迴圈的程式碼（C 程式：Ch7_2_3.c），如下所示：

```
upper = 300;
step = 20;
for ( c = 100; c <= upper; c += step ) {
    f = (9.0 * c) / 5.0 + 32.0;
    printf("%d    %f\n", c, f);
}
```

上述 for 迴圈從 100~200 度，每次增加 20 度，括號第二部分的 c <= upper 條件也是 while 迴圈的條件，更新的計數器變數 c 是增加 step 變數值，這就是 while 迴圈的計數器變數，如下所示：

```
c = 100;
upper = 300;
step = 20;
while ( c <= upper ) {
    f = (9.0 * c) / 5.0 + 32.0;
    printf("%d    %f\n", c, f);
    c += step;
}
```

上述程式碼使用變數 c 作為計數器變數，每次增加 step 變數值，攝氏溫度是從 100~300 度，可以計算轉換後的華氏溫度。

程式範例：Ch7_3_3.c

C 程式將 Ch7_2_3.c 的 for 迴圈改為 while 迴圈，可以計算和顯示攝氏轉成華氏溫度的轉換表，如下所示：

```
100    212.000000
120    248.000000
140    284.000000
160    320.000000
180    356.000000
200    392.000000
220    428.000000
240    464.000000
260    500.000000
280    536.000000
300    572.000000
```

Blockly 積木程式是 Ex7_3_3.xml。

程式內容

```
/* 程式範例: Ch7_3_3.c */
#include <stdio.h>
/* 主程式 */
int main()
{
   int c, upper, step;  /* 變數宣告 */
   float f;
   c = 100;
   upper = 300;
   step = 20;
   while ( c <= upper ) {
      f = (9.0 * c) / 5.0 + 32.0;
      printf("%d    %f\n", c, f);
      c += step;
   }
   return 0;
}
```

程式說明

- 第 11~15 列：在 while 迴圈計算和顯示溫度轉換表，每次增加 20 度，在第 14 列更新計數器變數 c 的值。

7-4 巢狀迴圈

巢狀迴圈是在迴圈之中擁有其他迴圈，例如：在 for 迴圈擁有 for、while 或 do/while 迴圈，同樣的，while 迴圈之中也可以有 for、while 或 do/while 迴圈。

在 C 語言的巢狀迴圈可以有二或二層以上，例如：在 for 迴圈之中有 while 迴圈，如下所示：

```
for ( i = 1; i <= 9; i++ ) {
   …
   j = 1;
   while ( j <= 9 ) {
      …
      j++;
   }
}
```

上述迴圈有兩層，第一層 for 迴圈執行 9 次，第二層 while 迴圈也是執行 9 次，兩層迴圈共執行 81 次，如下表所示：

第一層迴圈的 i 值	第二層迴圈的 j 值									離開迴圈的 i 值
1	1	2	3	4	5	6	7	8	9	1
2	1	2	3	4	5	6	7	8	9	2
3	1	2	3	4	5	6	7	8	9	3
…………										
9	1	2	3	4	5	6	7	8	9	9

上述表格的每一列代表第一層迴圈執行一次，共有 9 次。第一次迴圈的計數器變數 i 為 1，第二層迴圈的每個儲存格代表執行一次迴圈，共 9 次，j 的值為 1~9，離開第二層迴圈後的變數 i 仍然為 1，依序執行第一層迴圈，i 的值為 2~9，而每次 j 都會執行 9 次，所以共執行 81 次。其流程圖（Ch7_4.fpp）如下圖所示：

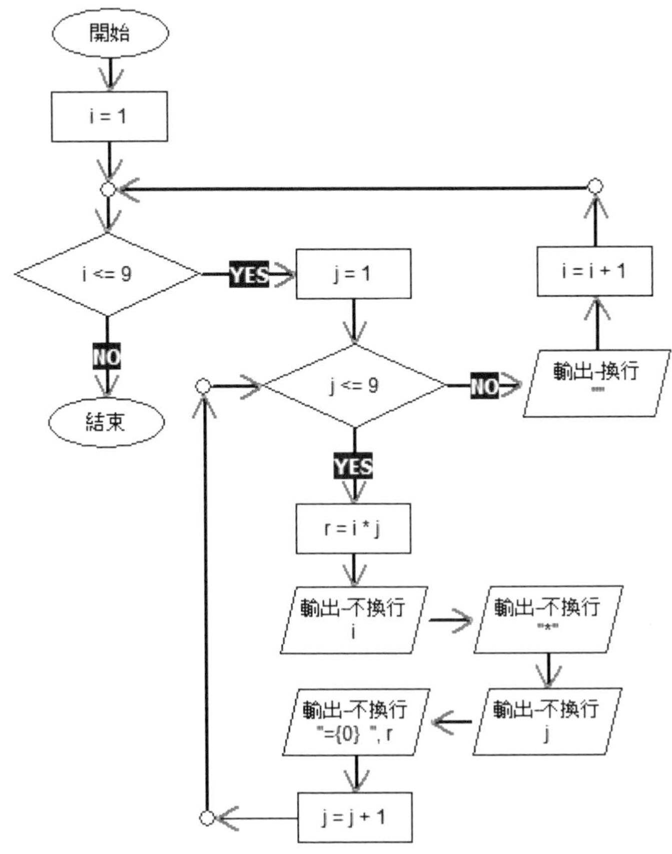

上述流程圖 i <= 9 決策符號建立的是外層迴圈的結束條件；j <= 9 決策符號建立的是內層迴圈的結束條件。

程式範例：Ch7_4.c

在 C 程式使用 for 和 while 兩層巢狀迴圈來顯示九九乘法表，如下所示：

```
1*1= 1  1*2= 2  1*3= 3  1*4= 4  1*5= 5  1*6= 6  1*7= 7  1*8= 8  1*9= 9
2*1= 2  2*2= 4  2*3= 6  2*4= 8  2*5=10  2*6=12  2*7=14  2*8=16  2*9=18
3*1= 3  3*2= 6  3*3= 9  3*4=12  3*5=15  3*6=18  3*7=21  3*8=24  3*9=27
4*1= 4  4*2= 8  4*3=12  4*4=16  4*5=20  4*6=24  4*7=28  4*8=32  4*9=36
5*1= 5  5*2=10  5*3=15  5*4=20  5*5=25  5*6=30  5*7=35  5*8=40  5*9=45
6*1= 6  6*2=12  6*3=18  6*4=24  6*5=30  6*6=36  6*7=42  6*8=48  6*9=54
7*1= 7  7*2=14  7*3=21  7*4=28  7*5=35  7*6=42  7*7=49  7*8=56  7*9=63
8*1= 8  8*2=16  8*3=24  8*4=32  8*5=40  8*6=48  8*7=56  8*8=64  8*9=72
9*1= 9  9*2=18  9*3=27  9*4=36  9*5=45  9*6=54  9*7=63  9*8=72  9*9=81
```

Blockly 積木程式是 Ex7_4.xml。

程式內容

```
01: /* 程式範例: Ch7_4.c */
02: #include <stdio.h>
03: /* 主程式 */
04: int main()
05: {
06:    int i, j;    /* 變數宣告 */
07:    /* 巢狀迴圈 */
08:    for ( i = 1; i <= 9; i++ ) {
09:       j = 1;
10:       while ( j <= 9 ) { /* 第二層迴圈 */
11:          printf("%d*%d=%2d ", i, j, i*j);
12:          j++;
13:       }
14:       printf("\n");
15:    }
16:    return 0;
17: }
```

程式說明

- 第 8~15 列：兩層巢狀迴圈的第一層 for 迴圈。
- 第 10~13 列：第二層 while 迴圈，在第 11 列使用第一層的 i 和第二層的 j 變數值顯示和計算九九乘法表的值。

在上述程式第一層迴圈的計數器變數 i 值為 1 時，第二層迴圈的變數 j 為 1 到 9，可以顯示執行結果，如下所示：

```
1*1=1
1*2=2
…
1*9=9
```

當第一層迴圈執行第二次時，i 值為 2，第二層迴圈仍然為 1 到 9，此時顯示的執行結果，如下所示：

```
2*1=2
2*2=4
…
2*9=18
```

繼續第一層迴圈，i 值依序為 3 到 9，就可以建立完整的九九乘法表。

7-5 迴圈與條件敘述

在 C 語言的 for、while 和 do/while 迴圈中，一樣可以搭配使用 if/else 或 switch 條件敘述來執行條件判斷。例如：使用 do/while 迴圈建立猜數字遊戲，在之中使用 if/else 條件判斷是否猜中（流程圖：Ch7_5.fpp），如下所示：

```
do {
   printf(" 請輸入猜測的數字 (1~100)  => ");
   scanf("%d", &guess);
   if ( guess > target )
      printf(" 數字太大 !\n");
   else
      printf(" 數字太小 !\n");
} while ( guess != target );
```

程式範例：Ch7_5.c

在 C 程式使用 do/while 迴圈控制猜數字遊戲的進行，內含 if/else 條件敘述判斷是否猜中，如下所示：

```
請輸入猜測的數字 (1~100) => 50 Enter
數字太大！
請輸入猜測的數字 (1~100) => 25 Enter
數字太小！
請輸入猜測的數字 (1~100) => 35 Enter
數字太小！
請輸入猜測的數字 (1~100) => 45 Enter
數字太大！
請輸入猜測的數字 (1~100) => 40 Enter
數字太大！
請輸入猜測的數字 (1~100) => 38 Enter
數字太小！
猜中數字： 38
```

上述執行結果是猜數字遊戲的執行過程，可以看到最後猜中數字為 38。Blockly 積木程式是 Ex7_5.xml。

程式內容

```
/* 程式範例： Ch7_5.c */
#include <stdio.h>
/* 主程式 */
int main()
{
   int target = 38, guess;  /* 變數宣告 */
   /* do while 迴圈敘述 */
   do {
      printf("請輸入猜測的數字 (1~100) => ");
      scanf("%d", &guess);     /* 取得輸入的數字 */
      /* 條件敘述 */
      if ( guess > target )
         printf("數字太大 !\n");
      else
```

```
15:          printf("數字太小!\n");
16:     } while ( guess != target );
17:     printf("猜中數字: %d\n", target);
18:     return 0;
19: }
```

程式說明

- 第 8~16 列：使用 do/while 迴圈控制猜數字遊戲的進行，直到使用者輸入正確的數字為止。
- 第 12~15 列：使用 if/else 條件敘述判斷輸入數字太大或太小。

7-6 跳出與繼續迴圈

C 語言提供 break 和 continue 關鍵字的**跳躍敘述**，可以中斷和繼續 for、while 和 do/while 迴圈的執行。Blockly 積木程式是使用**迴圈**分類下的最後 1 個積木，如下圖所示：

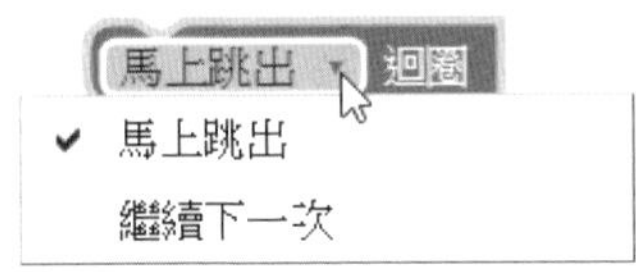

7-6-1 break 關鍵字

C 語言的 break 關鍵字有兩個用途：一是中止 switch 條件的 case 子句，另一個用途是強迫終止 for、while 和 do/while 迴圈的執行。

雖然迴圈可以在開頭或結尾測試結束條件，但是，有時我們需要在迴圈中測試結束條件，此時可以**使用 break 關鍵字來馬上跳出迴圈**，如同 switch 條件敘述使用 break 關鍵字跳出程式區塊，如下所示：

```
do {
    printf("|%d|", i);
    i++;
    if ( i > 5 ) break;
} while ( 1 );
```

上述 do/while 迴圈的條件是 1，永遠為 true，所以是一個無窮迴圈，在迴圈中使用 if 條件進行判斷，當 i ＞ 5 成立時，就執行 break 關鍵字跳出迴圈，可以顯示數字 1 到 5。其流程圖（Ch7_6_1.fpp）如下圖所示：

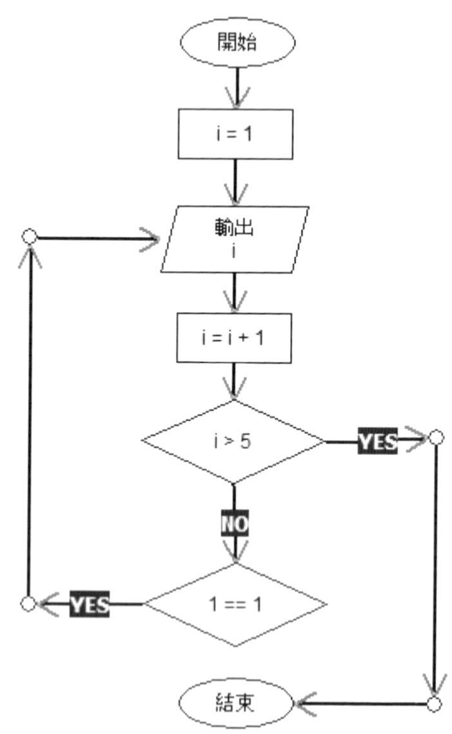

上述流程圖的 1 == 1 決策符號條件一定是 true，所以是一個無窮迴圈，迴圈是使用 i ＞ 5 決策符號來跳出迴圈，即 C 語言的 break 關鍵字。

程式範例：Ch7_6_1.c

在 C 程式使用 do/while 無窮迴圈來顯示數字，我們是使用 break 關鍵字跳出迴圈，所以只會顯示數字 1 到 5，如下所示：

```
|1||2||3||4||5|
```

Blockly 積木程式 Ex7_6_1.xml 是在 do/while 無窮迴圈使用 if 條件來跳出迴圈，如下圖所示：

程式內容

```
01: /* 程式範例: Ch7_6_1.c */
02: #include <stdio.h>
03: /* 主程式 */
04: int main()
05: {
06:    int i = 1;    /* 變數宣告 */
07:    do {
08:       printf("|%d|", i);
09:       i++;
10:       if ( i > 5 ) break; /* 跳出迴圈 */
11:    } while ( 1 );
12:    printf("\n");
13:    return 0;
14: }
```

程式說明

- 第 7~11 列：do/while 迴圈是一個無窮迴圈。
- 第 10 列：if 條件判斷是否大於 5，成立就使用 break 關鍵字跳出迴圈。

7-6-2 continue 關鍵字

在迴圈執行過程中，除了在中途使用 break 關鍵字跳出迴圈外，我們也可以使用 continue 關鍵字馬上繼續下一次迴圈，而跳過執行程式區塊位在 continue 關鍵字之後的程式碼，如果使用在 for 迴圈，一樣會更新計數器變數，如下所示：

```
for ( i = 1; i <= 6; i++ ) {
    if ( (i % 2) == 1 )  continue;
    printf("|%d|", i);
}
```

上述程式碼是當計數器為奇數時，就繼續迴圈執行，換句話說，printf() 函數只會顯示 1 到 6 之間的偶數。其流程圖（Ch7_6_2.fpp）如下圖所示：

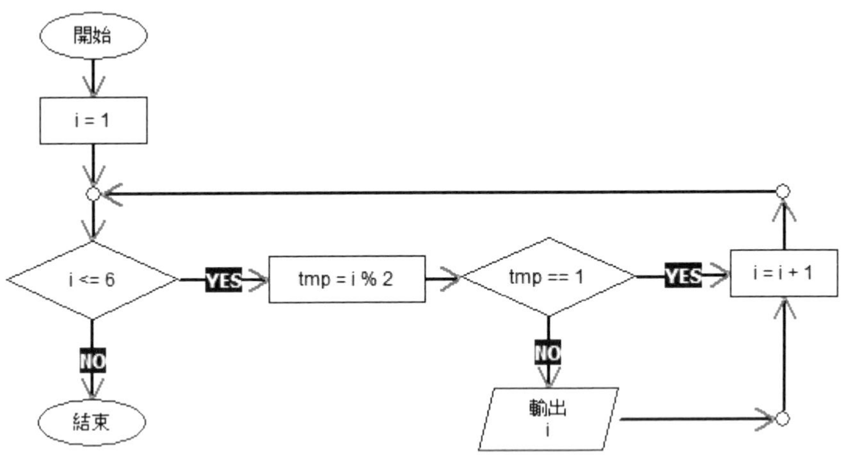

程式範例：Ch7_6_2.c

在 C 程式使用 for 迴圈配合 continue 關鍵字，可以顯示 1 到 6 之中的偶數，而跳過不顯示奇數，如下所示：

```
|2||4||6|
```

Blockly 積木程式 Ex7_6_2.xml 的 for 迴圈是使用 if 條件來繼續迴圈的執行，如下圖所示：

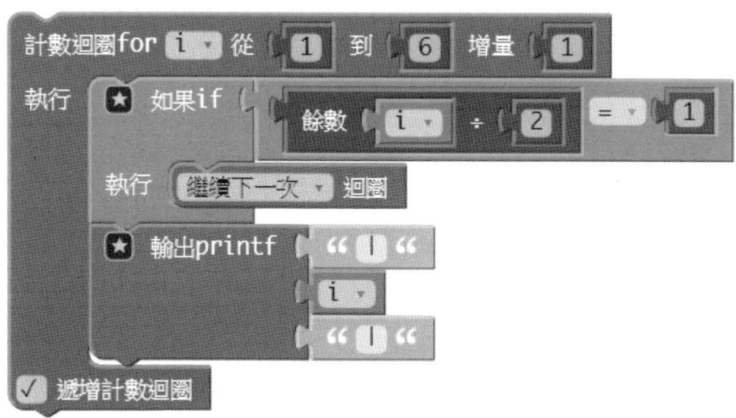

程式內容

```
01: /* 程式範例: Ch7_6_2.c */
02: #include <stdio.h>
03: /* 主程式 */
04: int main()
05: {
06:    int i = 1;    /* 變數宣告 */
07:    for ( i = 1; i <= 6; i++ ) {
08:       /* 繼續迴圈 */
09:       if ( (i % 2) == 1 ) continue;
10:       printf("|%d|", i);
11:    }
12:    printf("\n");
13:    return 0;
14: }
```

程式說明

- 第 7~11 列：for 迴圈是從 1 到 6。
- 第 9 列：if 條件使用餘數運算檢查是否是偶數，如果是，就使用 continue 關鍵字來馬上執行下一次迴圈。

學習評量

選擇題

(　　) 1. 請問下列哪一種 C 語言的迴圈是一種特殊版本的 while 迴圈，稱為計數迴圈？

A. do/while　　B. while　　C. for　　D. for in

(　　) 2. 請問下列哪一種 C 迴圈是在結尾進行條件檢查？

A. do/while　　B. while　　C. for　　D. for in

(　　) 3. 請問下列哪一個 C 語言的 for 迴圈敘述是正確的？

A. for (s = 1 ; s <= 5)　　B. for (s = 1 ; s <= 5; s++)

C. for (s = 1 ; s++)　　D. for s = 1 to 5

(　　) 4. 請問下列哪一個關鍵字可以中斷 for、while 和 do/while 迴圈的執行，但是不會結束函數？

A. break　　B. continue　　C. exit　　D. return

(　　) 5. 請問 for (i = 1; i <= 10; i+=2) total+=i; 迴圈計算結果的 total 值為何？

A. 10　　B. 35　　C. 55　　D. 25

(　　) 6. 請問 C 語言的 do/while 迴圈可以保證執行幾次？

A. 10　　B. 2　　C. 1　　D. 0

簡答題

1. 請說明 while 和 do/while 迴圈的差異為何？ do/while 迴圈至少會執行 __________ 次。

2. 請簡單說明如何將 for 迴圈改成 while 迴圈？

3. 請寫出下列 for 迴圈的執行結果，如下所示：

```
(1) for ( a = 0; a < 100; a++);
    printf("%d", a);
(2) for (c = 2; c < 10; c+=3 )
    printf("%d", c);
(3) for (x = 0; x < 10; x++) {
      for (y = 5; y > 0; y--)
        printf("X");
      printf("\n");
    }
```

4. 請寫出下列 C 程式片段的輸出結果，如下所示：

```
(1) int c;
    for ( c = 65; c < 91; c++ )
        printf("%c", c);
(2) int x, y;
    for ( x = 0; x < 10; x++, printf("\n") )
        for ( y = 0; y < 10; y++ )
          printf("X");
(3) int total = 0;
    for (i = 1; i <= 10; i++) {
```

```
    if ((i % 2) != 0) {
      total += i;
      printf("%d\n", i);
    }
    else {
      total--;
   }
}
printf("總和：%d\n", total);
```

5. 請指出下列 C 迴圈程式片段的錯誤，如下所示：

```
(1) int c = 0;
    while ( c <= 65 ) {
      printf("%d", c);
    }
(2) int x;
    for ( x = 1; x <= 10; x++ );
      printf("%d\n", x);
```

6. 在 for、while 和 do/while 迴圈可以使用 ________ 關鍵字馬上繼續下一次迴圈的執行；使用 ________ 關鍵字來跳出迴圈。

實作題

1. 請撰寫 C 程式執行從 1 到 100 的迴圈，但只顯示 40~67 之間的奇數，並且計算其總和。

2. 請建立 C 程式依序顯示 1~20 的數值和其平方，每一數值成一列，如下所示：

```
1    1
2    4
3    9
.........
```

3. 請使用 for、while 或 do/while 迴圈計算下列數學運算式的值，如下所示：

- 1+1/2+1/3+1/4~+1/n　　n=67
- 1*1+2*2+3*3~+n*n　　n=34

4. 請建立 C 程式輸入繩索長度，例如：100 後，使用 while 迴圈計算繩索需要對折幾次才會小於 20 公分？

5. 請建立 C 程式使用 for 迴圈從 3 到 120 顯示 3 的倍數，例如：3、6、9、12、15、18、21…..。

6. 請建立 C 程式使用 while 迴圈計算複利的本利和，在輸入金額後，計算 5 年複利 12% 的本利和。

7. 請建立 C 程式使用 while 迴圈來解雞兔同籠問題，目前只知道在籠子中共有 40 隻雞或兔，總共有 100 隻腳，請問雞兔各有多少隻？

MEMO

CHAPTER

8

函數

8-1／認識函數

8-2／建立 C 語言的函數

8-3／函數的參數傳遞方式

8-4／變數的有效範圍

8-5／C 語言的標準函數庫

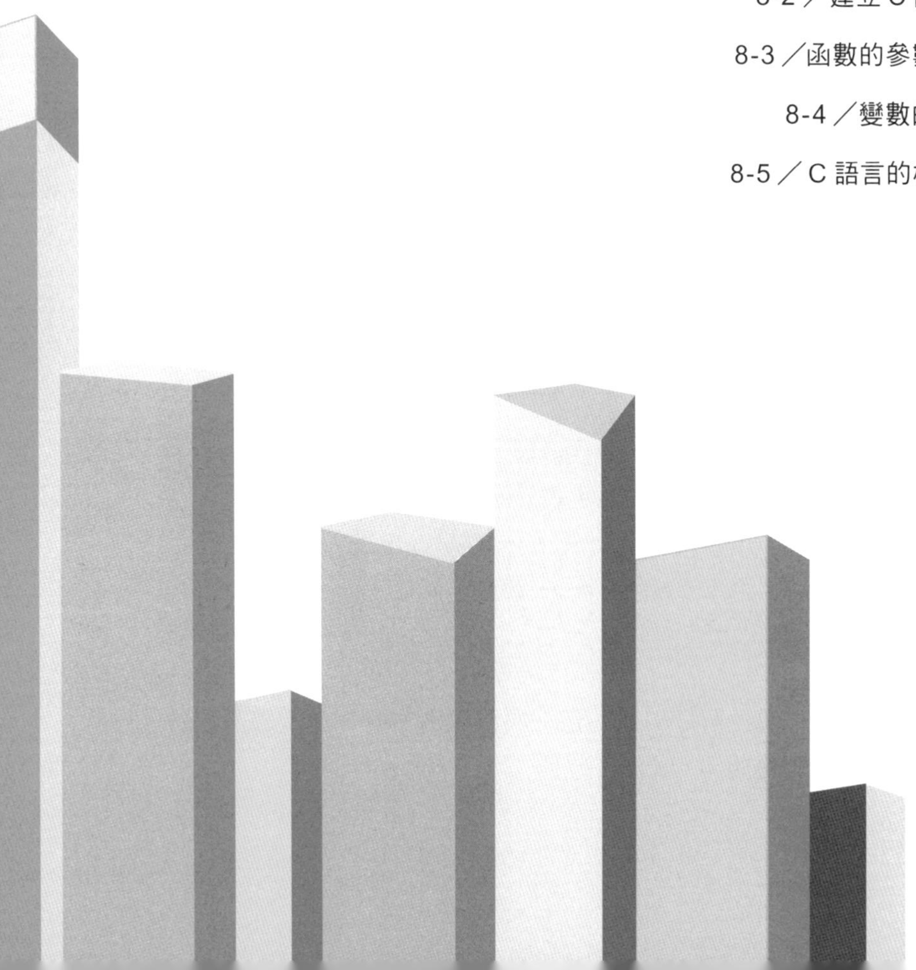

8-1 認識函數

C 語言的「函數」(Functions) 就是程式語言的「**程序**」(Subroutines 或 Procedures)，一個擁有特定功能的獨立程式單元，程序如果有傳回值，稱為函數，**C 語言不論是否有傳回值，都稱函數**。

8-1-1 函數的結構

不論日常生活，或實際撰寫程式碼時，有些工作可能會重複出現，而且這些工作不是單一程式敘述，而是完整工作單元的程式區塊，例如：我們常常在自動販賣機購買茶飲，此工作的完整步驟，如下所示：

```
Step 1：將硬幣投入投幣口
Step 2：按下按鈕，選擇購買的茶飲
Step 3：在下方取出購買的茶飲
```

上述步驟如果只有一次到無所謂，如果幫 3 位同學分別購買果汁、茶飲和汽水三種飲料，這些步驟就需要重複 3 次，如下所示：

Step 1：將硬幣投入投幣口
Step 2：按下按鈕，選擇購買的果汁 } 購買果汁
Step 3：在下方取出購買的果汁
Step 1：將硬幣投入投幣口
Step 2：按下按鈕，選擇購買的茶飲 } 購買茶飲
Step 3：在下方取出購買的茶飲
Step 1：將硬幣投入投幣口
Step 2：按下按鈕，選擇購買的汽水 } 購買汽水
Step 3：在下方取出購買的汽水

相信沒有同學請你幫忙買飲料時，每一次都說出左邊 3 個步驟，而會很自然的簡化成 3 個工作，直接說：

購買果汁
購買茶飲
購買汽水

上述簡化的工作描述就是函數（functions）的原型，因為我們會很自然的將一些工作整合成更明確且簡單的描述「購買 ??」。程式語言也是使用相同觀念，可以將整個自動販賣機購買飲料的步驟使用一個整合名稱來代表，即**購買 ()** 函數，如下所示：

購買（果汁）
購買（茶飲）
購買（汽水）

上述程式碼是函數呼叫，在括號中是傳入購買函數的資料，即**引數**（Arguments），以便 3 個操作步驟知道購買哪一種飲料，執行此函數的結果是拿到飲料，這就是函數的傳回值。

8-1-2 C 語言的函數種類

C 語言的函數分為兩種，其說明如下所示：

- **使用者自訂函數**（User Defined Functions）：使用者自行建立的 C 函數，本章內容主要是說明如何建立使用者自訂函數。
- **函數庫函數**（Library Functions）：C 語言標準函數庫的函數。

使用者自訂函數

C 語言可以使用函數整合重複程式碼成為特定功能的獨立程式單元，例如：計算平均、找出最大值和計算次方等功能，其主要工作有兩項，如下所示：

Step 1 **建立函數**：定義函數內容，也就是撰寫函數執行特定功能的程式碼，稱為「實作」（Implementation）。

Step 2 **使用函數**：使用函數就是「函數呼叫」（Function Call），可以將執行步驟轉移到函數來執行函數定義的程式碼。

當在 C 程式建立函數後，因為是一個擁有特定功能的程式單元，例如：找出最大值，在撰寫程式碼時，如果需要找出最大值的功能，就不用再重複撰寫此功能的程式碼，直接呼叫**找出最大值**函數即可，如果有 2 個地方需要使用到，就呼叫 2 次**找出最大值**函數。

函數庫函數

C 語言預設提供功能強大的函數庫，這是一些現成函數，如同一個工具箱，當在函數庫有符合需求的函數時，我們可以直接呼叫它，而不用自行撰寫函數（即建立使用者自訂函數），詳見第 8-5 節的說明。

8-1-3 函數是一個黑盒子

函數是一個獨立功能的程式區塊，如同一個「黑盒子」（Black Box），我們不需要了解函數定義的程式碼內容，只要告訴我們如何使用此黑盒子的「**介面**」（Interface），就可以呼叫函數來使用函數的功能，如下圖所示：

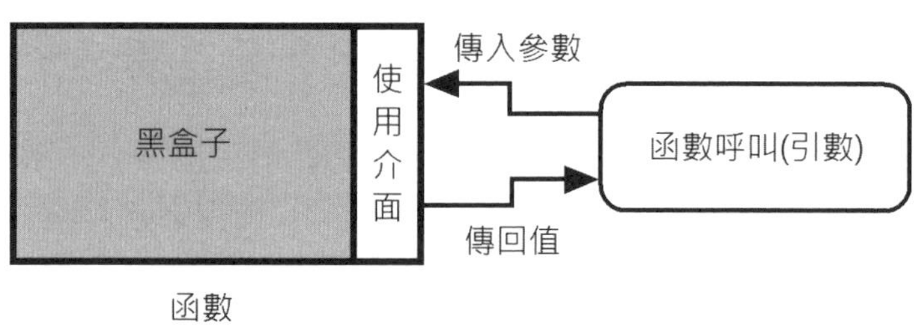

上述介面是呼叫函數的對口單位，可以傳入參數和取得傳回值。介面就是函數和外部溝通的管道，一個對外的邊界，將實際函數的程式碼隱藏在介面之後，讓我們不用了解實際的程式碼，也可以使用函數。

8-1-4 Blockly 積木程式的函數

Blockly 積木程式的函數積木分成兩種，一是**有傳回值**；一個**沒有傳回值**，如下圖所示：

上述左圖是沒有傳回值；右圖是有傳回值的函數，在下方可以指定傳回值的型態。點選積木左上角藍色小圖示，可以新增函數的參數，我們可以新增變數、指標或陣列三種參數，如下圖所示：

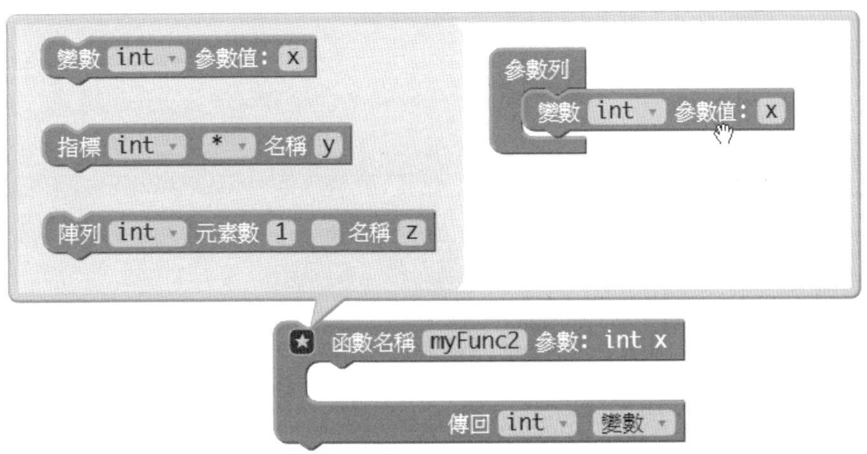

函數的傳回值是使用**函數**分類下的第 3 個**結束函數 回傳**積木，當建立函數，在**函數**分類就會新增函數呼叫的對應積木。

Tips　Blockly 整個積木工作區的變數並不允許同名，換句話說，在主程式和各函數中宣告的變數並不允許同名。

8-2 建立 C 語言的函數

C 語言的函數（Functions）是一個獨立程式單元，可以將大工作分割成一個個小型工作，我們可以重複使用之前建立的函數或直接呼叫 C 語言標準函數庫提供的函數。

8-2-1 建立 C 語言的函數

C 語言的函數如果沒有指明，通常就是使用者自訂函數，這是由函數標頭和程式區塊所組成，其語法如下所示：

```
傳回值型態 函數名稱 ( 參數列 ) {      ← 函數標頭
    程式敘述 1~n;                 ┐
    ......                        ├─ 程式區塊
    return 傳回值 ;               │
}                                 ┘
```

上述函數的第 1 列是**函數標頭**（Function Header），之後的大括號是函數的**程式區塊**（Function Block）。

函數標頭是以傳回值型態開始，這是函數傳回值的資料型態，函數名稱如同變數命名是由程式設計者自行命名，在函數的程式區塊可以使用 return 關鍵字傳回函數值，或結束函數的執行。

函數參數（Parameters）是函數的使用介面，如果傳回值型態是 void，表示函數沒有傳回值；省略傳回值型態，預設是 int 整數。

建立函數

在 C 程式建立沒有參數列和傳回值的 printMsg() 函數，如下所示：

```
void printMsg() {
   printf("歡迎學習 C 程式設計 !\n");
}
```

上述函數傳回值的資料型態是 void，表示沒有傳回值，大括號是函數的程式區塊，因為沒有 return 關鍵字，函數是執行到 "}" 右大括號結束。

函數名稱是 printMsg，在名稱後的括號中可以定義傳入的參數列，函數如果沒有參數，就是空括號，我們也可以使用 void 表示沒有參數，如下所示：

```
void printMsg(void) {
    printf("歡迎學習 C 程式設計 !\n");
}
```

函數的原型宣告

ANSI-C 函數分為「宣告」（Declaration）和「定義」（Definition）兩部分，前述建立的函數是函數定義，在使用前需要在程式開頭（#include 和 #define 指令之後）新增函數的原型宣告，其語法如下所示：

```
傳回值型態 函數名稱 ( 參數列 );
```

上述傳回值型態是函數傳回值的資料型態，參數列是使用「,」逗號分隔的參數資料型態清單（也可以加上參數名稱）。C 語言的函數如果沒有傳回值是使用 void；沒有參數列是空白或 void，例如：printMsg() 和 sum2Ten() 函數的原型宣告，如下所示：

```
void printMsg();
void sum2Ten();
```

因為函數沒有參數列，也可以使用 void 表示，如下所示：

```
void printMsg(void);
void sum2Ten(void);
```

當然，我們也可以在同一列宣告多個函數原型，只需使用「,」逗號分隔，如下所示：

```
void printMsg(), sum2Ten();
```

函數呼叫

在 C 程式碼呼叫函數是使用函數名稱加上括號中的引數列，其語法如下所示：

```
函數名稱 ( 引數列 );
```

上述函數如果有參數，在呼叫時需要加上傳入的參數值，稱為「**引數**」(Arguments)。因為前述函數 printMsg() 沒有傳回值和參數列，呼叫函數只需使用函數名稱加上空括號，如下所示：

```
printMsg();
```

fChart 流程圖的函數是呼叫同名的 .fpp 流程圖專案檔，所以，本節程式範例是在 Ch8_2_1.fpp 呼叫名為 printMsg.fpp 和 sum2Ten.fpp 的 2 個函數，如下圖所示：

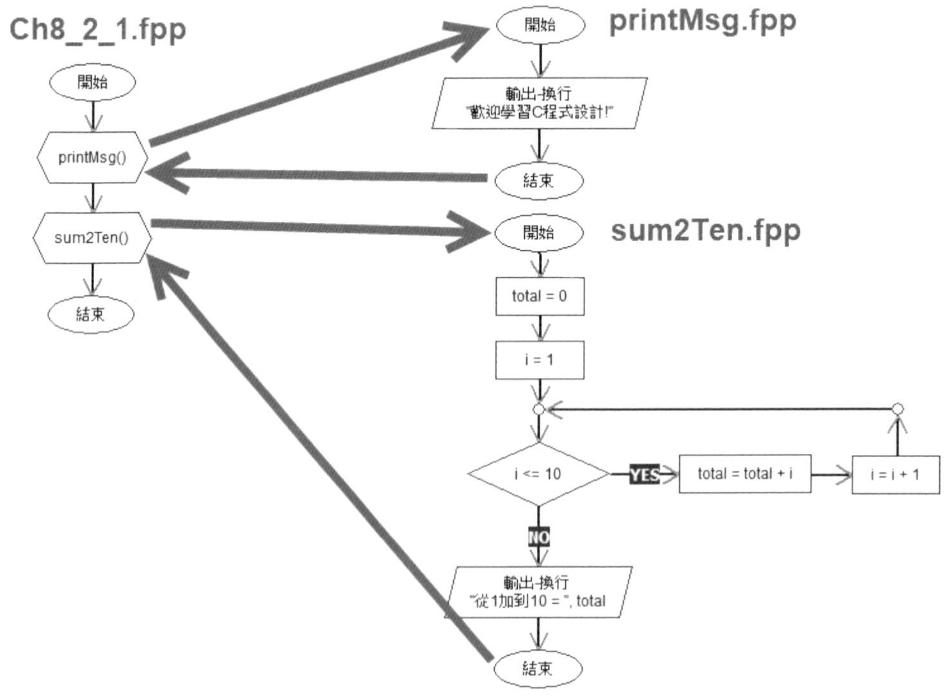

程式範例：Ch8_2_1.c

在 C 程式建立 2 個函數 printMsg() 和 sum2Ten()，第 2 個函數是修改自第 7 章 for 迴圈範例的程式區塊，如下所示：

```
歡迎學習 C 程式設計！
從 1 加到 10 = 55
```

上述執行結果顯示文字內容和 1 加到 10 的總和 55。Blockly 積木程式 Ex8_2_1.xml 的 printMsg() 和 sum2Ten() 函數，如下圖所示：

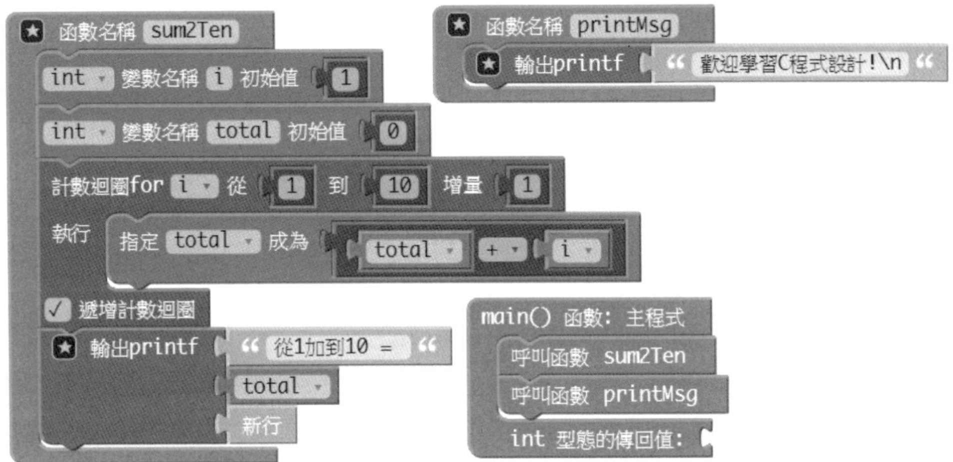

在右下方 main() 主程式呼叫 2 個函數，當積木定義函數後，就會自動在**函數**分類產生函數呼叫，如右圖所示：

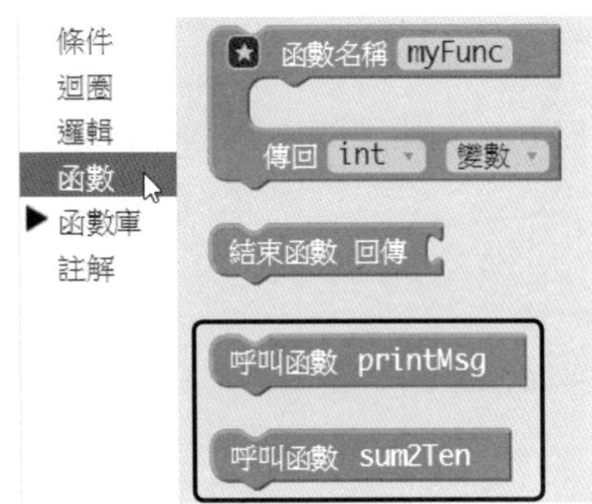

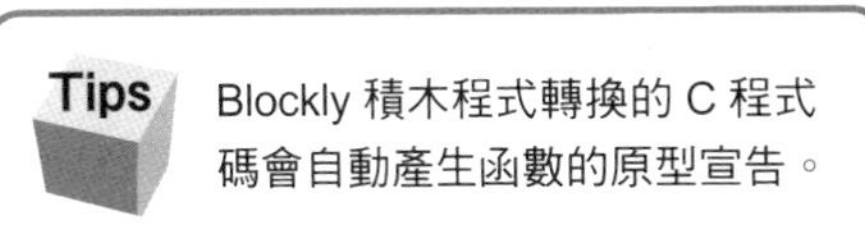

Blockly 積木程式轉換的 C 程式碼會自動產生函數的原型宣告。

程式內容

```
01: /* 程式範例: Ch8_2_1.c */
02: #include <stdio.h>
03: void printMsg();  /* 函數的原型宣告 */
04: void sum2Ten();
05: /* 主程式 */
06: int main()
07: {
08:    printMsg();   /* 函數呼叫 */
09:    sum2Ten();
10:    return 0;
11: }
12: /* 函數: 顯示訊息 */
13: void printMsg() {
14:    printf("歡迎學習C程式設計!\n");
15: }
16: /* 函數: 顯示1加到10的總和 */
17: void sum2Ten() {
18:    int i, total = 0;   /* 變數宣告 */
19:    for ( i = 1; i <= 10; i++ ) { /* for迴圈敘述 */
20:       total += i;
21:    }
22:    printf("從1加到10 = %d\n", total);
23: }
```

程式說明

- 第 3~4 列：printMsg() 和 sum2Ten() 函數的原型宣告。
- 第 8~9 列：呼叫 printMsg() 和 sum2Ten() 函數。
- 第 13~15 列：printMsg() 函數可以顯示一段字串的文字內容。
- 第 17~23 列：sum2Ten() 函數使用 for 迴圈計算 1 加到 10，此函數就是將 for 迴圈程式區塊改頭換面成為函數。

函數的執行過程

現在，讓我們來看一看函數呼叫的實際執行過程，C 程式的進入點是主程式 main()，在執行主程式的第 8 列呼叫 printMsg() 函數，所以更改程式碼的執行順序，跳到執行第 13~15 列的函數程式區塊，在執行完後返回主程式繼續執行程式碼，如下圖所示：

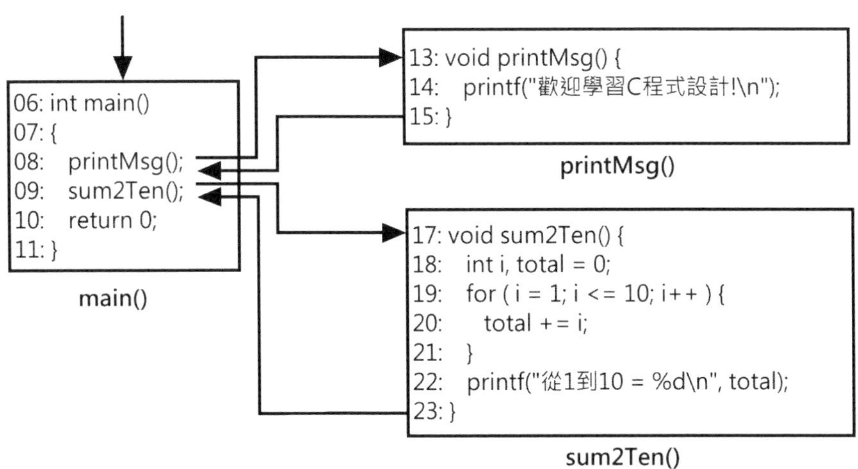

接著在第 9 列呼叫另一個 sum2Ten() 函數，所以執行第 17~23 列的程式區塊來計算 1 加到 10，在執行完函數的程式碼後，再度返回主程式執行下一列程式碼，直到執行完主程式 main() 為止。

函數是否需要原型宣告

如果呼叫函數的程式碼位在函數定義之後，C 函數可以不用函數原型宣告（程式範例：Ch8_2_1a.c）。如果呼叫函數的程式碼位在函數定義之前，我們就需要在程式開頭宣告函數的原型宣告。2 個 C 程式結構的差異，如下表所示：

Ch8_2_1.c	Ch8_2_1a.c
printMsg() 和 sum2Ten() 函數原型宣告	printMsg() 和 sum2Ten() 函數定義
main() 函式定義（呼叫 2 個函數）	main() 函式定義（呼叫 2 個函數）
printMsg() 和 sum2Ten() 函數定義	

8-2-2 函數的參數列

函數的參數列是函數的資訊傳遞機制，可以讓我們從外面將資訊送入函數的黑盒子，即函數的使用介面和溝通管道。

建立擁有參數列的函數

函數如果有參數列，呼叫函數時就可以傳入不同參數值來產生不同的執行結果，C 函數是在括號內宣告參數列，例如：計算指定範圍總和的 sumN2N() 函數，如下所示：

```
void sumN2N(int start, int max) {
    int total = 0;
    int i;
    for ( i = start; i <= max; i++ ) {
        total += i;
    }
    printf("從 %d 加到 %d = %d\n", start, max, total);
}
```

上述程式碼名為 sumN2N() 函數的定義，其函數的參數稱為「正式參數」（Formal Parameters）或「假參數」（Dummy Parameters），參數列的正式參數是識別字，其角色如同變數，一樣需要指定資料型態，而且可以在函數的程式碼區塊中使用，如果參數不只一個，請使用「,」逗號分隔。

當 C 函數擁有參數列，其函數原型宣告也需要加上參數列，如下所示：

```
void sumN2N(int, int);
或
void sumN2N(int start, int max);
```

呼叫擁有參數列的函數

同理，當函數擁有參數列時，呼叫函數也需要加上引數列，如下所示：

```
sumN2N(1, 5);
sumN2N(2, max + 2);
```

上述呼叫函數的引數稱為「實際參數」(Actual Parameters)，引數可以是常數值，例如：1、5、2，變數或運算式，例如：max + 2，其運算結果的值需要和正式參數宣告的資料型態相同（編譯器會強迫型態轉換成相同的資料型態），函數的每一個正式參數都需要對應一個相同資料型態的實際參數。

fChart 流程圖的函數最多可以傳遞名為 PARAM 和 PARAM1 的 2 個參數（參數名稱並不能更改），本節程式範例是在 Ch8_2_2.fpp 呼叫名為 sumN2N.fpp 的函數，並且傳遞 2 個參數，如下圖所示：

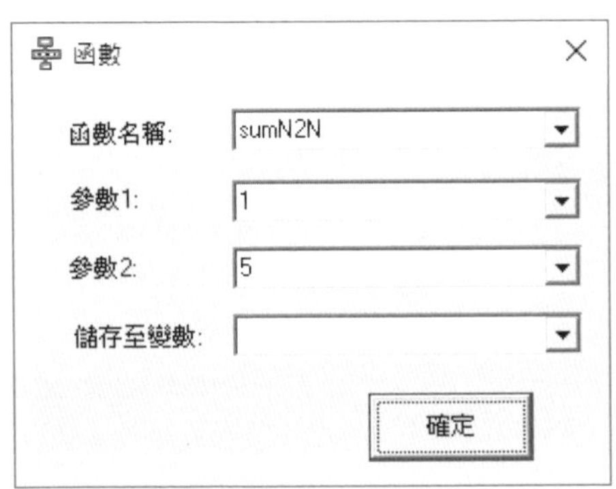

程式範例：Ch8_2_2.c

在 C 程式建立擁有參數列的函數，可以計算 2 個參數指定範圍的總和，如下所示：

```
從 1 加到 5 = 15
從 2 加到 7 = 27
```

Blockly 積木程式 Ex8_2_2.xml 的 sumN2N() 函數，如下圖所示：

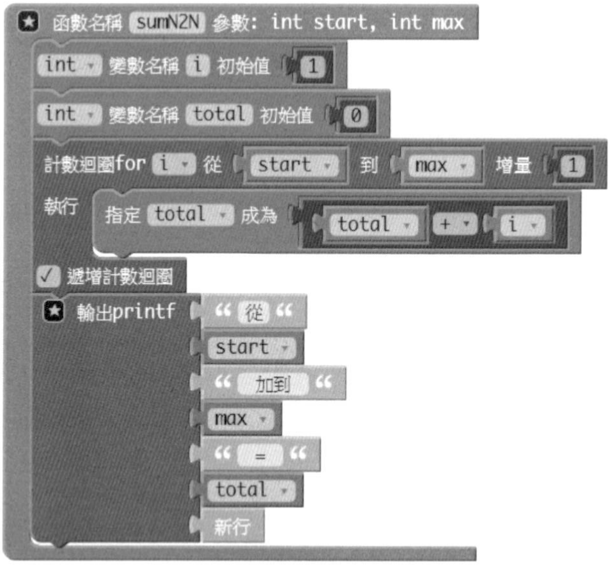

因為函數擁有參數列，在呼叫時需要指定引數值，如下圖所示：

程式內容

```
/* 程式範例：Ch8_2_2.c */
#include <stdio.h>
void sumN2N(int, int);   /* 函數的原型宣告 */
/* 主程式 */
int main()
{
    int max = 5;         /* 變數宣告 */
    sumN2N(1, 5);        /* 函數的呼叫 */
    sumN2N(2, max + 2);
```

```
10:     return 0;
11: }
12: /* 函數：計算指定範圍的總和 */
13: void sumN2N(int start, int max) {
14:     int total = 0;
15:     int i;
16:     for ( i = start; i <= max; i++ )
17:        total += i;
18:     printf("從 %d 加到 %d = %d\n", start, max, total);
19: }
```

程式說明

- 第 3 列：函數的原型宣告。
- 第 8~9 列：使用不同參數值來呼叫 2 次 sumN2N() 函數，可以得到不同範圍的總和。
- 第 13~19 列：sumN2N() 函數擁有 2 個參數，可以指定計算範圍，函數是依參數值使用 for 遞增迴圈來計算總和。

8-2-3 函數的傳回值

C 語言的函數依照傳回值的不同分為三種，其說明如下所示：

- **沒有傳回值**：函數沒有傳回值也稱為程序（Procedures），可以執行特定工作，例如：前述 printMsg() 函數的工作是顯示一段字串。
- **傳回值為 true 或 false**：函數的傳回值只是指出函數執行是否成功，通常是使用在一個需要了解執行是否成功的工作，或傳回一個測試狀態，例如：本節 isValidNum() 函數檢查溫度是否在範圍內。
- **傳回運算結果**：函數主要目的是執行特定運算，傳回值是運算結果，例如：本節 convert2F() 函數可以傳回溫度轉換的結果。

return 關鍵字

return 關鍵字的用途有兩種：第一種是終止函數執行，如果是沒有傳回值的函數，可以使用 return 關鍵字馬上終止函數執行，如下所示：

```
void printTriangle(int rows) {
   int i, j;
   for ( i = 1; i <= 100; i++ ) {
      for ( j = 1; j <= i; j++ ) printf("*");
      printf("\n");
      if ( i == rows ) return;
   }
}
```

上述函數的 for 迴圈是使用 return 關鍵字來終止函數執行。第二種用途是替函數傳回值，其基本語法如下所示：

```
return 常數值或運算式;
```

上述程式碼的位置只允許在函數的程式區塊之中，我們可以重複多個 return 關鍵字來傳回不同值，請注意！傳回值的資料型態需要與函數宣告的傳回值型態相同。Blockly 積木程式的 return 關鍵字是使用**結束函數 回傳**積木，如下圖所示：

上述積木如果沒有回傳值，就是 return;；有回傳值是 return max;。

建立擁有傳回值的函數

C 語言的函數傳回值型態如果不是 void，而是其他資料型態時，就表示函數有傳回值。也就是說，函數需要使用 return 關鍵字來傳回值。例如：判斷參數值是否在指定範圍的 isValidNum() 函數，如下所示：

```
int isValidNum(double no) {
   if ( no >= 0 && no <= 200.0 ) return 1;
   else                          return 0;
}
```

上述 isValidNum() 函數的傳回值型態為 int，在程式區塊有 2 個 return 關鍵字來傳回常數值，傳回 0 表示合法；1 為不合法。再來看一個執行運算的 convert2F() 函數，如下所示：

```
double convert2F(double c) {
   double f;
   f = (9.0 * c) / 5.0 + 32.0;
   return f;
}
```

上述函數使用 return 關鍵字傳回函數的執行結果，即運算式的運算結果。擁有參數列和傳回值的 C 函數，其原型宣告如下所示：

```
double convert2F(double c);
```

上述程式碼的函數原型宣告擁有參數列和傳回值，參數列只需資料型態，也可以加上變數名稱。

呼叫擁有傳回值的函數

函數如果擁有傳回值，在呼叫時可以使用指定敘述來取得傳回值，如下所示：

```
f = convert2F(c);
```

上述程式碼的變數 f 可以取得 convert2F() 函數的傳回值，變數 f 的資料型態需要與函數傳回值的型態相同。

如果函數傳回值為 true 或 false，例如：isValidNum() 函數，我們可以在 if 條件敘述呼叫函數來作為判斷條件，如下所示：

```
if ( isValidNum(c) ) printf("合法\n");
else                 printf("不合法\n");
```

上述條件使用函數傳回值作為判斷條件，可以顯示數值是否合法。fChart 流程圖 Ch8_2_3.fpp 呼叫 convert2F.fpp 執行溫度轉換，函數傳回值是指定 RETURN 的值，如下圖所示：

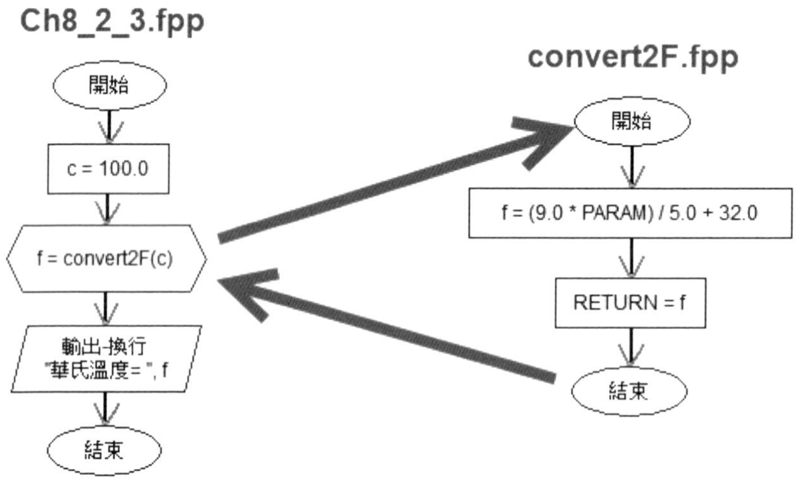

程式範例：Ch8_2_3.c

在 C 程式分別使用 return 關鍵字來建立三種擁有傳回值的函數，如下所示：

```
*
**
***
合法
攝氏 100.000000 = 華氏 212.000000
```

上述執行結果可以看到沒有傳回值函數顯示的字元三角形、判斷數值是否合法和溫度轉換的結果。Blockly 積木程式是 Ex8_2_3.xml、Ex8_2_3a.xml 和 Ex8_2_3b.xml，分別是上述 3 個函數，如下圖所示：

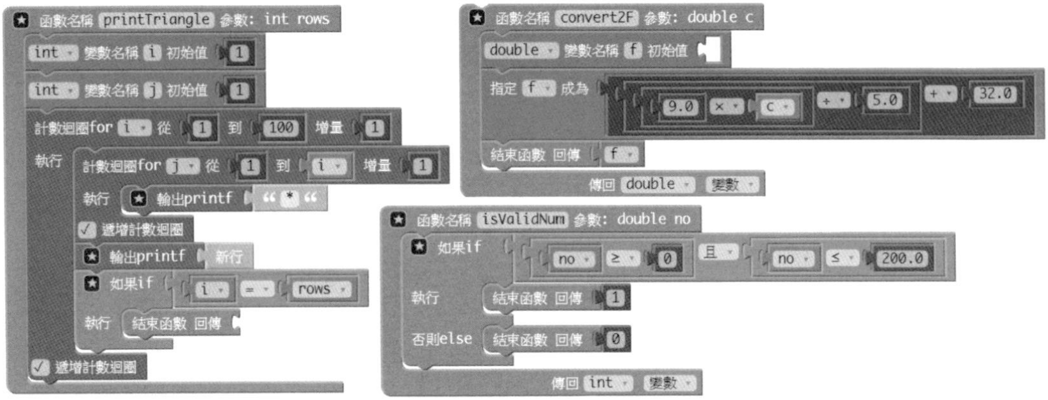

函數 isValidNum() 和 convert2F() 的函數呼叫，如下圖所示：

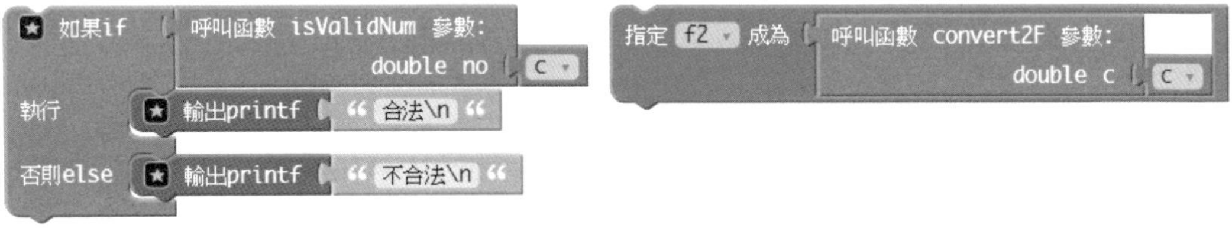

程式內容

```
/* 程式範例：Ch8_2_3.c */
#include <stdio.h>
/* 函數：顯示文字三角形 */
void printTriangle(int rows) {
    int i, j;
    for ( i = 1; i <= 100; i++ ) {
        for ( j = 1; j <= i; j++ ) printf("*");
        printf("\n");
        if ( i == rows ) return;   /* 終止函數執行 */
    }
}
/* 函數：檢查數值是否合法 */
int isValidNum(double no) {
    if ( no >= 0 && no <= 200.0 )   return 1; /* 合法 */
    else                            return 0; /* 不合法 */
```

```
16: }
17: /* 函數：攝氏轉華氏溫度 */
18: double convert2F(double c) {
19:     double f;
20:     f = (9.0 * c) / 5.0 + 32.0;
21:     return f;
22: }
23: /* 主程式 */
24: int main()
25: {
26:     double c = 100.0;  /* 變數宣告 */
27:     double f;
28:     printTriangle(3);  /* 函數呼叫 */
29:     /* 有傳回值的函數呼叫 */
30:     if ( isValidNum(c) )    printf("合法\n");
31:     else                    printf("不合法\n");
32:     f = convert2F(c);
33:     printf("攝氏%f = 華氏%f\n", c, f);
34:     return 0;
35: }
```

程式說明

- 第 4~11 列：printTriangle() 函數可以顯示字元三角形，在第 9 列使用 return 關鍵字跳出迴圈和中止函數的執行。
- 第 13~16 列：isValidNum() 函數判斷參數是否在指定範圍內，使用 2 個 return 關鍵字傳回 0 或 1，請注意！只有一個 return 關鍵字會執行。
- 第 18~22 列：convert2F() 函數將參數的攝氏溫度轉換成華氏溫度，在第 21 列的 return 關鍵字傳回函數的運算結果。
- 第 28 列、第 30 列和第 32 列：分別呼叫 3 個函數，在第 30 列和第 32 列是在條件和指定敘述呼叫擁有傳回值的函數。

8-3 函數的參數傳遞方式

C 語言的函數參數有兩種不同的參數傳遞方式，如下表所示：

傳遞方式	說明
傳值呼叫（Call by Value）	將變數值傳入函數，函數需要額外配置記憶體空間來儲存參數值，所以並不會變更呼叫變數的值
傳址呼叫（Call by Reference）	將變數實際儲存的記憶體位址傳入，所以在函數變更參數值，也會同時變動原呼叫的變數值

8-3-1 傳值的參數傳遞

C 語言的傳值呼叫只是將複製的參數值傳到函數，函數存取的參數值並不是原來傳入的變數，當然也不會更改呼叫的變數值，**C 語言預設的參數傳遞方式就是傳值呼叫**。

筆者準備使用同一個 swap() 函數，在這一節和下一節分別說明傳值和傳址的參數傳遞，swap() 函數的功能是交換 2 個參數值，因為使用不同的參數傳遞方式，其結果也大不相同，如下所示：

```
void swap(int x, int y) {
    int temp;
    temp = x;
    x = y;
    y = temp;
}
```

上述函數和前幾節的函數相同，使用 C 語言的預設參數傳遞方式，即傳值呼叫，如下所示：

```
printf("交換前 x= %d y= %d\n", x, y);
swap(x, y);
printf("交換後 x= %d y= %d\n", x, y);
```

上述 swap() 函數因為是傳值呼叫，變數值會複製至函數，所以並不會更改呼叫變數 x 和 y 的值，其執行結果並不會交換 2 個變數值，如下圖所示：

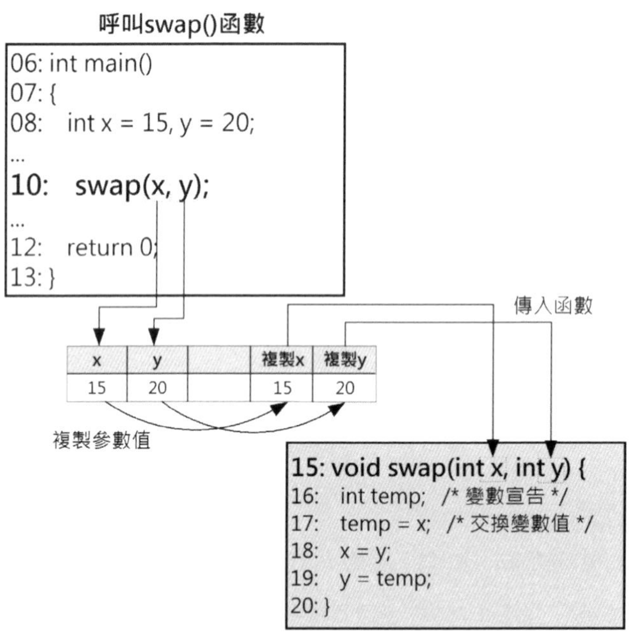

程式範例：Ch8_3_1.c

在 C 程式建立 swap() 函數，使用傳值方式傳遞參數來交換參數的變數值，如下所示：

```
交換前 x= 15 y= 20
交換後 x= 15 y= 20
```

上述執行結果可以看到呼叫函數前後的變數值並沒有改變。Blockly 積木程式 Ex8_3_1.xml 的 swap() 函數和函數呼叫，如下圖所示：

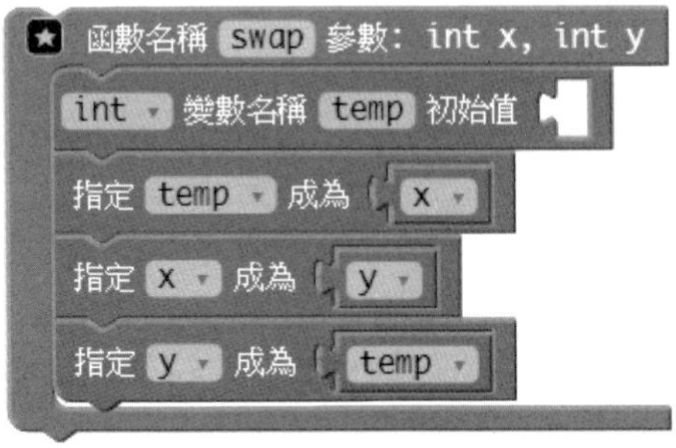

函數名稱 swap 參數: int x, int y
int 變數名稱 temp 初始值
指定 temp 成為 x
指定 x 成為 y
指定 y 成為 temp

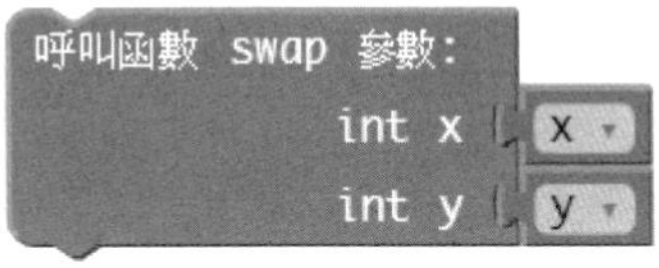

呼叫函數 swap 參數:
int x x
int y y

程式內容

```
01: /* 程式範例：Ch8_3_1.c */
02: #include <stdio.h>
03: /* 函數的原型宣告 */
04: void swap(int, int);
05: /* 主程式 */
06: int main()
07: {
08:     int x = 15, y = 20;    /* 變數宣告 */
09:     printf("交換前 x= %d y= %d\n", x, y);
10:     swap(x, y);     /* 函數的呼叫 */
11:     printf("交換後 x= %d y= %d\n", x, y);
12:     return 0;
13: }
14: /* 函數：交換參數的數值 */
15: void swap(int x, int y) {
16:     int temp;    /* 變數宣告 */
17:     temp = x;    /* 交換變數值 */
18:     x = y;
19:     y = temp;
20: }
```

程式說明

- 第 9~11 列：在顯示呼叫函數前的變數值後，呼叫 swap() 函數，然後顯示呼叫函數後的 2 個變數值。
- 第 15~20 列：swap() 函數擁有 2 個參數 x 和 y，在第 17~19 列交換 2 個參數值。

8-3-2 傳址的參數傳遞

C 語言並沒有提供內建傳址呼叫方式，而是使用指標來傳遞參數，**C 語言的傳址呼叫就是傳遞指標**，在本節筆者只準備簡單說明指標，進一步說明請參閱<第 10 章：指標>。

當函數傳入的參數是指標時（簡單的說，指標是一個指向其他變數位址的變數，換句話說，傳入函數的是記憶體位址），在參數的變數名稱前需要使用「*」號表示是指標，真正傳遞進入函數的參數是變數位址，並不是變數值，如下所示：

```
void swap(int *x, int *y) {
   int temp;
   temp = *x;
   *x = *y;
   *y = temp;
}
```

上述 swap() 函數傳入 2 個指標 x 和 y 的參數，在 swap() 函數取得指標指向位址儲存的變數值是使用「*」取值運算子，如下所示：

```
temp = *x;
*x = *y;
*y = temp;
```

上述程式碼使用取值運算子 *x，可以取得指標 x 位址的變數值，然後將它指定給變數 temp，接著將指標 y 位址的變數值指定給指標 x 所指位址的變數，最後將變數 temp 的值指定給變數 y 位址的變數，以便交換 2 個變數值，如下圖所示：

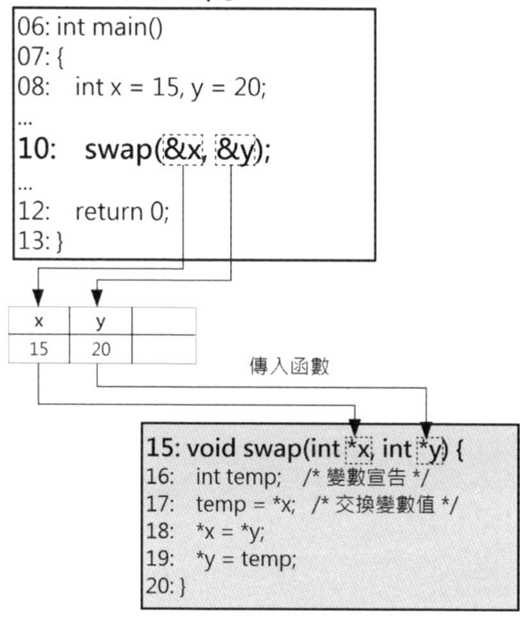

因為指標是變數位址，所以呼叫函數需要使用「&」取址運算子來取得變數位址，如下所示：

```
swap(&x, &y);
```

當傳址呼叫的參數在函數程式區塊更改其值時，因為是同一個記憶體位址的變數，所以就會更改傳入的變數值。

程式範例：Ch8_3_2.c

在 C 程式建立 swap() 函數使用傳址方式來傳遞參數，以便交換 2 個參數的變數值，如下所示：

```
交換前 x= 15 y= 20
交換後 x= 20 y= 15
```

上述執行結果可以看到呼叫函數前後的變數值已經交換。Blockly 積木程式 Ex8_3_2.xml 的 swap() 函數和函數呼叫，如下圖所示：

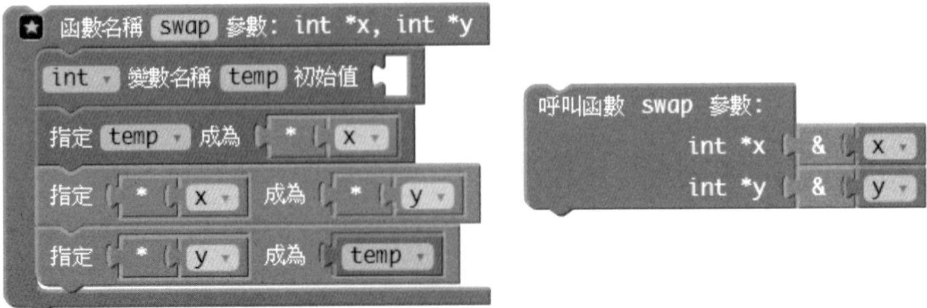

程式內容

```
01: /* 程式範例：Ch8_3_2.c */
02: #include <stdio.h>
03: /* 函數的原型宣告 */
04: void swap(int *, int *);
05: /* 主程式 */
06: int main()
07: {
08:     int x = 15, y = 20;    /* 變數宣告 */
09:     printf("交換前 x= %d y= %d\n", x, y);
10:     swap(&x, &y);      /* 函數呼叫 */
11:     printf("交換後 x= %d y= %d\n", x, y);
12:     return 0;
13: }
14: /* 函數：交換參數的數值 */
15: void swap(int *x, int *y) {
16:     int temp;      /* 變數宣告 */
17:     temp = *x;     /* 交換變數值 */
18:     *x = *y;
19:     *y = temp;
20: }
```

程式說明

- 第 9~11 列：在顯示呼叫函數前的變數值後，呼叫函數 swap()，參數是使用「&」運算子取得變數的記憶體位址，然後顯示呼叫函數後的 2 個變數值。

- 第 15~20 列：swap() 函數擁有 2 個指標參數 x 和 y 的參數，在第 17~19 列交換 2 個參數值。

8-4 變數的有效範圍

變數的有效範圍（Scope）可以決定在程式碼中，有哪些程式碼可以存取此變數值。**Blockly 積木程式並不支援 C 語言的全域變數**。

8-4-1 C 語言的有效範圍

程式語言的「有效範圍」(Scope）是指識別字（主要是指變數）在程式中哪些原始程式碼的區域可以存取此識別字，也就是允許使用此識別字。例如：在函數程式區塊之內宣告的變數或參數，只能在函數的程式區塊中存取，也就是說，我們只能在函數中使用此變數和參數。

C 語言的有效範圍主要分為兩種，其說明如下所示：

- **程式區塊有效範圍**（Block Scope）：在程式區塊建立的有效範圍，例如：C 函數和程式區塊都是在建立程式區塊有效範圍。
- **程式檔案有效範圍**（File Scope）：C 程式檔案建立的有效範圍，這是在整個原始程式碼區域都可以存取的有效範圍。

C 語言函數名稱的有效範圍就是程式檔案有效範圍，換句話說，在 C 函數中並不能再定義其他函數。

8-4-2 區域與全域變數

C 語言的有效範圍會影響變數值的存取，C 語言的變數依照有效範圍分為兩種，如下所示：

- **區域變數**（Local Variables）：程式區塊有效範圍的變數是一種區域變數，例如：在函數中宣告的變數或參數，變數只能在宣告的函數中使用，函數外程式碼無法存取此變數，而且區域變數沒有預設值。

- **全域變數**（Global Variables）：程式檔案有效範圍的變數是一種全域變數，例如：在函數之外宣告變數，整個程式檔案都可以存取此變數，如果全域變數沒有指定初值，其預設值是 0。

在 C 語言程式區塊有效範圍宣告的變數也稱為「自動變數」（Auto Variables），**全域變數也稱為「外部變數」**（External Variables），外部變數在編譯時就會配置固定記憶體位址，沒有指定初值，預設值為 0。

程式範例：Ch8_4_2.c

在 C 程式建立 funcA() 和 funcB() 兩個函數，內含同名變數的宣告，可以測試區域和全域變數的有效範圍，如下所示：

```
全域變數初值： a(G)=0 b(G)=2
funcA 中 ： a(L)=3 b(G)=2
a + b = 5
呼叫 funcA 後 ： a(G)=0 b(G)=2
funcB 中 ： a(G)=3 b(G)=4
a + b = 7
呼叫 funcB 後 ： a(G)=3 b(G)=4
```

上述執行結果可以看到全域變數 a 和 b 值的變化，變數 b 指定初值 2，a 沒有指定初值，其預設值為 0。在呼叫 funcA() 函數後，因為在 funcA() 函數中宣告同名的區域變數 a，所以指定敘述更改的是區域變數 a，而不是全域變數 a 的值。

在 funcB() 函數因為沒有宣告區域變數，所以指定敘述是指定全域變數 a 和 b 的值，可以看到最後全域變數值改為 3 和 4。

程式內容

```
/* 程式範例： Ch8_4_2.c */
#include <stdio.h>
/* 函數的原型宣告 */
void funcA();
void funcB();
```

```
06: int a, b = 2;    /* 全域變數宣告 */
07: /* 主程式 */
08: int main()
09: {
10:     printf("全域變數初值：a(G)=%d b(G)=%d\n", a, b);
11:     funcA();  /* 呼叫 funcA */
12:     printf("呼叫 funcA 後 : a(G)=%d b(G)=%d\n", a, b);
13:     funcB();  /* 呼叫 funcB */
14:     printf("呼叫 funcB 後 : a(G)=%d b(G)=%d\n", a, b);
15:     return 0;
16: }
17: /* 函數：funcA */
18: void funcA() {
19:     int a;  /* 區域變數宣告 */
20:     a = 3;  /* 設定區域變數值 */
21:     printf("funcA 中 : a(L)=%d b(G)=%d\n", a, b);
22:     printf("a + b = %d\n", a + b);
23: }
24: /* 函數：funcB */
25: void funcB() {
26:     a = 3;  /* 設定全域變數值 */
27:     b = 4;
28:     printf("funcB 中 : a(G)=%d b(G)=%d\n", a, b);
29:     printf("a + b = %d\n", a + b);
30: }
```

程式說明

- 第 6 列：宣告全域變數 a 和 b，變數是位在函數和主程式 main() 之外，只有變數 b 有指定初值。
- 第 11 列和第 13 列：在主程式分別呼叫 funcA() 和 funcB()。
- 第 18~23 列：funcA() 函數是在第 19 列宣告區域變數 a，第 20 列將變數 a 指定為 3，指定的是區域變數的值。
- 第 25~30 列：funcB() 函數沒有宣告區域變數，在第 26~27 列指定的是全域變數值。

8-5 C 語言的標準函數庫

ANSI-C 標準函數庫共有十幾個函數庫，函數的原型宣告就是定義在這十幾個標頭檔，每一個標頭檔的函數提供不同的功能，常用 C 語言標準函數庫的說明，如右表所示：

標頭檔	說明
<stdio.h>	標準輸入與輸出函數
<ctype.h>	提供字元測試的相關函數
<string.h>	處理字串的相關函數
<math.h>	數學函數
<stdlib.h>	數值轉換和記憶體配置等相關的工具函數
<time.h>	處理日期時間的相關函數

上表 <stdio.h> 標頭檔標準輸出入函數在第 4 章已說明過，本節準備說明 <stdlib.h> 標頭檔的亂數函數和 <math.h> 標頭檔的數學函數，在附錄 C 提供常用標準函數庫的函數列表和簡單說明。

8-5-1 使用亂數函數

在 <stdlib.h> 標頭檔定義很多「工具函數」(Utility Functions)，我們最常用的就是亂數函數。

「亂數」(Random Numbers) 是使用整數的種子數 (Seed)，然後以數學公式產生一系列隨機且不相同的數值。在 <stdlib.h> 標頭檔提供 2 個亂數函數的原型宣告，其說明如下表所示：

函數	說明
void srand(unsigned int)	指定亂數的種子數，參數是無符號整數，如果沒有指定，預設種子數為 1
int rand()	傳回亂數的整數值，其值的範圍是 0 到 RAND_MAX 常數，其值為 0x7FFF

上表 srand() 函數需要在呼叫 rand() 函數前呼叫，因為相同種子數產生的亂數序列是相同的，為了產生不同序列的亂數，在呼叫 rand() 函數前請使用 srand() 函數指定不同的種子數，如下所示：

```
srand(no);
num = rand();
```

上述程式碼指定亂數種子後，就可以呼叫 rand() 函數取得亂數 num。程式範例 Ch8_5_1.c 在指定亂數種子值後，使用 for 迴圈配合亂數函數 rand() 產生一序列共 5 個亂數值，如下所示：

```
srand(seed); /* 指定亂數種子 */
for ( i = 1; i <= MAX; i++ ) {
    num = rand();   /* 產生亂數值 */
    printf("%d: 亂數值: %d\n", i, num);
}
```

程式的執行結果因為種子數是 1023，每一次產生的亂數序列都相同，只需更改此值，就可以產生不同的亂數序列，當種子數相同時，rand() 函數會產生相同的亂數序列。

亂數的種子數決定產生亂數的序列，為了避免每次執行程式，同一個種子數產生相同序列的亂數，我們通常會使用日期時間函數 time()，以目前的系統時間作為種子數，如下所示：

```
long temptime;
srand(time(&temptime) %60);
```

8-5-2 取得指定範圍的亂數值

C 語言標準函數庫 rand() 函數的亂數值範圍是 0 到 RAND_MAX 常數，如果需要取得指定範圍的數值，我們可以使用餘數運算子來取得指定範圍的整數值，如下所示：

```
target = rand() % 100;
```

上述程式碼是 100 的餘數，所以，取得的是 0~99 範圍的整數亂數值。同樣的技巧，只需是除以 10 或 50 的餘數，就可以輕鬆取得 0~9 或 0~49 範圍的整數亂數值。

程式範例：Ch8_5_2.c

在 C 程式設計猜數字遊戲，使用亂數產生 0~99 的整數，如果使用者輸入的整數比較小，就顯示太小；反之顯示太大，直到猜到為止，如下所示：

```
請輸入數字 0~99==> 50 Enter
數字 50 太小
請輸入數字 0~99==> 75 Enter
數字 75 太大
請輸入數字 0~99==> 65 Enter
數字 65 太小
請輸入數字 0~99==> 72 Enter
數字 72 太大
請輸入數字 0~99==> 71 Enter
猜 5 次猜中數字 71
再玩一次 ?(1 為是 ,0 為否 )==> 0 Enter
```

上述執行結果可以看到猜數字遊戲的過程，如果猜中，就顯示共猜了幾次，和詢問是否進行下一局的猜數字遊戲。Blockly 積木程式是 Ex8_5_2.xml。

程式內容

```
01: /* 程式範例：Ch8_5_2.c */
02: #include <stdio.h>
03: #include <stdlib.h>
04: /* 主程式 */
05: int main()
06: {
07:     int rlt, num, time, playAgain = 1;  /* 變數宣告 */
08:     srand(10);              /* 指定亂數種子 */
09:     while (playAgain) {   /* 猜數字遊戲主迴圈 */
10:        rlt = rand()%100; /* 亂數的目標值 */
11:        time = 0;   /* 記錄次數 */
12:        do {   /* 每一局的 do/while 迴圈 */
13:           printf("請輸入數字 0~99==> ");
14:           scanf("%d", &num);
15:           time += 1;
16:           if ( rlt == num)
17:              printf("猜 %d 次猜中數字 %d\n",time,num);
18:           else
19:              if ( rlt > num )
20:                 printf("數字 %d 太小 \n", num);
21:              else
22:                 printf("數字 %d 太大 \n", num);
23:        } while ( rlt != num );
24:        printf("再玩一次?(1 為是,0 為否)==> ");
25:        scanf("%d", &playAgain);
26:     }
27:     return 0;
28: }
```

程式說明

- 第 8 列和第 10 列：指定亂數的種子數後，在第 10 列取得 0~99 的亂數值。
- 第 12~23 列：猜數字遊戲每一局的 do/while 迴圈，直到猜到數字為止，在第 14 列輸入使用者猜測的數字，第 16~22 列的 if/else/if 多選一條件判斷數字猜中、太小或太大。

8-5-3 數學函數

在 <math.h> 標頭檔提供三角函數（Trigonometric）、指數（Exponential）和對數（Logarithmic）等數學函數，所有函數的傳回值都是 double，常用函數的簡單說明，如下表所示：

函數	說明
fabs(double)	傳回絕對值
ceil(double)	傳回大於或等於參數的最小 double 整數
floor(double)	傳回小於或等於參數的最大 double 整數
exp(double)	自然數的指數 e^x
log(double)	自然對數
log10(double)	十為底的對數
pow(double, double)	傳回第 1 個參數為底，第 2 個參數的次方值
sqrt(double)	傳回參數的平方根
sin(double)	正弦函數
cos(double)	餘弦函數
tan(double)	正切函數
acos(double)	反餘弦函數
asin(double)	反正弦函數
atan(double)	反正切函數
atan2(double1, double2)	參數 double1/double2 的反正切函數值

上表三角函數的參數單位是徑度（Radian），如果是角度（Degree），請將角度乘以 π/180 來轉換成徑度，如下所示：

```
#define PI      3.1415926
printf("30 度轉換成 rad = %f\n",(rad=deg*PI/180));
```

程式範例 Ch8_5_3.c 測試 <math.h> 標頭檔的各種數學函數計算其結果，依序顯示絕對值、最大和最近整數值，指數、對數和三角函數的值。Blockly 積木程式是 Ex8_5_3.xml、Ex8_5_3a.xml 和 Ex8_5_3b.xml。

學習評量

選擇題

(　　) 1. 請問下列哪一個程式敘述可以從 C 函數傳回值？

A. goto　　B. break　　C. return　　D. exit

(　　) 2. 在建立 play() 函數後，請問下列哪一個是正確的函數呼叫？

A. call play;　　B. play();

C. r=call play();　　D. play;

(　　) 3. 請問 C 語言的函數使用 return 關鍵字最多可以傳回幾個值？

A. 1　　B. 0　　C. 2　　D. 3

(　　) 4. 請問下列關於 C 語言函數參數傳遞方式的述，哪一個是錯誤的？

A. C 語言本身並不支援傳址呼叫

B. 傳值呼叫會變更呼叫變數的值

C. C 函數的參數有兩種參數傳遞方式

D. 傳址呼叫是使用指標來傳遞參數

(　　) 5. 請問關於 C 語言變數有效範圍的說明，下列哪一個是錯誤的？

A. 程式區塊有效範圍的變數是區域變數

B. 程式檔案有效範圍的變數是全域變數

C. 自動變數是一種全域變數

D. 變數分為區域變數和全域變數

(　　) 6. 請問下列 C 程式碼的執行結果為何，如下所示：

```
void swap(int x, int y) {
    int temp = x;
    x = y;
    y = temp;
}
int main()
{
    int a = 4, b = 2;
    swap(a, b);
    printf("%d:%d\n", a, b);
    return 0;
}
```

A. 4:4　　B. 2:4　　C. 2:2　　D. 4:2

(　　) 7. 請問下列 abs() 函數有哪些列的程式碼是錯誤的，如下所示：

```
1: int abs(int n) ; {
2:    if ( n < 0 ) { (-n) };
3:    else return (n);
4: }
```

A. 1　　B. 1, 2　　C. 2, 3　　D. 2

(　　) 8. 請問在 C 程式使用亂數需要含括下列哪一個標頭檔？

A. <string.h>　　B. <stdlib.h>　　C. <math.h>　　D. <time.h>

簡答題

1. 請說明 C 函數正式參數（Formal Parameters）和實際參數（Actual Parameters）的差異？如果 C 函數沒有指定傳回型態，預設傳回型態為 __________。函數如果沒有傳回值，其傳回型態是 __________。
2. 請說明什麼是函數宣告和定義？何謂傳值與傳址參數呼叫？ C 語言如何執行函數的傳址呼叫？
3. 請舉例說明 C 語言變數有效範圍的區域變數和全域變數範圍？如果沒有初始全域變數，其值為何？區域變數的值為何？
4. 請依序寫出下列函數的傳回值型態，如下所示：

```
int printErrorMsg(int err_no);
long readRecord(int recNo, int size);
void printMsg(void);
```

5. 請分別寫出下列 3 個函數的原型宣告和傳回值型態，如下所示：

```
void test1(float x, int y, float z) {
   printf("x=%f\n", x);
   printf("y=%d\n", y);
   printf("z=%f\n", z);
}
void test2(float x, int y, char c) {
   printf("x= %f  y = %d\n", x, y);
   printf("c=%c\n", c);
}
float test3(float x) {
   return (float) (x * 3.1415926);
}
```

6. 請寫出下列 C 程式的執行結果，如下所示：

```
#include <stdio.h>
int main()
{
   int a = 2, b = 2;
   printf("%d %d\n", a, b); {
     int a = 10;
     printf("%d %d\n", a, b);
   }
   printf("%d %d\n", a, b);
   return 0;
}
```

實作題

1. 請建立 C 程式寫出 2 個函數都擁有 2 個整數參數，第 1 個函數當參數 1 大於參數 2 時，傳回 2 個參數相乘的結果，否則是相加結果；第 2 個函數傳回參數 1 除以參數 2 的相除結果，如果參數 2 為 0，傳回 -1。
2. 請在 C 程式建立 getMax() 函數傳入 3 個 int 參數，可以傳回參數中的最大值；sum() 和 average() 函數共有 4 個參數，可以計算參數成績資料的總分與平均值。
3. 請在 C 程式建立 bill() 函數計算旋轉壽司的帳單費用，前 50 盤，每盤 30 元；超過 50 盤，每盤 20 元。
4. 在 C 程式建立匯率換算函數 rateExchange()，參數是台幣金額和匯率，可以傳回兌換成的美金金額。

5. 計算體脂肪 BMI 值的公式是 W/(H*H)，H 是身高（公尺）和 W 是體重（公斤），請建立 BMI() 函數計算 BMI 值，參數是身高和體重。

6. 費式數列（Fibonacci）是第一個和第二個數字為 1，$F_0=F_1=1$，其他是前兩個數字的和 $F_n=F_{n-1}+F_{n-2}$, n>=2，請建立 fibonacci() 函數顯示費式數列，參數是顯示數字的個數。

7. 請在 C 程式建立 printStars() 函數，函數傳入顯示幾列的參數，即可顯示使用星號建立的三角形圖形，如下圖所示：

```
      *
     * *
    * * *
   * * * *
  * * * * *
 * * * * * *
* * * * * * *
```

（提示：需要使用三層迴圈）

8. 請建立 C 程式使用亂數函數模擬骰子的 1~6 點，可以擲 2 個骰子來顯示點數。

CHAPTER

9

陣列與字串

9-1 認識陣列

在程式中使用變數的目的是暫時儲存執行時所需的資料，當程式需要儲存大量資料時，例如：5 次小考的測驗成績，如下表所示：

測驗編號	成績
1	71
2	83
3	67
4	49
5	59

上述表格是 5 次小考的成績，我們可以宣告 5 個 int 整數變數來儲存這 5 次成績，如下所示：

```
int test1 = 71;
int test2 = 83;
int test3 = 67;
int test4 = 49;
int test5 = 59;
```

上述程式碼宣告 5 個變數和指定初值，5 個還好，如果是一班 50 位學生的成績，我們需要 50 個變數；如果一間公司的 500 位員工，程式就需要宣告大量變數，造成程式碼變的十分複雜。

使用陣列取代多個變數

讓我們再次觀察上述小考成績的 5 個變數，這些變數有一些共同的特性，如下所示：

- 變數的資料型態相同，都是 int。
- 變數有循序性，擁有順序的編號 1~5。

陣列（Array）就是一種儲存大量循序資料的結構，我們可以將上述相同資料型態（第 1 個特點）的 5 個 int 變數集合起來，使用一個名稱 tests 代表，如下圖所示：

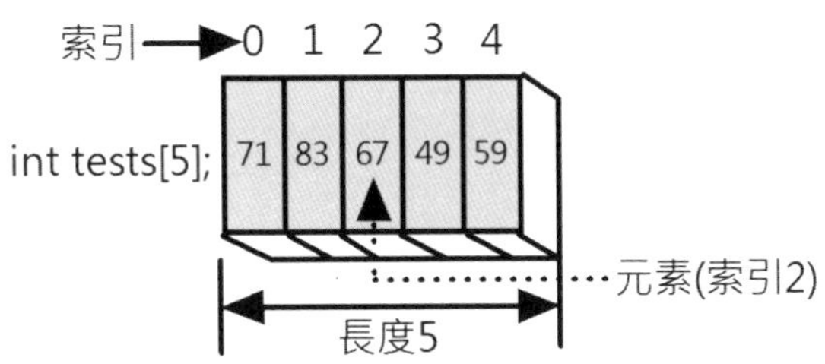

上述陣列圖例如同排成一列的數個箱子，每一個箱子是一個變數，稱為「元素」（Elements），以此例有 5 個元素，存取元素是使用「索引」（Index）值的順序（第 2 個特點），C 語言陣列的索引值是從 0 開始到陣列長度減 1，即 0~4。

Blockly 的陣列積木

Blockly 積木程式編輯器的陣列和字串積木位在**變數 / 陣列**分類，支援二維陣列的建立（擁有 2 個索引），如下圖所示：

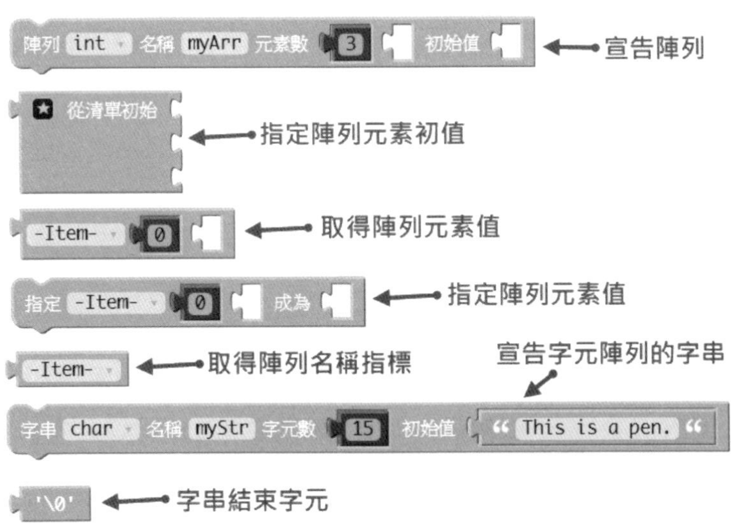

9-2 一維陣列

「一維陣列」(One-dimensional Arrays)是最基本的陣列結構，只有一個索引值，類似現實生活中公寓或大樓的單排信箱，可以使用信箱號碼取出指定門牌的信件，如下圖所示：

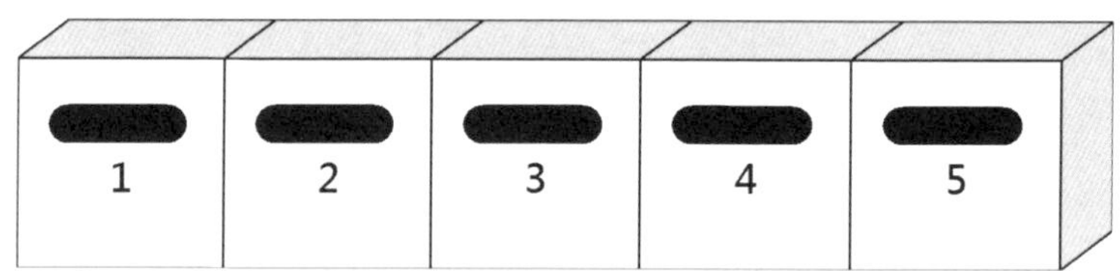

9-2-1 宣告一維陣列

C 語言的陣列宣告分成三部分：陣列型態、陣列名稱和陣列維度，其語法如下所示：

```
陣列型態 陣列名稱 [ 整數常數 ]
```

上述語法宣告一維陣列，只有一個「[]」(一個「[]」表示一維；二維是 2 個)，因為陣列是同一種資料型態的變數集合，如同基本資料型態的宣告，陣列型態是陣列元素的資料型態，整數常數是陣列大小的尺寸，也就是陣列共有多少個元素。

宣告一維陣列

現在，我們可以在 C 程式宣告一維陣列，例如：使用一維整數陣列 grades[] 儲存學生成績，如下所示：

```
int grades[4];
```

上述程式碼宣告 int 資料型態的陣列，陣列名稱是 grades，整數常數 4 表示陣列有 4 個元素。Blockly 宣告一維陣列積木（只能使用常數值指定陣列尺寸），如下圖所示：

在 C 程式執行時，配置給陣列的記憶體空間，如下圖所示：

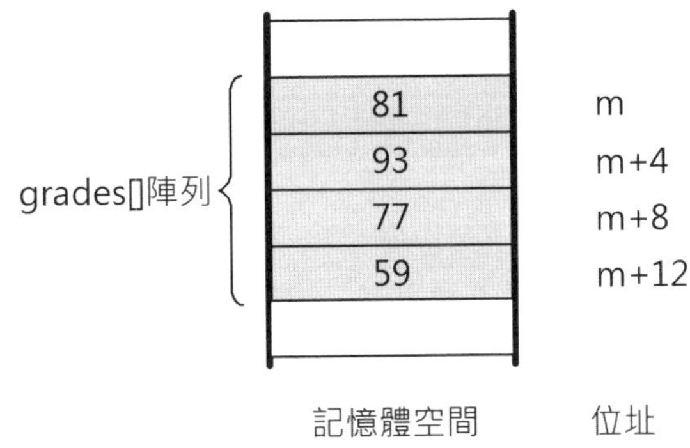

上述圖例的 grades[] 陣列是儲存在一段連續的記憶體空間，假設開始位址是 m，每一個 int 型態的陣列元素佔 4 個位元組，從最低的記憶體位址開始，第 1 個元素是 m~m+3 位元組；第 2 個是 m+4~m+7，以此類推，陣列共佔用 4 * 4 = 16 個位元組。

存取陣列元素

如同變數，我們一樣是使用指定敘述來存取陣列元素，索引值是從 0 開始，例如：使用指定敘述指定每一個陣列元素值，如下所示：

```
grades[0] = 81;
grades[1] = 93;
grades[2] = 77;
grades[3] = 59;
```

上述程式碼指定陣列元素的值。Blockly 積木程式如下圖所示：

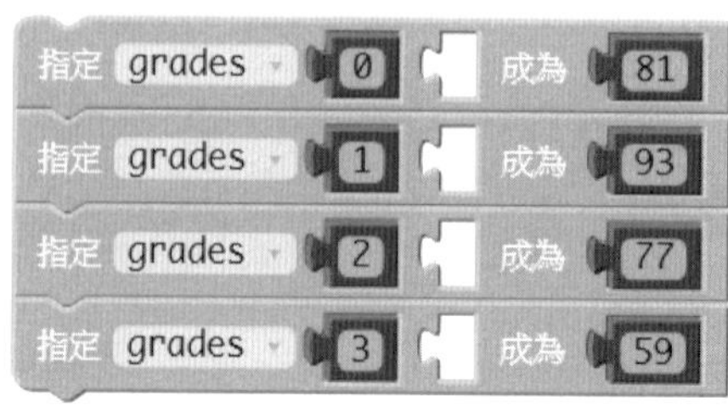

此時 grades 陣列的 4 個陣列元素，如下圖所示：

grades[0]=81	grades[1]=93	grades[2]=77	grades[3]=59

因為每一個陣列元素就是一個變數，我們一樣可以在運算式取得陣列元素值來進行計算，如下所示：

```
total = grades[0] + grades[1] + grades[2] + grades[3];
```

上述程式碼是陣列元素相加的運算式。Blockly 加總的積木程式是使用多個巢狀加法運算式，如下圖所示：

Tips C 語言不會檢查陣列邊界，如果存取陣列元素超過陣列尺寸，例如：grades[4]，並不會產生編譯錯誤，但有可能造成不可預期的執行結果。

fChart 流程圖的陣列就是擁有索引的變數，同樣是使用「[]」括起的索引（Ch9_2_1.fpp），如下圖所示：

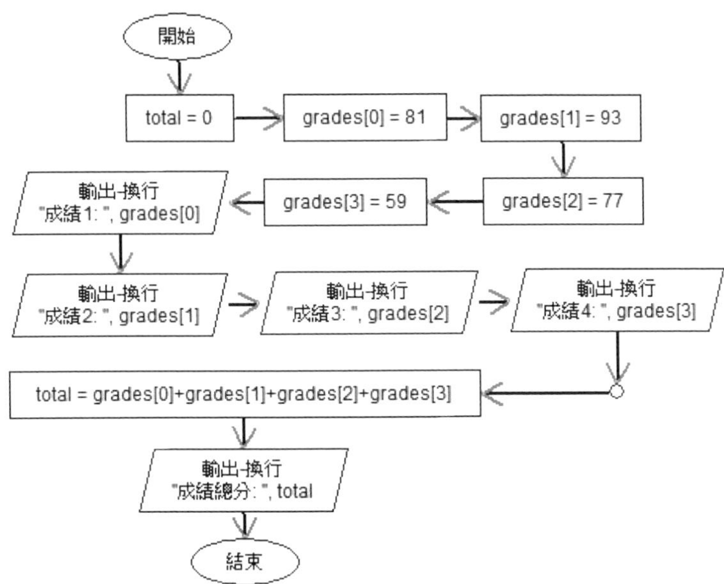

程式範例：Ch9_2_1.c

在 C 程式宣告 int 整數一維陣列儲存學生成績後，使用加法運算式計算成績的總分，如下所示：

```
成績 1: 81
成績 2: 93
成績 3: 77
成績 4: 59
成績總分： 310
```

完整 Blockly 積木程式是 Ex9_2_1.xml。

程式內容

```c
/* 程式範例： Ch9_2_1.c */
#include <stdio.h>
/* 主程式 */
int main()
{
    int total = 0;     /* 宣告變數 */
```

```
07:     int grades[4];      /* 宣告 int 陣列 */
08:     grades[0] = 81;     /* 指定陣列值 */
09:     grades[1] = 93;
10:     grades[2] = 77;
11:     grades[3] = 59;
12:     printf("成績 1: %d\n", grades[0]);    /* 顯示陣列值 */
13:     printf("成績 2: %d\n", grades[1]);
14:     printf("成績 3: %d\n", grades[2]);
15:     printf("成績 4: %d\n", grades[3]);
16:     total = grades[0]+grades[1]+grades[2]+grades[3];
17:     printf("成績總分：%d\n", total);
18:     return 0;
19: }
```

程式說明

- 第 7 列：宣告 int 陣列 grades[]，
- 第 8~11 列：使用指定敘述指定 grades[] 陣列的元素值。
- 第 12~17 列：顯示 grades[] 陣列元素值，在第 16 列計算成績總分。

9-2-2 一維陣列的初值

C 語言的陣列可以在宣告時指定陣列初值，其語法如下所示：

```
陣列型態 陣列名稱[整數常數] = { 常數值, 常數值, … }
```

上述語法宣告一維陣列，陣列是使用「=」指定陣列元素的初值，這是大括號括起使用「,」逗號分隔的常數值清單，一個值對應一個元素。例如：宣告整數一維陣列儲存籃球比賽 4 節的得分，如下所示：

```
int scores[] = { 23, 32, 16, 22 };
```

上述程式碼宣告 int 資料型態的陣列，陣列名稱為 scores，在「=」等號後使用大括號指定陣列元素的初值，陣列大小可以不用指定（指定也可以），因為就是初值的元素個數，Blockly 積木程式是使用清單來指定初值（一定需要指定陣列尺寸的常數），如下圖所示：

以此例 scores[] 陣列共有 4 個陣列元素，如下圖所示：

scores[0]=23	scores[1]=32	scores[2]=16	scores[3]=22

當然陣列宣告在指定陣列初值時，也可以宣告陣列大小，如下所示：

```
int scores[4] = { 23, 32, 16 };
```

上述陣列宣告的初值數少於宣告尺寸，其中不足的陣列元素預設值是填入 0。在 fChart 流程圖的陣列並不需要事先宣告，所以沒有支援陣列初值語法。

程式範例：Ch9_2_2.c

在 C 程式宣告 int 資料型態的一維陣列來儲存籃球比賽的 4 節得分，然後使用加法運算式計算比賽總分和各節的平均得分，如下所示：

```
籃球比賽總分： 93
平均各節分數： 23
```

完整 Blockly 積木程式是 Ex9_2_2.xml。

程式內容

```
01: /* 程式範例：Ch9_2_2.c */
02: #include <stdio.h>
03: /* 主程式 */
04: int main()
05: {
06:     int total;    /* 宣告變數 */
07:     /* 建立 int 陣列 */
08:     int scores[] = { 23, 32, 16, 22 };
09:     /* 計算籃球比賽 4 節的總分 */
10:     total = scores[0]+scores[1]+scores[2]+scores[3];
11:     printf("籃球比賽總分：%d\n", total);
12:     printf("平均各節分數：%d\n", total/4);
13:     return 0;
14: }
```

程式說明

- 第 8 列：宣告 int 陣列 scores[] 和指定陣列初值。
- 第 10~12 列：計算與顯示總得分和各節的平均得分，平均是使用整數除法，如果需要精確到小數點，請除以 4.0（C 程式：Ch9_2_2a.c，積木程式：Ex9_2_2a.xml），如下所示：

```
printf("平均各節分數：%f\n", total/4.0);
```

當 Blockly 的 printf() 函數輸出的是運算式時，一定是轉換成「%d」格式字元，並無法自動判斷運算式的型態，請自行加上型態轉換運算子（**運算**分類下第 3 個積木）轉換成浮點數，如下圖所示：

9-2-3　使用迴圈存取一維陣列

在第 9-2-1 和第 9-2-2 節的程式範例都是使用加法運算式來計算陣列元素的總和，因為陣列是使用索引值來循序存取元素，我們只需配合 for 遞增迴圈，使用計數器變數的索引，即可走訪整個陣列元素來計算總和。

使用 for 遞增迴圈走訪陣列

for 遞增迴圈只需配合陣列索引值就可以一一走訪陣列元素，此時的計數器變數值就是索引值。例如：使用 for 迴圈計算陣列元素的總和，如下所示：

```
for ( i = 0; i < LENGTH; i++ ) {
   amount += sales[i];
}
```

上述程式碼使用陣列索引值一一取得每一個陣列元素的值後，將陣列元素值相加，常數 LENGTH 是陣列大小，這是定義在程式開頭的常數，如下所示：

```
#define LENGTH  4
```

上述 #define 指令定義常數 LENGTH，所以我們的陣列宣告是使用常數值宣告陣列尺寸的大小，如下所示：

```
double sales[LENGTH];
```

換句話說，C 程式只需在編譯前更改 LENGTH 常數值，就可以同時更改陣列大小和迴圈次數，而不用修改多處程式碼。Blockly 並不支援常數值來宣告陣列，for 遞增迴圈走訪陣列元素的積木程式，如下圖所示：

fChart 流程圖 Ch9_2_3.fpp，如下圖所示：

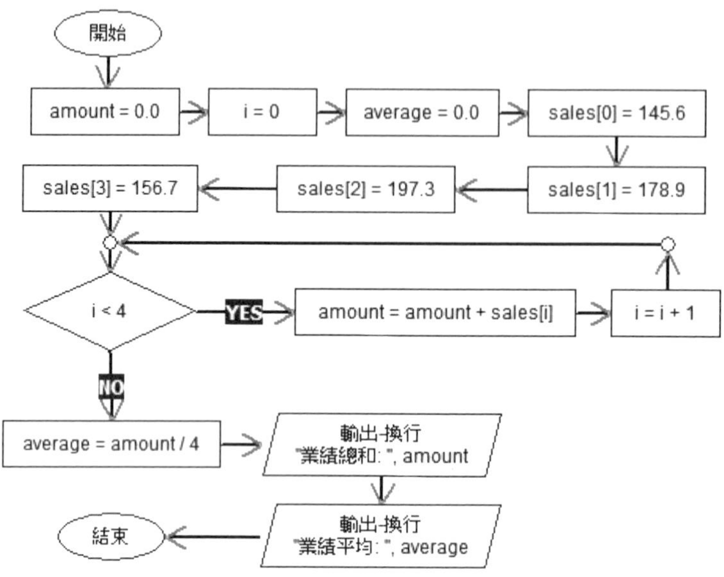

程式範例：Ch9_2_3.c

在 C 程式宣告 double 資料型態的一維陣列來儲存 4 季的業績資料，然後使用 for 迴圈計算業績總和與平均業績，如下所示：

```
業績總和： 678.500000
業績平均： 169.625000
```

完整 Blockly 積木程式是 Ex9_2_3.xml。

程式內容

```
/* 程式範例： Ch9_2_3.c */
#include <stdio.h>
#define LENGTH   4        /* 陣列尺寸 */
/* 主程式 */
int main()
{
    int i;                 /* 宣告變數 */
    double average, amount = 0.0;
```

```
09:    double sales[LENGTH]; /* 宣告 int 陣列 */
10:    sales[0] = 145.6;     /* 指定陣列值 */
11:    sales[1] = 178.9;
12:    sales[2] = 197.3;
13:    sales[3] = 156.7;
14:    /* 使用 for 迴圈計算業績總和 */
15:    for ( i = 0; i < LENGTH; i++ ) {
16:       amount += sales[i];
17:    }
18:    average = amount / LENGTH;  /* 計算平均 */
19:    printf("業績總和：%f\n", amount);
20:    printf("業績平均：%f\n", average);
21:    return 0;
22: }
```

程式說明

- 第 3 列：定義陣列大小的常數 LENGTH
- 第 15~17 列：使用 for 迴圈顯示和計算 sales[] 陣列元素的總和。
- 第 18 列：計算 sales[] 陣列元素的平均值。

9-3 二維與多維陣列

多維陣列是指「二維陣列」(Two-dimensional Arrays) 以上維度的陣列 (含二維)，這就是一維陣列的擴充，如果將一維陣列想像成一度空間的線，二維陣列是二度空間的平面。

日常生活中，二維陣列的應用非常廣泛，只要屬於平面的各式表格，都可以轉換成二維陣列來表示，例如：月曆、功課表等，如果繼續擴充二維陣列，還可以建立三維、四維等更多維的陣列。

9-3-1 二維陣列的宣告與初始值

C 語言的二維陣列是一維陣列的擴充，陣列宣告比一維陣列多一個「[]」維度，所以，二維陣列擁有 2 個索引值；三維就是 3 個。

二維陣列的宣告與初始值

在實務上，一維陣列可以儲存學生一門課程的成績，二維陣列就可以同時儲存多門課程的成績，例如：一班 3 位學生的成績資料，包含每位學生的計算機概論和程式設計二門課程的成績，如下所示：

```
int grades[3][2] = { { 74, 56 },
                     { 37, 68 },
                     { 33, 83 }};
```

上述程式碼宣告 3×2 的二維陣列 grades[][]，使用「=」指定陣列元素初值，不同於一維陣列，二維以上的陣列指定初值一定需要指定陣列尺寸。Blockly 積木程式是使用巢狀清單，如下圖所示：

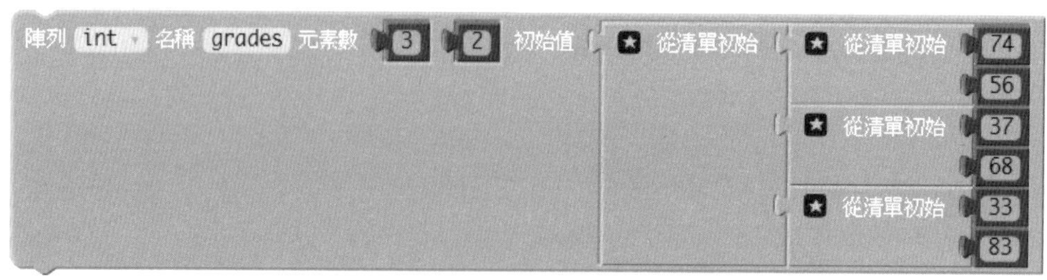

上述二維陣列的第一維有 3 個元素的學號，每一個元素是一個一維陣列 {74, 56}、{37, 68} 和 {33, 83}，即 3 個一維陣列的二門課程成績，每個一維陣列擁有二個元素，共有 3×2 = 6 個元素，如下圖所示：

左索引(Left Index)　右索引(Right Index)

grades[0][0]=74	grades[0][1]=56
grades[1][0]=37	grades[1][1]=68
grades[2][0]=33	grades[2][1]=83

上述二維陣列擁有 2 個索引，左索引（Left Index）指出元素位在哪一列，右索引（Right Index）指出位在哪一欄，使用 2 個索引就可以存取指定的二維陣列元素。

使用指定敘述來初始二維陣列

二維陣列除了使用指定初始值來建立陣列外，我們也可以先宣告一個二維陣列，如下所示：

```
int grades[3][2];
```

上述程式碼建立 3×2 的二維陣列，然後使用指定敘述指定二維陣列的每一個元素值，如下所示：

```
grades[0][0] = 74;    grades[0][1] = 56;
grades[1][0] = 37;    grades[1][1] = 68;
grades[2][0] = 33;    grades[2][1] = 83;
```

C 語言的陣列邊界問題

C 語言的編譯器並不會檢查陣列索引是否超過宣告大小，就算索引值超過陣列尺寸也一樣可以執行，只是會產生不可預期的結果。

當程式碼需要存取陣列元素時，我們可以加上 if 條件的程式碼來檢查陣列索引值 id 是否超過陣列邊界，如下所示：

```
if ( id >= 0 && id <= 2 ) { … }
```

上述 if 條件檢查索引範圍是否是在 0~2 之間，即位在陣列邊界之內，如此就可以正確存取陣列元素值。

> 在程式碼存取陣列值時，請再次確認沒有超過陣列大小的邊界值，因為 C 語言不會檢查陣列邊界，很多 C 程式的執行錯誤都是導因於忽略陣列邊界的問題。

程式範例：Ch9_3_1.c

在C程式建立3×2的二維陣列，第一維索引值是學號，第二維索引值是2科成績，如果輸入學號是在索引值的範圍內，就計算此位學生各科成績的總分和平均，如下所示：

```
請輸入學號 0~2 ==> 0 Enter
成績： 74
成績： 56
學號： 0 的總分： 130
平均成績： 65.000000
```

上述執行結果輸入0~2的學號，即可顯示此位學生的各科成績、總分和平均，如果學號不在範圍內，就馬上結束程式執行。完整Blockly積木程式是Ex9_3_1.xml，fChart流程圖是Ch9_3_1.fpp。

程式內容

```
/* 程式範例： Ch9_3_1.c */
#include <stdio.h>
/* 主程式 */
int main()
{
   int i, id, sum;    /* 宣告變數 */
   double average;
   /* 建立 int 的二維陣列 */
   int grades[3][2] = { { 74, 56 },
                        { 37, 68 },
                        { 33, 83 } };
   printf("請輸入學號 0~2 ==> ");
   scanf("%d", &id);
   /* 檢查索引是否在範圍內 */
   if ( id >= 0 && id <= 2 ) {
      /* 使用迴圈顯示陣列值和計算平均 */
      for ( sum = 0, i = 0; i < 2; i++) {
         sum += grades[id][i];
         printf("成績：%d\n", grades[id][i]);
      }
      printf("學號：%d 的總分：%d\n", id, sum);
      average = sum / 2.0;
```

```
23:         printf("平均成績：%f\n", average);
24:     }
25:     return 0;
26: }
```

程式說明

- 第 9~11 列：宣告 int 二維陣列 grades[][] 且指定陣列元素的初值。
- 第 12~13 列：輸入學號，即二維陣列中第一維的索引。
- 第 15~24 列：使用 if 條件檢查索引值是否在陣列索引範圍內，即 0~2。
- 第 17~20 列：因為已經知道二維陣列中第一維的索引，所以視為一維陣列，使用 for 迴圈計算 grades[id][i] 陣列元素的總分。

9-3-2 巢狀迴圈存取二維陣列

基本上，二維陣列就是多個一維陣列的組合，一個 for 迴圈可以走訪一維陣列的元素，以此類推，2 層巢狀迴圈可以存取二維陣列。

例如：使用 for 巢狀迴圈計算二維陣列每一個元素的值，這就是九九乘法表的值，如下所示：

```
for ( i=0; i < LEN; i++) {
    for ( j=0; j < LEN; j++) {
        tables[i][j] = (i+1)*(j+1);
    }
}
```

上述程式碼的第一層迴圈是第一維索引值；第二層迴圈是第二維的索引值。

程式範例：Ch9_3_2.c

在 C 程式建立 9×9 的二維陣列，使用巢狀迴圈計算九九乘法表的值，然後使用巢狀迴圈顯示九九乘法表，如下所示：

```
1*1= 1  1*2= 2  1*3= 3  1*4= 4  1*5= 5  1*6= 6  1*7= 7  1*8= 8  1*9= 9
2*1= 2  2*2= 4  2*3= 6  2*4= 8  2*5=10  2*6=12  2*7=14  2*8=16  2*9=18
3*1= 3  3*2= 6  3*3= 9  3*4=12  3*5=15  3*6=18  3*7=21  3*8=24  3*9=27
4*1= 4  4*2= 8  4*3=12  4*4=16  4*5=20  4*6=24  4*7=28  4*8=32  4*9=36
5*1= 5  5*2=10  5*3=15  5*4=20  5*5=25  5*6=30  5*7=35  5*8=40  5*9=45
6*1= 6  6*2=12  6*3=18  6*4=24  6*5=30  6*6=36  6*7=42  6*8=48  6*9=54
7*1= 7  7*2=14  7*3=21  7*4=28  7*5=35  7*6=42  7*7=49  7*8=56  7*9=63
8*1= 8  8*2=16  8*3=24  8*4=32  8*5=40  8*6=48  8*7=56  8*8=64  8*9=72
9*1= 9  9*2=18  9*3=27  9*4=36  9*5=45  9*6=54  9*7=63  9*8=72  9*9=81
```

Blockly 積木程式是 Ex9_3_2.xml，fChart 流程圖是 Ch9_3_2.fpp。

程式內容

```c
/* 程式範例: Ch9_3_2.c */
#include <stdio.h>
#define LEN   9
/* 主程式 */
int main()
{
   int i, j;  /* 宣告變數 */
   /* 建立 int 的二維陣列 */
   int tables[LEN][LEN];
   /* 指定二維陣列的元素值 */
   for ( i=0; i < LEN; i++) {
      for ( j=0; j < LEN; j++) {
         tables[i][j] = (i+1)*(j+1);
      }
   }
   /* 顯示二維陣列的元素值 */
   for ( i=0; i < LEN; i++) {
      for ( j=0; j < LEN; j++) {
         printf("%d*%d=%2d ",(i+1),(j+1),tables[i][j]);
      }
      printf("\n");
   }
   return 0;
}
```

程式說明

- 第 9 列：宣告 int 二維陣列 tables[][]。
- 第 11~15 列：第一個巢狀迴圈計算九九乘法表的值。
- 第 17~22 列：第二個巢狀迴圈顯示九九乘法表，即二維陣列的元素值。

9-3-3 多維陣列

多維陣列（Multidimensional Array）是指陣列維度超過二維，宣告多維陣列就是在之後再加上所需的維度，其語法如下所示：

```
陣列型態 陣列名稱 [ 整數常數 ] [ 整數常數 ] [ 整數常數 ]…;
```

上述語法可以宣告多維陣列，不過，超過三維以上陣列在實作上十分少見，因為多維陣列會佔用大量記憶體空間，並且花費比存取一維陣列元素更多的時間來存取多維陣列的元素。例如：在 C 程式宣告三維和四維陣列，如下所示：

```
int sales[3][2][3];
int tips[4][4][5][6];
```

上述程式碼宣告多維陣列 sales 和 tips。多維陣列元素的存取一樣可以使用迴圈，前述二維陣列是使用兩層巢狀迴圈，以此類推，三維陣列是使用 3 層的巢狀迴圈；四維是使用 4 層巢狀迴圈來存取。

9-4 在函數使用陣列參數

C 語言的陣列一樣可以作為函數的參數，基本資料型態的變數和陣列元素是使用傳值呼叫；整個陣列的參數是傳址呼叫，我們只能更改其中的陣列元素，並不能更改整個陣列。

9-4-1 一維陣列的參數傳遞

當函數的參數是一維陣列時，函數原型宣告的參數可以使用陣列或指標方式，如下所示：

```
void minElement(int [], int);
void minElement(int *, int);
```

上述程式碼 minElement() 函數原型宣告的第 1 個參數是一維陣列，可以使用 int [] 的陣列宣告表示法或使用指標 int *（關於指標參數的進一步說明請參閱＜第 10 章：指標＞）。

因為傳遞陣列的參數到函數是將陣列第 1 個元素的開始位址傳入，並沒有陣列大小的尺寸，所以 C 函數的參數如果是陣列，一定要 1 個額外參數來傳遞陣列尺寸，以此例的第 2 個參數是陣列大小，如下所示：

```
void minElement(int eles[], int len) { … }
```

上述 minElement() 函數有 2 個參數，第 1 個是陣列，第 2 個整數是陣列大小，因為陣列是使用傳址呼叫，如果函數的程式碼更改陣列元素值，同時也會更改呼叫函數傳入的陣列元素。

程式範例：Ch9_4_1.c

在 C 程式建立 minElement() 函數從傳入的一維陣列中，找出最小值的元素，並且將它和第 1 個元素交換，當執行 minElement() 函數後，陣列的第 1 個元素就是最小值，如下所示：

```
呼叫函數前： [0:81] [1:13] [2:27] [3:39] [4:69]
呼叫函數後： [0:13] [1:81] [2:27] [3:39] [4:69]
陣列最小值： 13
```

上述執行結果可以看到呼叫函數後的陣列元素已經改變，第 1 個元素是陣列中的最小值。Blockly 積木程式 Ex9_4_1.xml 的 minElement() 函數，如下圖所示：

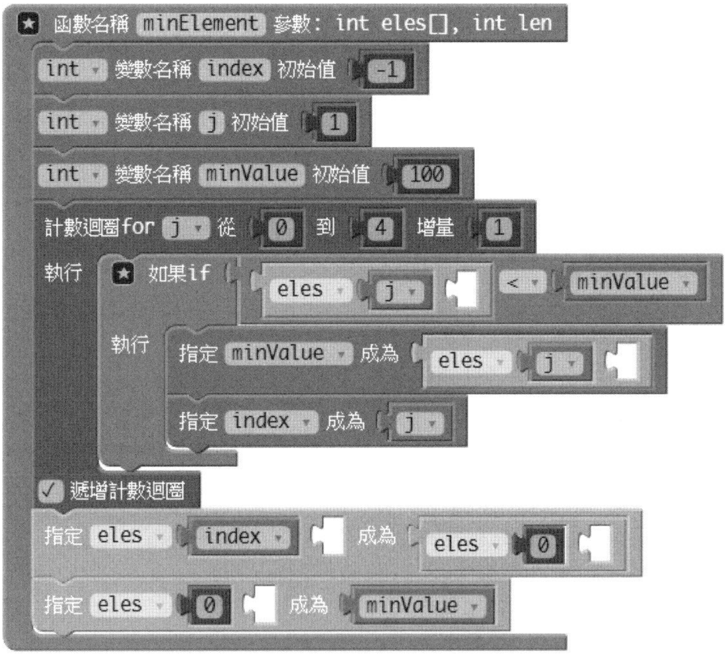

```
函數名稱 minElement 參數: int eles[], int len
  int 變數名稱 index 初始值 -1
  int 變數名稱 j 初始值 1
  int 變數名稱 minValue 初始值 100
  計數迴圈for j 從 0 到 4 增量 1
  執行 如果if eles j < minValue
       執行 指定 minValue 成為 eles j
            指定 index 成為 j
  ✓ 遞增計數迴圈
  指定 eles index 成為 eles 0
  指定 eles 0 成為 minValue
```

呼叫 minElement() 函數的積木程式，陣列參數值 data 是使用**變數 / 陣列**分類下，第 5 個陣列名稱指標積木，如右圖所示：

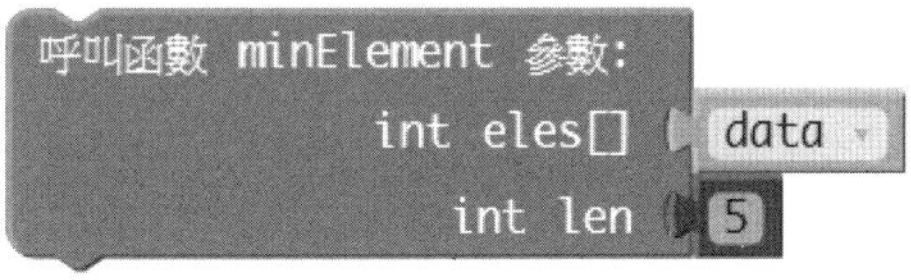

```
呼叫函數 minElement 參數:
    int eles[] data
    int len 5
```

程式內容

```
01: /* 程式範例: Ch9_4_1.c */
02: #include <stdio.h>
03: #define LEN     5
04: /* 函數的原型宣告 */
05: void minElement(int [], int);
06: /* 主程式 */
07: int main()
08: {
09:    int i, data[LEN] = { 81,13,27,39,69 }; /* 宣告變數 */
10:    printf("呼叫函數前: ");
11:    for ( i=0; i < LEN; i++)    /* 使用迴圈顯示陣列值 */
12:       printf("[%d:%d] ", i, data[i]);
13:    minElement(data, LEN); /* 呼叫函數 */
14:    printf("\n呼叫函數後: ");
15:    for ( i=0; i < LEN; i++)    /* 使用迴圈顯示陣列值 */
16:       printf("[%d:%d] ", i, data[i]);
17:    printf("\n陣列最小值: %d\n", data[0]);
18:    return 0;
19: }
20: /* 函數: 找出陣列的最小值 */
21: void minElement(int eles[], int len) {
22:    int i, minValue = 100, index = -1;  /* 變數宣告 */
23:    /* 使用 for 迴圈找尋最小值 */
24:    for ( i = 0; i < len; i++ ) {
25:       if ( eles[i] < minValue ) {
26:          minValue = eles[i];/* 目前最小值 */
27:          index = i;
28:       }
29:    } /* 與第一個陣列元素交換 */
30:    eles[index] = eles[0];
31:    eles[0] = minValue;
32: }
```

程式說明

- 第 9 列：宣告 int 一維陣列 data[] 且指定陣列元素的初值。
- 第 13 列：呼叫函數 minElement()，參數是一維陣列 data[] 和 LEN。

- 第 17 列：顯示陣列最小元素，即第 1 個陣列元素值。
- 第 21~32 列：minElement() 函數是在第 24~29 列的 for 迴圈找出陣列的最小值，在第 30~31 列和陣列第 1 個元素交換。

因為一維陣列的參數傳遞是將第 1 個陣列元素的位址傳入，我們只能更改陣列中的指定元素值，並不能更改整個陣列，來指向其他陣列，程式範例 Ch9_4_1a.c 就是在測試更改整個陣列。

9-4-2 二維陣列的參數傳遞

當函數參數是二維陣列時，在函數原型宣告的參數陣列必須指定右維度的陣列尺寸，如下所示：

```
void maxGrades(int [][5]);
```

上述函數原型宣告的參數是二維陣列，指明右維度尺寸是 5。雖然二維陣列的參數也可以指明左維度尺寸，不過，這並不需要，因為編譯器只需知道右維度，就可以在二維陣列存取指定左、右索引的元素值。

程式範例：Ch9_4_2.c

在 C 程式使用二維陣列儲存 3 班各 5 名學生的成績資料後，建立 maxGrades() 函數從傳入的二維陣列元素中找出最大值，即成績最好的學生資料，如下所示：

```
班級編號： 1
學生編號： 4
學生成績： 92
```

Blockly 積木程式是 Ex9_4_2.xml。

程式內容

```
01: /* 程式範例：Ch9_4_2.c */
02: #include <stdio.h>
03: #define CLASSES     3
04: #define GRADES      5
05: /* 函數的原型宣告 */
06: void maxGrades(int [][GRADES]);
07: /* 主程式 */
08: int main()
09: {
10:    /* 宣告二維陣列 */
11:    int grades[CLASSES][GRADES]={ { 74, 56, 33, 65, 89 },
12:                                  { 37, 68, 44, 78, 92 },
13:                                  { 33, 83, 77, 66, 88 }
14:                                  };
15:    maxGrades(grades);   /* 呼叫函數 */
16:    return 0;
17: }
18: /* 函數：找出二維陣列中成績最高 */
19: void maxGrades(int data[][GRADES]) {
20:    /* 變數宣告 */
21:    int i, j, maxValue = 0, lIndex = -1, rIndex = -1;
22:    /* 巢狀迴圈找尋最大值 */
23:    for ( i = 0; i < CLASSES; i++ )
24:       for ( j = 0; j < GRADES; j++ )
25:         if ( data[i][j] > maxValue ) {
26:            maxValue=data[i][j];/* 目前最大值 */
27:            lIndex = i;
28:            rIndex = j;
29:         }
30:    /* 顯示成績最高的學生資料 */
31:    printf("班級編號：%d\n", lIndex);
32:    printf("學生編號：%d\n", rIndex);
33:    printf("學生成績：%d\n", data[lIndex][rIndex]);
34: }
```

程式說明

- 第 11~14 列：宣告 int 二維陣列 grades[][] 且指定陣列元素的初值。
- 第 15 列：呼叫 maxGrades() 函數，參數為二維陣列 grades[][]。

- 第 19~34 列：maxGrades() 函數是在第 23~29 列的巢狀 for 迴圈找出陣列最大值，第 31~33 列顯示最大陣列元素值的索引和值。

9-5 C 語言的字串

C 語言沒有內建字串資料型態，**在 C 語言的字串就是一種字元型態的一維陣列**，只是**使用 '\0' 字串結束字元**來標示字串結束。

9-5-1　認識 C 語言的字串

C 語言的「字串」(String) 是字元資料型態的一維陣列。例如：宣告一維的字元陣列來儲存字串，如下所示：

```
char str[80];
```

上述程式碼宣告長度為 80 的字元陣列，陣列名稱是 str，陣列索引值是從 0 開始，我們可以使用 str[0]、str[1]~str[79] 存取陣列元素，如下所示：

```
char c;
str[i] = c;
```

上述程式碼將變數 i 的值作為索引值，以便指定此索引值的陣列元素成為字元變數 c 的值，這是一個字元資料型態的變數。在一維字元陣列的結束需要加上 '\0' 字元當作結束字元，如下所示：

```
str[LEN] = '\0';
```

上述擁有結束字元的字元陣列就是字串，其長度是從 0 到結束字元前為止的字元數，即 LEN。

9-5-2 建立字串與輸出字串內容

在 C 語言宣告字元陣列的字串同時可以指定初值，或在之後才使用指定敘述來一一指定字串內容的每一個字元。

建立 C 語言的字串

C 語言的字串就是指定 C 語言字元陣列的初值。例如：宣告擁有 15 個元素的字元陣列，如下所示：

```
char str[15] = "hello! world\n";
```

上述程式碼是字元的一維陣列，使用「"」雙引號的字串常數指定陣列初值，此時字元陣列 str[] 的內容，如下圖所示：

	0	1	2	3	4	5	6	7	8	9	10	11	12	13	14
str[15]	h	e	l	l	o	!		w	o	r	l	d	\n	\0	

上述圖例的字元陣列儲存字串 "hello! world\n"，在索引 13 的元素值 '\0' 是字串結束字元，稱為 null 字元。字串長度就是從索引 0 計算到 null 字元之前，即 0 到 12，其長度是 13。

字元陣列宣告的長度「一定需要」足以儲存之後字串常數的字元數，以此例的字串共有 13 個字元，字元陣列宣告成 15，足以儲存 13 個字元，因為 C 語言的陣列並不會檢查邊界，如果陣列太小，不會產生編譯錯誤，但是執行結果就會產生非預期的結果。

在 C 語言除了使用字串常數指定字串初值外，我們還有 2 種方法來指定字串值，如下所示：

- 使用陣列初值，如下所示

```
char str[15] = {'H','e','l','l','o','!',' ','w','o','r','l','d','\n','\0'};
```

● 使用指定敘述指定字元陣列的每一個元素值，如下所示：

```
char str[15];
str[0] = 'H';    str[1] = 'e';    str[2] = 'l';
str[3] = 'l';    str[4] = 'o';    str[5] = '!';
str[6] = ' ';    str[7] = 'w';    str[8] = 'o';
str[9] = 'r';    str[10] = 'l';   str[11] = 'd';
str[12] = '\n';  str[13] = '\0';
```

輸出 C 語言的字串內容

在 C 程式使用 printf() 函數輸出字串變數的格式字元是「%s」，如下所示：

```
printf("str = %s", str);
printf("str1 = %s", str1);
printf("str2 = %s", str2);
```

上述 printf() 函數的第 1 個參數是一個字串常數，第 2 個是字串變數。

程式範例：Ch9_5_2.c

在 C 程式宣告一維字元陣列的字串且指定初值後，顯示我們建立的字串內容，如下所示：

```
str = hello! world
str1 = Hello! world
str2 = Hello! world
```

Blockly 積木程式 Ex9_5_2.xml 的 str 是使用字串初值來建立，如下圖所示：

上述**輸出 printf** 積木顯示字串時，請刪除 str 的索引值，否則會顯示指定元素的字元。在 Ex9_5_2a.xml 建立 str1 字串；Ex9_5_2b.xml 是 str2。

程式內容

```
01: /* 程式範例 : Ch9_5_2.c */
02: #include <stdio.h>
03: /* 主程式 */
04: int main()
05: {
06:     char str1[15];    /* 字元陣列宣告 */
07:     char str2[15] = {'H','e','l','l','o','!',' ',
08:                      'w','o','r','l','d','\n','\0'};
09:     char str[15] = "hello! world\n";
10:     /* 指定字元陣列初值 */
11:     str1[0] = 'H'; str1[1] = 'e'; str1[2] = 'l';
12:     str1[3] = 'l'; str1[4] = 'o'; str1[5] = '!';
13:     str1[6] = ' '; str1[7] = 'w'; str1[8] = 'o';
14:     str1[9] = 'r'; str1[10] = 'l'; str1[11] = 'd';
15:     str1[12] = '\n'; str1[13] = '\0';
16:     printf("str = %s", str);    /* 顯示字串內容 */
17:     printf("str1 = %s", str1);
18:     printf("str2 = %s", str2);
19:     return 0;
20: }
```

程式說明

- 第 6~15 列：宣告字元陣列後，分別使用三種方法來指定字串初值。
- 第 16~18 列：使用 printf() 函數的「%s」格式字元顯示字串內容。

9-5-3 標準函數庫的字串函數

C 語言標準函數庫 <string.h> 標頭檔提供字串函數，我們可以使用這些函數來進行字串處理。常用字串函數的說明，如下表所示：

字串函數	說明
size_t strlen(const char[] s)	傳回字串 s 的長度
char[] strcpy(char[] s1, const char[] s2)	將字串 s2 複製到字串 s1，傳回 s1
char[] strcat(char[] s1, const char[] s2)	連接字串 s2 到字串 s1 之後，傳回 s1
int strcmp(const char[] s1, const char[] s2)	比較字串 s1 和 s2，當 s1 比 s2 小時傳回負值；s1 等於 s2 時傳回 0；s1 比 s2 大時傳回正值

請注意！我們並不能使用指定敘述將字串指定給其他字元陣列。例如：宣告字元陣列 str、str1 和 str2，其尺寸同為 20，如下所示：

```
char str[20] = "This is a pen.";  /* 宣告字元陣列 str */
char str1[20], str2[20];          /* 宣告字元陣列 str1 和 str2 */
```

上述字串只能在宣告時使用字串常數指定字串內容，如果在程式碼使用指定敘述，如下所示：

```
str1 = "hello";     /* 錯誤寫法 */
```

上述程式碼是錯誤寫法，在程式碼更改字串內容是使用 strcpy() 函數。例如：將字串常數和字串變數分別指定給 str1 和 str2，如下所示：

```
strcpy(str1, "This is a book.");  /* 複製到 str1 字串 */
strcpy(str2, str);                /* 複製到 str2 字串 */
```

上述 strcpy() 函數是將第 2 個參數字串複製到第 1 個參數，即將字串常數 "This is a book." 複製給 str1 字串變數後，將 str 複製給 str2。

程式範例：Ch9_5_3.c

在 C 程式宣告多個一維字元陣列的字串後，使用標準函數庫的字串函數來處理 C 語言的字串，如下所示：

```
str 字串內容: "This is a pen."
str 字串的長度: 14
str1 字串內容: "This is a book."
```

```
str2 字串內容: "This is a pen."
str3 字串內容: "Hi! This is a book."
str2 比較大...
```

上述執行結果分別測試標準函數庫的字串函數，依序取得字串長度、複製字串、連接字串和比較字串。

Blockly 積木程式 Ex9_5_3.xml 是使用**函數庫 / 字串 string.h** 分類下的字串函數積木，首先是字串長度 strlen() 函數，如下圖所示：

上述 **str** 積木是位在**變數 / 陣列**分類下第 5 個陣列名稱積木。然後是字串複製 strcpy() 函數，如下圖所示：

字串複製從 “ This is a book. ” 到 str1
字串複製從 str 到 str2

接著是 strcat() 字串連接函數，如下圖所示：

最後是字串比較 strcmp() 函數，如下圖所示：

如果if 字串比較 str1 和 str2 > 0
執行 輸出printf “ str1比較大... ”
否則else 輸出printf “ str2比較大... ”

程式內容

```
01: /* 程式範例: Ch9_5_3.c */
02: #include <stdio.h>
03: #include <string.h>
04: /* 主程式 */
05: int main()
06: {
07:     char str[20] = "This is a pen.";  /* 宣告字元陣列 str */
08:     char str1[20], str2[20];          /* 宣告字元陣列 str1 和 str2 */
09:     char str3[40] = "Hi! ";           /* 宣告字元陣列 str */
10:     printf("str 字串內容: \"%s\"\n", str);
11:     printf("str 字串的長度: %d\n", strlen(str));
12:     strcpy(str1, "This is a book.");    /* 複製到 str1 字串 */
13:     strcpy(str2, str);                  /* 複製到 str2 字串 */
14:     printf("str1 字串內容: \"%s\"\n", str1);
15:     printf("str2 字串內容: \"%s\"\n", str2);
16:     strcat(str3, str1);                 /* 連接字串 */
17:     printf("str3 字串內容: \"%s\"\n", str3);
18:     if ( strcmp(str1, str2) > 0 )       /* 字串比較 */
19:        printf("str1 比較大...");
20:     else
21:        printf("str2 比較大...");
22:     return 0;
23: }
```

程式說明

- 第 3 列：含括 <string.h> 標頭檔。
- 第 11、12~13、16 和 18~21 列：依序測試 strlen()、strcpy()、strcat() 函數，最後使用 if/else 條件敘述測試 strcmp() 函數。

學習評量

選擇題

(　　) 1. 請問下列哪一個是 C 語言陣列索引預設的起始值？

A. -1　B. 0　C. 1　D. 2

(　　) 2. 當宣告整數陣列變數 int points[5] 後，請問我們共宣告幾個元素的陣列？

A. 4　B. 5　C. 6　D. 7

(　　) 3. 請問下列哪一個是存取陣列 test[] 第 1 個元素的程式碼？

A. test[0]　B. test(1)　C. test(0)　D. test[1]

(　　) 4. 請問下列 C 程式執行結果顯示的陣列元素值為何，如下所示：

```
int main()
{
  int x[] = { 1, 2, 3, 4, 5 };
  test(x);
  printf("%d", x[1]);
  return 0;
}
void test(int x[]) { x[1] = 6; }
```

A. 1　B. 2　C. 5　D. 6

(　　) 5. 請問選擇題第 4 題陣列 x[] 宣告的長度是多少？

A. 7　B. 6　C. 5　D. 4

(　　) 6. 請問 int data[14]; 陣列的最後一個元素索引值是下列哪一個？

A. 15　　B. 14　　C. 12　　D. 13

(　　) 7. 請問 C 語言字串是在一維字元陣列結束加上哪一個字元作為結束字元？

A. '\0'　　B. '\s'　　C. '\n'　　D. '\t'

(　　) 8. 請問下列哪一個 C 語言的字串函數可以取得字串長度？

A. strlen()　　B. strcpy()　　C. strcat()　　D. strcmp()

簡答題

1. 請使用圖例說明什麼是陣列？有哪些 C 語言資料型態可以建立陣列？
2. 在使用 C 語言宣告 n 個元素的一維陣列後，請問第 1 個元素的索引值是 ________; 最後 1 個元素的索引值是 ________。
3. 請使用 C 語言宣告大小為 100 個元素的整數陣列 scores[]，如下所示：

```
short scores[100];
```

假設上述陣列的記憶體開始位置是 1000，請回答下列問題，如下所示：

- short 整數佔用的記憶體是 ________ 位元組。
- scores[10] 的記憶體開始位置。
- scores[35] 的記憶體開始位置。

4. 請問 C 程式碼如果存取超過陣列索引範圍的元素時，會發生什麼事？我們可以如何解決此問題？

5. 請寫出下列陣列宣告或初值的程式碼，如下所示：

   - 請寫出擁有 10 元素的 int 陣列且所有元素初值為 20 的程式碼。
   - 請寫出指定下列陣列元素的初值依序為 1~44 的程式碼，如下所示：

```
int data[44];
```

   - 請寫出指定下列陣列元素的初值為 0 的程式碼，如下所示：

```
int array[12][10];
```

6. 請問 C 語言如何宣告多維陣列，其語法為何？

7. 請問 int data[3][4][5][8]; 宣告的多維陣列共有 ＿＿＿＿＿ 個元素，存取第 10 個元素的程式碼 ＿＿＿＿＿。

8. 請指出下列 C 程式碼片段的錯誤，如下所示：

```
(1)
int i, j;
int data[10][3];
for ( i = 0; i < 3; i++ )
   for ( j = 0; j < 10; j++ )
      data[i][j] = 0;
```

```
(2)
int data[10];
int i = 1;
for ( i = 1; i <= 10; i++ )
   data[i] = 99;
(3)
int i, j;
int data[3][10];
for ( i = 0; i <= 3; i++ )
   for ( j = 0; j <= 10; j++ )
      data[i][j] = i+j;
```

9. 請寫出下列 C 程式碼片段的執行結果，如下所示：

```
(1) int array[] = { 1, 3, 5, 7 };
    printf("%d\n", array[0] + array[2]);
(2) int array[] = { 2, 4, 6, 8 };
    array[0] = 13;
    array[3] = array[1];
    printf("%d\n", array[0] + array[2] + array[3]);
```

10. 請說明什麼是 C 語言的字串？字串初值的指定方式有幾種？字串與字元陣列的差異為何？

實作題

1. 請建立 C 程式宣告 10 個元素的一維陣列，在初始元素值為其索引值後，計算元素總和與平均。

2. 請建立 C 程式宣告一維陣列 grades[]，在輸入 4 筆學生成績資料：95、85、76、56 後，計算成績總分和平均。

3. 請建立 C 程式讓使用者輸入 6 個數字，其範圍為 1~500，程式使用陣列儲存這 6 個數字，然後找出和顯示其中最大的數字。

4. 在第 9-3 節的二維陣列範例是一張功課表，請使用二維陣列儲存功課表，然後計算上課的總時數。

5. 請建立 arrayMax() 和 arrayMin() 函數傳入整數陣列，傳回值是陣列的最大值和最小值，C 程式可以讓使用者輸入 5 個數字，其範圍為 1~1000，在存入陣列後，找出陣列的最大值和最小值。

6 請建立 C 語言的 reverse() 函數，可以將陣列元素反轉，第 1 個元素成為最後 1 個元素；最後 1 個元素成為第 1 個元素。

7. 請建立 C 程式使用 scanf() 函數輸入 3 個字串，然後使用 C 標準函數庫的字串函數連接 3 個字串成為一個字串，並且顯示 2 次連接後的字串內容。

指標

10-1 認識指標

「指標」(Pointers)是 C 語言的低階程式處理能力，可以讓我們直接存取電腦的記憶體位址。

C 語言的指標

C 語言的指標(Pointers)是一種**變數**，只是變數內容不是常數值，而是其他變數的「**位址**」，所以**單獨存在的指標並沒有意義**，因為其值是指向其他變數的位址，能夠讓我們間接取得其他變數的值。

在指定敘述的「=」等號左邊變數是左值(Lvalue)，即取得變數的位址屬性，指標變數值就是變數在指定敘述左值的「位址」，如下圖所示：

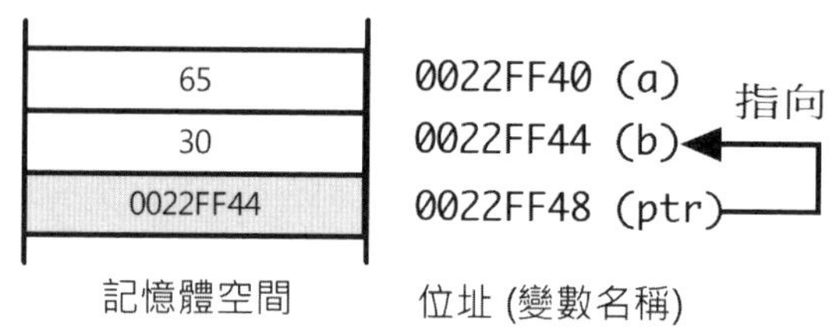

上述圖例顯示 3 個變數 a、b 和 ptr，變數值分別為 65、30 和 0022FF44，ptr 變數值 0022FF44 是變數 b 的記憶體位址，所以，ptr 是一個指標，為什麼叫指標？因為它是一個指向其他變數位址的變數，可以引導我們找到其他變數的值，以此例就是變數 b 的值。

一般來說，變數在宣告變數後，變數名稱和位址就已經固定，並不能更改，指標就不同，因為指標變數的值是位址，我們只需更改指標變數值的位址，就可以改存取其他變數儲存的資料，同一指標即可跨變數存取資料，提供比變數更大的彈性來存取記憶體空間中儲存的資料。

Blockly 的指標積木

Blockly 積木程式編輯器的指標積木是位在**變數 / 指標**分類，如下圖所示：

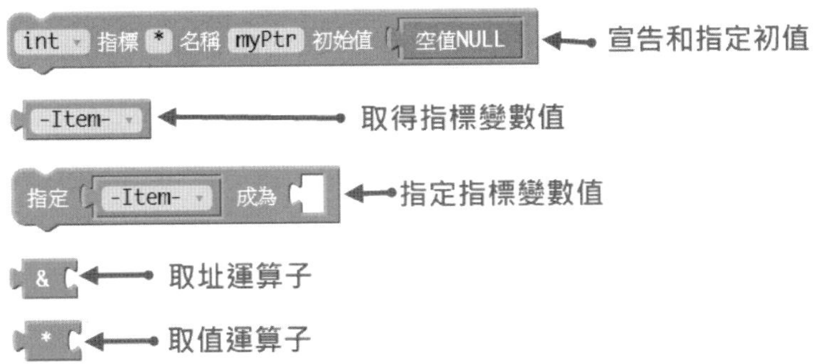

10-2 指標與變數

指標是 C 語言十分強大的功能，也是一種十分危險的功能，因為我們是在 C 程式碼存取其他變數的記憶體位址，當使用未初始化的指標，就有可能存取到未知的記憶體內容，嚴重可能造成系統崩潰。

C 程式誤用指標導致的程式錯誤十分難除錯，在程式中使用指標時，請務必加倍小心！

10-2-1 宣告指標與初始值

指標的宣告和基本資料型態變數的宣告稍有不同，因為指標的值是其他變數的記憶體位址，所以在之前一定要先宣告變數，如此，我們才能指定指標的初始值，來指向其他變數的記憶體位址。

宣告指標

C 語言指標的宣告語法，如下所示：

```
資料型態 *變數名稱;
```

或

```
資料型態 * 變數名稱;
```

上述指標宣告和變數宣告只差變數名稱前的「*」星號，在星號和變數名稱之間可以有空格，我們宣告的變數是一個指向宣告資料型態變數的指標。例如：指向 int 整數的指標宣告，如下所示：

```
int *ptr;
```

上述程式碼宣告指向整數變數的指標 ptr，能夠指向宣告成 int 整數資料型態的變數。其他資料型態的指標宣告，如下所示：

```
char *ptr1;
float *ptr2;
double *ptr3;
```

指標的初值

指標可以在宣告時指定初值，其初值是其他變數的位址，所以取得位址的變數一定已經在指標變數之前宣告，如下所示：

```
int var = 100;
int *ptr = &var;
```

上述程式碼先宣告整數變數 var 後，宣告指標 ptr，指標的初值是使用「&」取址運算子取得變數 var 的位址（詳細取址運算子的說明請參閱＜第 10-2-2 節：指標運算子＞），如下圖所示：

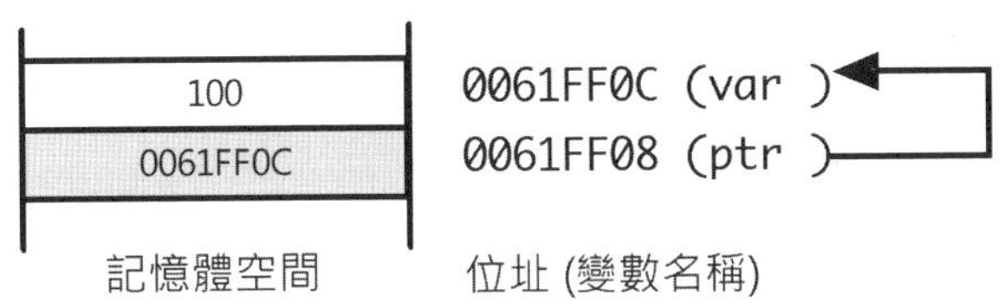

上述圖例可以看到指標 ptr 的值 0061FF08 是整數變數 var 的記憶體位址。

程式範例：Ch10_2_1.c

在 C 程式宣告變數 var 和指標 ptr，和指定指標的初值，最後顯示變數與指標的值和其位址，如下所示：

```
var 值=100          位址=0061FF0C
ptr 值=0061FF0C     位址=0061FF08
```

上述執行結果顯示變數和指標的值與記憶體位址。Blockly 積木程式 Ex10_2_1.xml 使用**變數 / 指標**分類下的積木來宣告指標變數，如下圖所示：

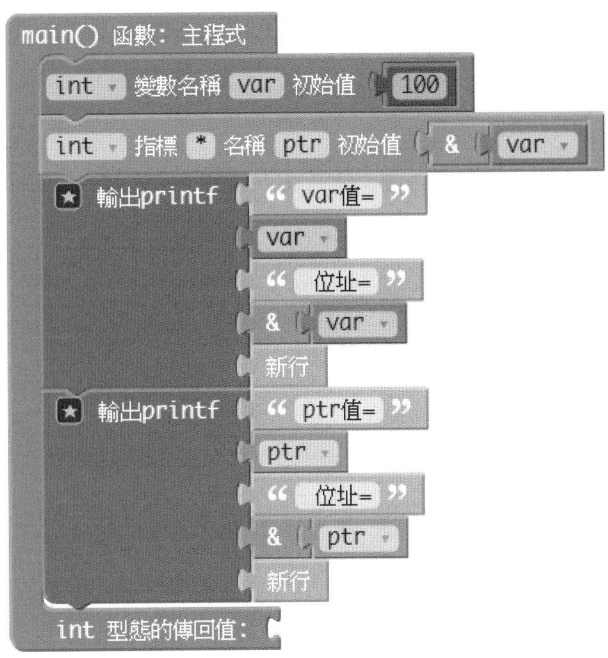

程式內容

```
01: /* 程式範例 : Ch10_2_1.c */
02: #include <stdio.h>
03: /* 主程式 */
04: int main()
05: {
06:     int var = 100;    /* 宣告變數 */
07:     int *ptr = &var; /* 指標的初值 */
08:     /* 顯示變數和指標的值 */
09:     printf("var 值 =%d 位址 =%p\n", var, &var);
10:     printf("ptr 值 =%p 位址 =%p\n", ptr, &ptr);
11:     return 0;
12: }
```

程式說明

- 第 6~7 列：宣告 int 的變數 var 和指標 ptr，其初值分別為 100 和使用取址運算子「&」取得變數 var 的位址。
- 第 9~10 列：使用 printf() 函數顯示變數的值和位址，指標值使用的格式字元為「%p」。

10-2-2 指標的預設值 NULL

因為 C 語言的指標並沒有預設值，為了避免程式執行時產生錯誤，例如：尚未指向變數位址就使用指標，請在宣告時指定指標的初值是 NULL 常數，如下所示：

```
int *ptr1 = NULL;
```

上述指標稱為 NULL 指標，如此在使用前，我們可以使用 if 條件判斷指標是否已經指向其他變數，如下所示：

```
if ( ptr1 == NULL ) { … }
```

上述 if 條件判斷 ptr1 指標是否為 NULL，如果是 NULL，就表示指標尚未指向其他變數。

程式範例：Ch10_2_2.c

在 C 程式宣告指標 ptr1，並且指定指標的初值是 NULL 預設值，最後顯示指標的值和其位址，如下所示：

```
ptr 值 =00000000        位址 =0061FF0C
指標 ptr 尚未指定初值！
```

上述執行結果顯示 ptr1 的初值為 NULL（即 00000000），所以最後顯示指標 ptr1 尚未指定初值！ Blockly 積木程式 Ex10_2_2.xml，如下圖所示：

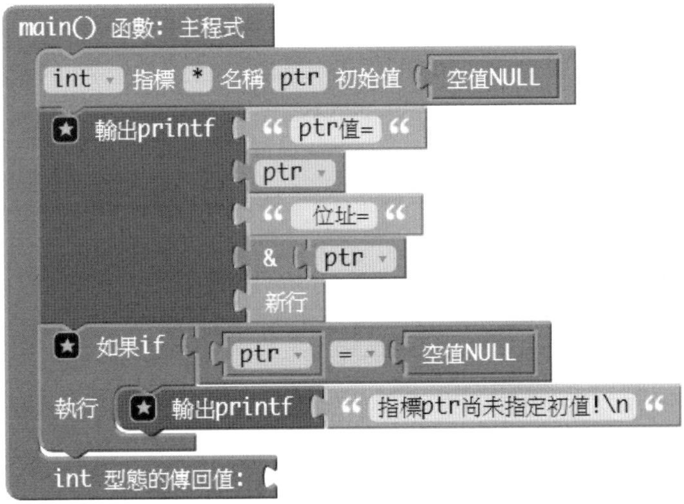

程式內容

```
/* 程式範例：Ch10_2_2.c */
#include <stdio.h>
/* 主程式 */
int main()
{
    int *ptr = NULL;
```

```
07:     /* 顯示指標的值 */
08:     printf("ptr 值 =%p 位址 =%p\n", ptr, &ptr);
09:     /* 檢查指標是否已經指定初值 */
10:     if ( ptr == NULL )
11:        printf(" 指標 ptr 尚未指定初值 !\n");
12:     return 0;
13: }
```

程式說明

- 第 6 列：宣告 int 的指標 ptr，和指定其初值是 NULL。
- 第 10~11 列：if 條件判斷指標值是否是 NULL。

10-2-3 指標運算子

C 語言提供兩種指標運算子（Pointer Operators），可以取得指標值的變數位址和指標指向的變數值。

「&」取址運算子

「&」取址運算子（二元運算子「&」是位元運算子 AND）是一種單運算元運算子，可以取得運算元變數的位址，如下所示：

```
ptr = &var;
```

上述程式碼將指標 ptr 指定成變數 var 的記憶體位址，換句話說，變數 ptr 的值就是變數 var 的記憶體位址。

「*」取值運算子

「*」取值運算子（二元運算子「*」是乘法）相對於取址運算子，稱為「取值」(Indirection) 或「解參考」(Dereferencing) 運算子，這也是一種單運算元運算子，可以取得運算元指標的變數值。

例如：ptr 是指向整數變數 var 的指標，*ptr 就是變數 var 的值，如下所示：

```
var1 = *ptr;
```

上述 ptr 是變數 var 的位址，*ptr 是變數 var 的值，所以變數 var1 就會指定成變數 var 的值，如下圖所示：

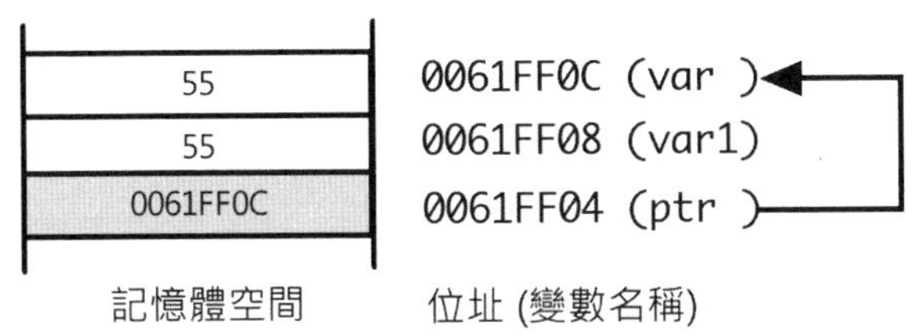

指標之所以稱為指標，就是因為指標的值是指向其他變數的位址，所以，指標對於程式設計者來說，其意義不在指標本身，而是在它指向的哪一個變數的值。

讀者是否注意到？**指標的使用方式和宣告完全相同**，都是 ***ptr**，因為 C 語言的精神是**如何宣告就如何使用**，指標宣告成 *ptr，使用時也是以 *ptr 取得變數值，我們可以將整個 *ptr 視為是變數 var 的分身。

程式範例：Ch10_2_3.c

在 C 程式宣告指標後，測試「&」取址和「*」取值運算子，如下所示：

```
var 值 =55          位址 =0061FF0C
var1 值 =55         位址 =0061FF08
ptr 值 =0061FF0C    位址 =0061FF04
*ptr 值 =55
```

上述執行結果可以看出 ptr 是指向變數 var 的位址，*ptr 是變數 var 的值 55。Blockly 積木程式是 Ex10_2_3.xml。

程式內容

```
01: /* 程式範例 : Ch10_2_3.c */
02: #include <stdio.h>
03: /* 主程式 */
04: int main()
05: {
06:     int var = 55, var1; /* 宣告變數 */
07:     int *ptr = NULL; /* 宣告指標 */
08:     ptr = &var;       /* 指定指標 ptr 的值 */
09:     var1 = *ptr;     /* 取得指標 ptr 的值 */
10:     printf("var 值 =%d\t 位址 =%p\n", var, &var);
11:     printf("var1 值 =%d\t 位址 =%p\n", var1, &var1);
12:     printf("ptr 值 =%p\t 位址 =%p\n", ptr, &ptr);
13:     printf("*ptr 值 =%d\n", *ptr);
14:     return 0;
15: }
```

程式說明

- 第 6~7 列：宣告 int 的變數 var、var1 和指標 ptr，指標的初值是 NULL。
- 第 8 列：使用取址運算子「&」取得變數 var 的位址，將它指定給指標 ptr。
- 第 9 列：使用取值運算子「*」取得指標 ptr 指向的變數值，即變數 var 的值。
- 第 10~13 列：使用 printf() 函數顯示變數的值和位址，第 13 列使用取值運算子「*」取得指標指向的變數值。

10-2-4 指標的參數傳遞

在第 8-3-2 節已經說明過 C 語言的傳址呼叫是使用指標。例如：取得陣列元素最大值的 maxElement() 函數，其原型宣告如下所示：

```
void maxElement(int *, int *);
```

上述函數擁有 2 個參數，都是整數指標，不過，第 1 個參數是陣列（如同第 9-4-1 節的陣列參數），第 2 個參數是整數變數，如下所示：

```
maxElement(data, &index);
```

上述函數呼叫的第 1 個參數是一維陣列 data[]，第 2 個參數是整數，因為是傳址呼叫，所以使用「&」取址運算子取得變數 index 位址。

當函數的參數是指標時，此參數可能是一維陣列，也可能只是一個變數，全憑函數如何使用此參數而定。

在函數參數使用傳址呼叫通常都是為了更改參數值，將函數參數也作為呼叫函數的傳回值，實務上，如果函數需要多個傳回值，就可以使用傳址呼叫。

程式範例：Ch10_2_4.c

這個 C 程式是修改自 Ch9_4_1.c，雖然 void 函數沒有傳回值，我們依然可以使用傳址呼叫的參數，取得陣列最大值的索引值，如下所示：

```
[0:81] [1:93] [2:77] [3:59] [4:69]
陣列最大值 93(1)
```

上述執行結果可以看到陣列元素的最大值是 93，其索引值是 1，這是使用傳址呼叫來取得索引值。Blockly 積木程式 Ex10_2_4.xml 的函數參數只支援陣列參數，並不支援指標型態的陣列參數，如下圖所示：

函數名稱 maxElement 參數: int eles[], int *index
int 變數名稱 j 初始值 1
int 變數名稱 maxValue 初始值 1
計數迴圈for j 從 0 到 4 增量 1
執行 如果if eles j > maxValue
執行 指定 maxValue 成為 eles j
指定 * index 成為 j
遞增計數迴圈

在上述積木程式最後的指標運算式 *index=j;，因為型態檢查，如果無法成功拼入變數 j，請使用運算分類第 5 個的自動型態轉換積木來避免型態檢查。

程式內容

```
/* 程式範例: Ch10_2_4.c */
#include <stdio.h>
#define LEN     5
/* 函數的原型宣告 */
void maxElement(int *, int *);
/* 主程式 */
int main()
{
   int index, i;     /* 宣告變數 */
   int data[LEN] = { 81,93,77,59,69 };
   /* 使用迴圈顯示陣列值 */
   for ( i = 0; i < LEN; i++)
      printf("[%d:%d] ", i, data[i]);
   maxElement(data, &index);    /* 呼叫函數 */
   printf("\n 陣列最大值 %d(%d)\n",data[index],index);
   return 0;
}
/* 函數: 找出陣列的最大值 */
```

```
19: void maxElement(int *eles, int *index) {
20:    int i, maxValue = 0; /* 變數宣告 */
21:    /* for 迴圈找出最大值 */
22:    for ( i = 0; i < LEN; i++ )
23:       if ( eles[i] > maxValue ) {/* 比較大 */
24:          maxValue = eles[i];
25:          *index = i;    /* 最大值的陣列索引 */
26:       }
27: }
```

程式說明

- 第 10 列：宣告 int 一維陣列 data[] 且指定陣列初值。
- 第 14 列：呼叫 maxElement() 函數，參數為 data[] 和 index，參數 index 可以取得最大元素的索引值。
- 第 19~27 列：函數 maxElement() 是在第 22~26 列的 for 迴圈找出陣列的最大值，在第 25 列將最大索引指定給參數 index。

10-3 指標與一維陣列

C 語言的指標與陣列擁有十分特殊和密切的關係，我們可以使用指標來存取陣列元素。例如：在 C 程式宣告大小 6 個元素的整數陣列 data[]，如下所示：

```
#define LEN   6
int data[LEN] = {11, 93, 45, 27, -40, 80};
```

上述程式碼宣告一維陣列 data[] 且指定初值，因為整數佔用 4 個位元組，此陣列共佔用連續 6 * 4 = 24 個位元組的記憶體空間。

陣列名稱是指標

在 C 語言一維陣列的名稱（沒有方括號）就是指向陣列第 1 個元素位址的指標常數（Pointer Constant），例如：前述陣列名稱 data，如下所示：

```
int *ptr;
ptr = data;
```

上述程式碼宣告指標 ptr，其值是陣列名稱 data，所以，指標 ptr 和 data 都是指向陣列第 1 個元素的位址。不過，data 是指標常數（**變數 / 陣列**分類的第 5 個積木），其值是固定的常數值，在程式的整個執行過程中都不能更改和執行指標運算；但是 ptr 指標可以。

指向陣列的第 1 和最後 1 個元素

當然我們也可以自行使用取址運算子「&」來取得陣列第 1 個元素的位址，如下所示：

```
ptr = &data[0];
```

上述程式碼的陣列元素 data[0] 是變數值，可以使用取址運算子取得第 1 個元素的位址，C 語言的 (data == &data[0]) 運算式是真 true，如下圖所示：

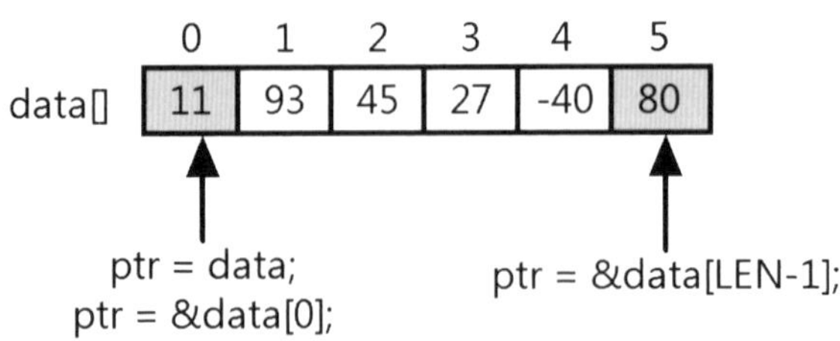

上述圖例的 ptr 和 data 都是指向陣列的第 1 個元素。同理，我們可以取得最後 1 個陣列元素的位址，如下所示：

```
ptr = &data[LEN-1];
```

因為 C 語言的陣列是配置一塊連續的記憶體空間，除了可以使用索引值存取陣列元素外，還可以使用指標運算，只需將指標指向陣列的第 1 個元素，就可以使用第 10-4 節的指標運算來存取陣列元素。

程式範例：Ch10_3.c

在 C 程式宣告一維陣列後，使用 for 迴圈走訪陣列來顯示每一個元素的值和位址，接著分別使用陣列名稱取得第 1 個，和取址運算子取得最後 1 個元素的位址後，顯示元素值，如下所示：

```
data[0]= 11(0061FEE0)
data[1]= 93(0061FEE4)
data[2]= 45(0061FEE8)
data[3]= 27(0061FEEC)
data[4]=-40(0061FEF0)
data[5]= 80(0061FEF4)
第 1 個元素值： 11(0061FEE0)
最後 1 個元素值： 80(0061FEF4)
```

上述執行結果顯示陣列元素，在括號中是位址，最後是第 1 個和最後 1 個元素的位址和值。Blockly 積木程式是 Ex10_3.xml。

程式內容

```
/* 程式範例：Ch10_3.c */
#include <stdio.h>
#define LEN    6
/* 主程式 */
int main()
{
    int i, *ptr;   /* 宣告變數與指標 */
    /* 建立 int 陣列且指定初值 */
    int data[LEN] = {11, 93, 45, 27, -40, 80};
    /* 顯示陣列元素的位址和值 */
    for ( i = 0; i < LEN; i++ ) {
        ptr = &data[i];   /* 取得元素的位址 */
        printf("data[%d]=%3d(%p)\n", i, *ptr, ptr);
    }
```

```
15:     ptr = data;  /* 陣列名稱就是指標 */
16:     printf("第1個元素值: %d(%p)\n", *ptr, ptr);
17:     ptr = &data[LEN-1];
18:     printf("最後1個元素值: %d(%p)\n", *ptr, ptr);
19:     return 0;
20: }
```

程式說明

- 第 9 列：宣告 int 一維陣列 data[] 且指定陣列元素的初值。
- 第 11~14 列：使用 for 迴圈以陣列索引走訪陣列來顯示元素值和位址，在第 12 列使用取址運算子取得每一個元素的位址。
- 第 15 列和第 17 列：分別將指標指向陣列的第 1 個元素，和最後 1 個元素。

10-4 指標運算

指標一樣可以作為運算元建立指標運算式（Pointer Expressions），不過並非所有 C 語言的運算子都支援指標運算（Pointer Arithmetic），指標運算式只能使用指定、遞增、遞減、加、減和關係運算子。

10-4-1 指定敘述與比較運算

C 語言可以使用指定敘述將指標指定成其他相同資料型態的指標，或使用關係運算子來比較指標值的記憶體位址。

指標的指定敘述

如同其他 C 語言的變數，指標也可以在指定敘述的右邊，將指標值指定給其他指標，如下所示：

```
int *ptr1, *ptr = &var;
ptr1 = ptr;
```

上述指標 ptr1 和 ptr 擁有相同值，都是相同變數 var 的記憶體位址。

指標的比較運算

在指標之間可以比較記憶體的位址值，在 C 語言是使用關係運算子建立 ptr == ptr1 或 ptr2 > ptr1 等的關係或條件運算式，如下所示：

```
if ( ptr2 > ptr1 )
    printf("ptr2 高於 ptr1 的記憶體位址 !\n");
else
    printf("ptr1 高於 ptr2 的記憶體位址 !\n");
```

上述 if/else 條件是比較指標的記憶體位址哪一個比較高，如果指向同一個記憶體位址就表示相等，如下所示：

```
if ( ptr == ptr1 )
    printf("ptr 和 ptr1 記憶體位址相等 !\n");
```

程式範例：Ch10_4_1.c

在 C 程式宣告多個指標後，使用指定敘述指定指標值，並且比較各指標記憶體位址的高低，如下所示：

```
var   = 100
*ptr  = 100(0061FF00)
*ptr1 = 100(0061FF00)
*ptr2 =  50(0061FEFC)
ptr 和 ptr1 記憶體位址相等 !
ptr1 高於 ptr2 的記憶體位址 !
```

上述執行結果可以看到變數 var、ptr、ptr1 值和位址，指標 ptr 和 ptr1 的位址是相同的 0061FF00；ptr1 高於 ptr2 的位址。Blockly 積木程式是 Ex10_4_1.xml。

程式內容

```
01: /* 程式範例：Ch10_4_1.c */
02: #include <stdio.h>
03: /* 主程式 */
04: int main()
05: {
06:    int var = 100, var1 = 50; /* 宣告變數 */
07:    int *ptr1, *ptr = &var, *ptr2 = &var1;
08:    ptr1 = ptr;    /* 指標的指定敘述 */
09:    /* 顯示變數值與位址 */
10:    printf("var   = %d\n", var);
11:    printf("*ptr = %d(%p)\n", *ptr, ptr);
12:    printf("*ptr1= %d(%p)\n", *ptr1, ptr1);
13:    printf("*ptr2= %3d(%p)\n", *ptr2, ptr2);
14:    if ( ptr == ptr1 )  /* 指標的比較運算 */
15:       printf("ptr 和 ptr1 記憶體位址相等 !\n");
16:    if ( ptr2 > ptr1 )
17:       printf("ptr2 高於 ptr1 的記憶體位址 !\n");
18:    else
19:       printf("ptr1 高於 ptr2 的記憶體位址 !\n");
20:    return 0;
21: }
```

程式說明

- 第 8 列：指標運算的指定敘述，將指標 ptr 指定給指標 ptr1，兩個指標值是相同的記憶體位址。
- 第 14~19 列：使用 if 和 if/else 條件執行指標的比較運算，比較各指標記憶體位址的高、低或相等。

10-4-2 指標的算術運算

指標的算術運算是記憶體位址位移的遞增、遞減和加減運算。C 語言的一維陣列可以使用指標的算術運算來存取元素，例如：宣告測試的 data[] 陣列，如下所示：

```
int data[]= { 1, 2, 3, 4, 5 };
```

上述程式碼宣告整數陣列且指定初值，編譯器會配置一塊連續記憶體空間來儲存這些陣列元素。現在，我們可以宣告指標 ptr 和 ptr1 來指向陣列第 1 個和最後 1 個元素的位址，如下所示：

```
int *ptr = &data[0];
int *ptr1 = &data[4];
```

上述程式碼宣告 ptr 指標，其值是第 1 個元素 data[0] 的位址，ptr1 是最後 1 個元素 data[4] 的位址，如下圖所示：

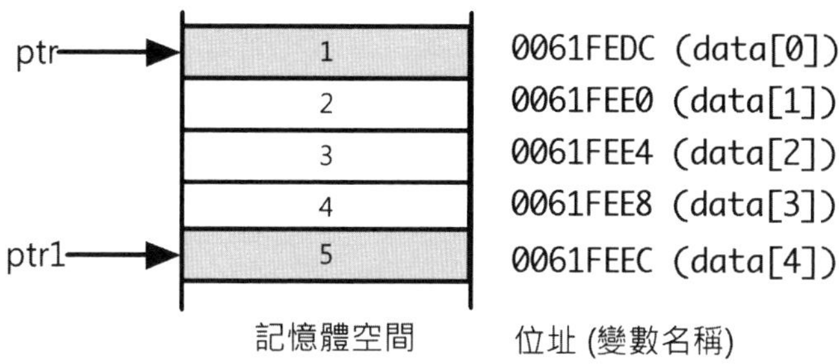

上述圖例的指標 ptr 是指向元素 data[0] 的位址 0061FEDC；ptr1 指向元素 data[4] 的位址 0061FEEC。

指標的遞增和遞減運算

指標可以使用遞增和遞減運算來移動指標指向的位址，首先是遞增運算，如下所示：

```
ptr++;
```

上述程式碼如果是一般變數就是值加一，指標是將目前指標位移到下一個資料型態變數的位址，即加上其指向變數資料型態的尺寸，以本書使用的編譯器來說，int 和 float 是加 4；double 是加 8。

例如：目前指標 ptr 是指向 int 整數，其值為 0061FEDC；下一個是加上 int 型態的 4 個位元組，所以是 0061FEE0（如果是 double 就是加 8）。接著執行遞減運算，如下所示：

```
ptr--;
```

上述程式碼將目前指標位移到前一個 int 資料型態變數的位址。例如：目前指標 ptr 的值為 0061FEE0，前一個是 0061FEDC，如下圖所示：

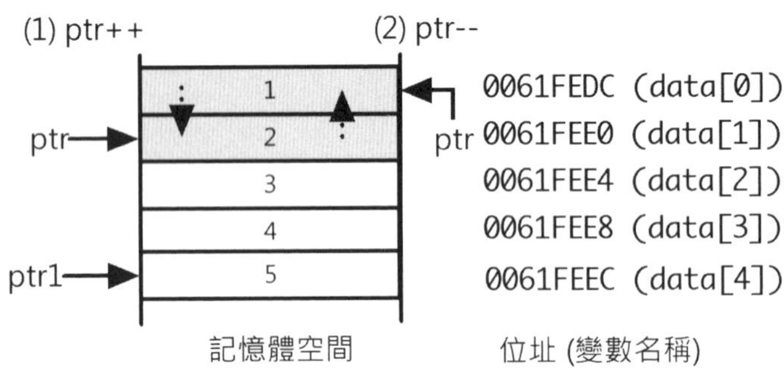

在實作上，指標的遞增和遞減運算只需配合 for 迴圈就可以用來走訪每一個陣列元素，如下所示：

```
ptr = &data[0];
for ( i = 0; i < 5; i++ )
   printf("data[%d]=%d ", i, *ptr++);
```

上述程式碼在取得第 1 個元素位址的 ptr 指標後，使用遞增運算來走訪陣列的每一個元素。遞減運算可以從最後一個元素反過來走訪至第 1 個元素，如下所示：

```
ptr = &data[4];
for ( i = 0; i < 5; i++ )
   printf("data[%d]=%d ", i, *ptr--);
```

指標的加法運算

指標的加法運算可以讓指標一次就向後位移常數值的整個記憶體區段，如下所示：

```
ptr = ptr + 3;
```

上述程式碼加上常數值 3，表示位移 3 次，以 int 整數型態來說，總共往後移動 3 * 4 = 12 個位元組，所以 ptr 原來指向變數 data[0]，執行後是指向 data[3]，如下圖所示：

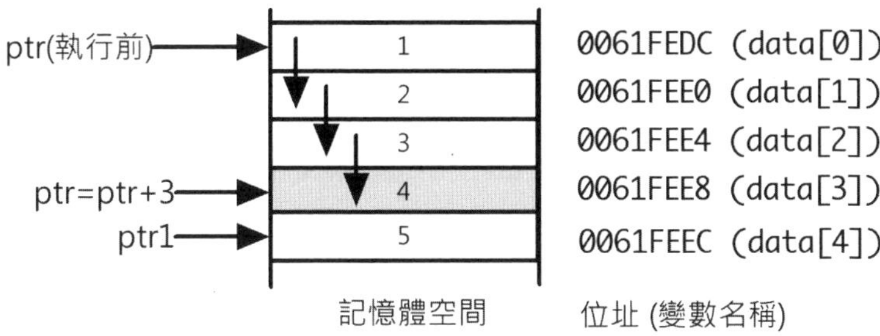

指標的減法運算

指標減法的位移方向和加法相反，指標是往前位移整個記憶體區段的位址，如下所示：

```
ptr = ptr - 2;
```

上述程式碼因為目前的 ptr 是指向變數 data[3]，往前位移 2 個元素，ptr 將指向變數 data[1]，如下圖所示：

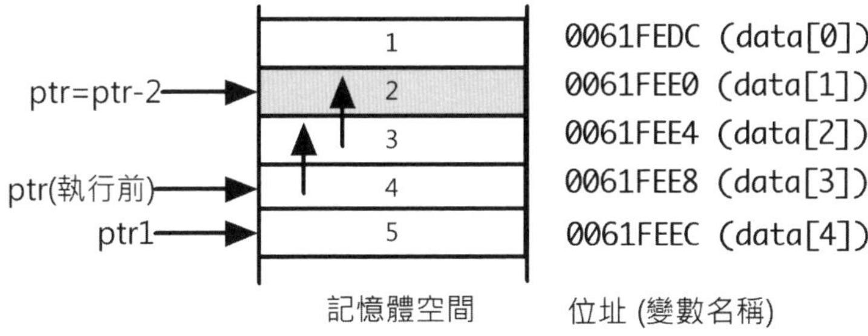

指標相減

C 語言的兩個指標變數也可以相減，如下所示：

```
i = (int) (ptr1 - ptr);
j = (int) (ptr - ptr1);
```

上述程式碼是指標相減，結果是 2 個指標之間相差指定資料型態尺寸的個數，因為目前 ptr 指向變數 data[1]，ptr1 指向變數 data[4]，ptr1 - ptr = 3 表示 ptr1 是在 ptr 之後的 3 個元素；而 ptr - ptr1 = -3 表示 ptr 是 ptr1 之前的 3 個元素。

陣列索引值與指標的關係

因為一維陣列名稱沒有方括號是指向陣列第 1 個元素的指標常數，以 data[] 陣列為例，我們可以使用 *data 取得第 1 個元素 data[0] 的值，*(data + 1) 是第 2 個元素 data[1] 的值，*(data + 2) 是第 3 個元素 data[2] 的值，以此類推。

程式範例：Ch10_4_2.c

在 C 程式宣告 5 個元素的整數陣列 data[] 後，分別測試各種指標的算術運算，最後使用指標運算來走訪陣列元素，如下所示：

```
data[0] = 1 [0061FEDC]
data[1] = 2 [0061FEE0]
data[2] = 3 [0061FEE4]
data[3] = 4 [0061FEE8]
data[4] = 5 [0061FEEC]
指標的算術運算：
*ptr    = 1 [0061FEDC]
*ptr1   = 5 [0061FEEC]
ptr++    : 2 [0061FEE0]
ptr--    : 1 [0061FEDC]
ptr+3    : 4 [0061FEE8]
ptr-2    : 2 [0061FEE0]
```

```
ptr1-ptr = 3
ptr-ptr1 = -3
使用指標運算來走訪陣列：
data[0]=1 data[1]=2 data[2]=3 data[3]=4 data[4]=5
data[4]=5 data[3]=4 data[2]=3 data[1]=2 data[0]=1
```

上述執行結果首先顯示陣列元素的值和位址，然後依序顯示指標算術運算的結果，最後使用指標的遞增和遞減運算來走訪一維陣列 data[]。Blockly 積木程式是 Ex10_4_2.xml。

程式內容

```
/* 程式範例：Ch10_4_2.c */
#include <stdio.h>
/* 主程式 */
int main()
{
    int data[]= { 1, 2, 3, 4, 5};/* 宣告陣列 */
    int i, j, *ptr = &data[0];    /* 指向 data[0] */
    int *ptr1 = &data[4];         /* 指向 data[4] */
    /* 顯示變數值與位址 */
    printf("data[0] = %d [%p]\n", data[0], &data[0]);
    printf("data[1] = %d [%p]\n", data[1], &data[1]);
    printf("data[2] = %d [%p]\n", data[2], &data[2]);
    printf("data[3] = %d [%p]\n", data[3], &data[3]);
    printf("data[4] = %d [%p]\n", data[4], &data[4]);
    printf(" 指標的算術運算 :\n");
    printf("*ptr = %d [%p]\n", *ptr, ptr);
    printf("*ptr1= %d [%p]\n", *ptr1, ptr1);
    ptr++;  /* 指標的遞增運算 */
    printf("ptr++: %d [%p]\n",*ptr,ptr);
    ptr--;  /* 指標的遞減運算 */
    printf("ptr--: %d [%p]\n",*ptr,ptr);
    ptr = ptr + 3;  /* 指標的加法運算 */
    printf("ptr+3: %d [%p]\n",*ptr,ptr);
    ptr = ptr - 2;  /* 指標的減法運算 */
    printf("ptr-2: %d [%p]\n",*ptr,ptr);
    i = (int)(ptr1 - ptr);    /* 指標相減 */
    j = (int)(ptr - ptr1);
```

```
28:     printf("ptr1-ptr = %d\n", i);
29:     printf("ptr-ptr1 = %d\n", j);
30:     printf(" 使用指標運算來走訪陣列 :\n");
31:     ptr = &data[0];  /* 第 1 個元素 */
32:     for ( i = 0; i < 5; i++ )
33:        printf("data[%d]=%d ", i, *ptr++);
34:     printf("\n");
35:     ptr = &data[4];  /* 最後 1 個元素 */
36:     for ( i = 4; i >=0; i-- )
37:        printf("data[%d]=%d ", i, *ptr--);
38:     printf("\n");
39:     return 0;
40: }
```

程式說明

- 第 6 列：宣告 5 個元素的 int 整數陣列 data[] 且指定初值。
- 第 7~8 列：宣告指標分別指向元素 data[0] 和 data[4]。
- 第 10~14 列：顯示 data[0] 到 data[4] 的陣列元素值和位址。
- 第 18~27 列：測試各種指標運算的算術運算。
- 第 31~38 列：使用 2 個 for 迴圈分別以遞增和遞減運算來走訪陣列。

10-5 字串與指標

C 語言的字串就是 char 字元型態的一維陣列，我們可以宣告指標來指向字元陣列或字串常數，並且使用指標運算來處理字串。

10-5-1 建立字串指標

C 語言的字串指標是 char 資料型態的指標變數，可以指向字元陣列，或是指向字串常數。

宣告字串指標

字串指標是 char 資料型態的指標，在宣告前，我們需要先宣告一維字元陣列的字串，如下所示：

```
char str[15] = "This is a pen.";
```

上述字元陣列是字串且已經指定初值，接著宣告字串指標指向此字串，如下所示：

```
char *ptr;
ptr = str;
```

上述程式碼宣告 char 資料型態的指標 ptr，指向陣列名稱 str，也就是字串第 1 個字元的位址，如下圖所示：

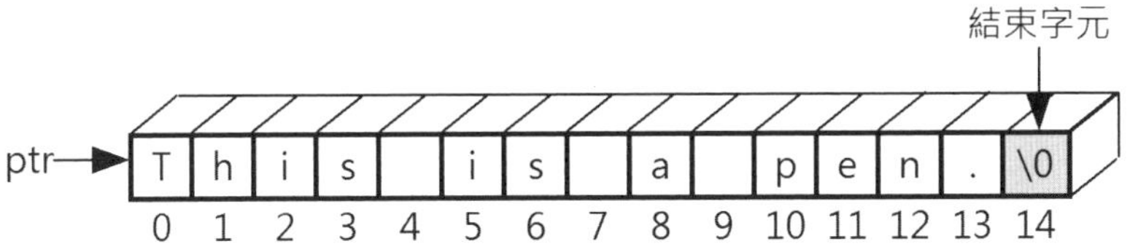

指向其他字元陣列

指標可以指向字元陣列，當然也可以隨時更改指向其他字元陣列的字串。例如：str1 是另一個字元陣列的字串，如下所示：

```
char str1[15] = "hello! world";
```

現在，我們可以將指標 ptr1 指向 str1 字串，如下所示：

```
ptr1 = str1;
```

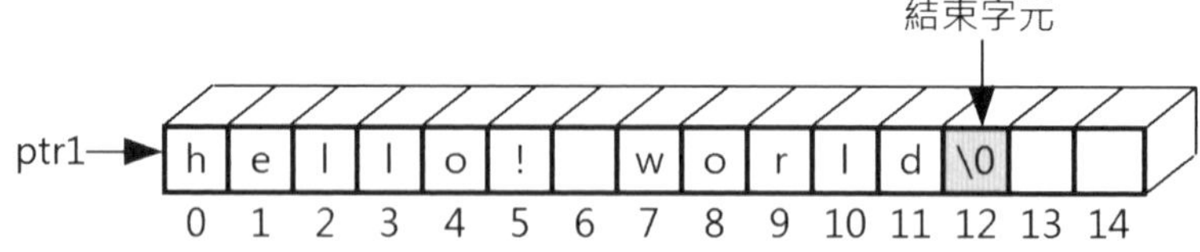

程式範例：Ch10_5_1.c

在 C 程式建立字串與字串指標，然後顯示字串，和字串指標指向的字串內容，如下所示：

```
str字串 = "This is a pen."
str1字串 = "hello! world"
ptr = "This is a pen."
ptr1 = "hello! world"
```

上述執行結果的前 2 個是字串 str 和 str1 的內容，後 2 個是顯示字串指標指向的字串。Blockly 積木程式 Ex10_5_1.xml 是使用**變數 / 陣列**分類，倒數第 2 個積木來建立字串，如下圖所示：

字串 char 名稱 str 字元數 15 初始值 " This is a pen. "
字串 char 名稱 str1 字元數 15 初始值 " hello! world "
char 指標 * 名稱 ptr 初始值 空值NULL
char 指標 * 名稱 ptr1 初始值 空值NULL
指定 ptr 成為 str
指定 ptr1 成為 str1

上述字元指標指向字串，就是使用**變數 / 陣列**倒數第 3 個的陣列名稱指標。

程式內容

```
01: /* 程式範例 : Ch10_5_1.c */
02: #include <stdio.h>
03: /* 主程式 */
04: int main()
05: {
06:     /* 字元陣列宣告 */
07:     char str[15] = "This is a pen.";
08:     char str1[15] = "hello! world";
09:     char *ptr, *ptr1;              /* 宣告字串指標 */
10:     /* 顯示字串內容 */
11:     printf("str 字串 = \"%s\"\n", str);
12:     printf("str1 字串 = \"%s\"\n", str1);
13:     ptr = str;        /* 指標 ptr 指向字串 str */
14:     ptr1 = str1;      /* 指標 ptr1 指向字串 str1 */
15:     printf("ptr = \"%s\"\n", ptr);
16:     printf("ptr1 = \"%s\"\n", ptr1);
17:     return 0;
18: }
```

程式說明

- 第 9 列：宣告 2 個字串指標。
- 第 13~14 列：分別將字串指標指向字串變數 str 和 str1。

10-5-2　使用指標運算複製字串

當指標指向字串的一維字元陣列後，我們就可以使用指標運算存取字串的每一個字元來進行字串處理。

例如：將字串 str 的內容複製到字串 str1，指標 ptr 是指向 str；ptr1 是指向 str1，複製字元的 while 迴圈，如下所示：

```
while ( *ptr != '\0' )
{
    *(ptr1+i) = *ptr++;
    i++;
}
*(ptr1+i) = '\0';   /* 加上字串結束字元 */
```

上述 while 迴圈的條件是檢查是否到了 str 字串的結束字元，ptr1 和 ptr 指標分別使用加法運算「*(ptr1+i)」和遞增運算「*ptr++」來移到下一個字元，最後在 ptr1 加上結束字元 '\0'，即可將字串 str 複製到 str1。

程式範例：Ch10_5_2.c

在 C 程式使用指標運算來複製字串內容，如下所示：

```
將字串 str 複製到 str1:
str 字串 = "This is a pen."
str1 字串 = "This is a pen."
ptr1 = "This is a pen."
```

上述執行結果可以看到 str 和 str1 的字串內容是相同的，因為我們是將 str 字串複製到 str1 字串。Blockly 積木程式 Ex10_5_2.xml 的複製迴圈，如下圖所示：

程式內容

```
01: /* 程式範例：Ch10_5_2.c */
02: #include <stdio.h>
03: /* 主程式 */
04: int main()
05: {
06:     /* 字元陣列宣告 */
07:     char str[15] = "This is a pen.";
08:     char str1[15];
09:     char *ptr, *ptr1;           /* 宣告字串指標 */
10:     int i = 0;
11:     ptr = str;                  /* 指標 ptr 指向字串 str */
12:     ptr1 = str1;                /* 指標 ptr1 指向字串 str1 */
13:     /* 使用指標運算複製字元的 while 迴圈 */
14:     while ( *ptr != '\0' ) {
15:        *(ptr1+i) = *ptr++;
16:        i++;
17:     }
18:     *(ptr1+i) = '\0';  /* 加上字串結束字元 */
19:     /* 顯示字串內容 */
20:     printf("將字串 str 複製到 str1: \n");
21:     printf("str 字串 = \"%s\"\n", str);
22:     printf("str1 字串 = \"%s\"\n", str1);
23:     printf("ptr1 = \"%s\"\n", ptr1);
24:     return 0;
25: }
```

程式說明

- 第 14~17 列：使用指標運算複製字元的 while 迴圈。

學習評量

選擇題

(　　) 1. 請問下列哪一個程式碼可以取得 int t[15] 陣列第 1 個元素位址？

A. t[0];　B. t;　C. &t;　D. t[1];

(　　) 2. 請問下列哪一個程式碼是正確指標變數 pp 的宣告？

A. int *pp;　B. int &pp;　C. ptr pp;　D. int pp;

(　　) 3. 請問下列哪一個程式碼可以取得整數變數 tt 的位址？

A. &tt;　B. tt;　C. *tt;　D. sizeof(tt);

(　　) 4. 請問下列 C 程式片段執行結果顯示的值為何，如下所示：

```
int x = 7;
int *ptr;
ptr = &x;
printf("%d", *ptr);
```

A. 1　B. 2　C. 5　D. 7

(　　) 5. 請問下列 C 程式片段的執行結果為何，如下所示：

```
int *ptr;
printf("%p", ptr);
```

A. 編譯錯誤　B. 執行錯誤

C. 顯示位址　D. 顯示無意義的值

(　　) 6. 請問下列 C 程式片段執行結果顯示的值為何，如下所示：

```
int test[] = {1, 2, 3, 4};
printf("%d", *(test + 1));
```

A. 1　　B. 2　　C. 3　　D. 4

(　　) 7. 請問下列 C 程式片段執行結果顯示的值為何，如下所示：

```
int test[] = {1, 2, 3, 4};
int *ptr;
ptr = test;
++ptr[0];
printf("%d", test[0]);
```

A. 2　　B. 3　　C. 4　　D. 5

(　　) 8. 請問下列 C 程式片段的執行結果為何，如下所示：

```
int **ptr;
printf("%p", &ptr);
```

A. 編譯錯誤　　B. 執行錯誤

C. 顯示位址　　D. 顯示無意義的值

簡答題

1. 請使用圖例說明什麼是指標？

2. 請使用圖例說明指標的取址「&」和取值「*」運算子的用途？在下列運算式中，哪些星號「*」是取值運算子；哪些是數學的乘法運算子，如下所示：

```
(1) *ptr
(2) a * b
(3) b *= a + 15
(4) *b *= *a + 15
```

3. 請說明下列程式碼是宣告什麼變數？如下所示：

```
(1) int *var1;
(2) int **var2;
(3) int *c[6];
(4) char *a[10];
```

4. 請寫出至少 5 種 C 語言指標運算支援的運算子？並舉例說明？

5. 在宣告一個整數陣列 data[10] 和整數指標 ptr 後，請問 ptr 指向陣列第一個元素的取址運算為 ________ 或 ________ ，指向最後一個陣列元素的取址運算 ________ 。

6. 在 C 程式宣告一個大小 6 個元素的整數陣列 array[]，請依序回答下列各指標運算所指陣列元素的索引值為何？如下所示：

```
(1) ptr = array;
(2) ptr++;
(3) ptr+3;
(4) ptr = ptr + 2;
(5) ptr--;
```

7. 假設有 2 個整數指標 ptr 和 ptr1，ptr 指向整數陣列的第 3 個元素，ptr1 是指向第 4 個元素，請問 ptr1-ptr 的值為何？如果是浮點數指標和浮點數陣列時的 ptr1-ptr 值為何？

8. 在 C 程式宣告一維整數陣列 data[] 和整數指標 ptr，請寫出二種方法指定陣列第 4 個元素值為 150 的程式碼。

實作題

1. 請建立 C 程式宣告 2 個 int 整數變數 a = 123 和 b = 456，然後宣告指標 ptr_a 和 ptr_b 來分別指向變數 a 和 b，最後使用取值運算來顯示 2 個變數的值和其記憶體位址。

2. 請建立 C 程式使用整數 int 指標來更新變數 var 的值，其值是從初值 231 改為 678。

3. 請建立 C 程式宣告 char 字元變數 ch 且指定初值 'A' 後，使用指標將變數值改為 66，最後將變數值顯示出來。

4. 請建立 C 程式宣告整數變數 a 和 b，其初值為 15 和 16，然後宣告 2 個指標 ptr_a 和 ptr_b 來分別指向變數 a 和 b，在使用取值運算取得變數值後，計算和顯示 2 個變數值相乘的結果，如下所示：

```
*ptr_a *= *ptr_a;
```

5. 請建立 C 語言的 sumTwoArrays() 函數傳入 2 個整數陣列的參數（可以不同尺寸），然後使用指標計算和傳回 2 個陣列的總和。

6. 請建立 C 函數 addTwoArrays()，函數傳入 2 個相同尺寸的整數陣列，使用指標將陣列的各元素相加後，存入第 2 個參數的陣列。

結構與聯合

11-1 結構

C 語言的「結構」(Structures)和「聯合」(Unions)都是一種「自訂資料型態」(User-Defined Types),可以讓程式設計者自行在程式碼定義新的資料型態。

11-1-1 認識結構

C 語言的結構是一種延伸資料型態,結構是使用一或多個不同資料型態(也可以是相同資料型態)組成的集合,然後使用一個新名稱來代表。**結構和陣列的差異在於陣列的元素都是相同的資料型態,而結構的成員可以是不同的資料型態。**

C 語言的結構如同是資料庫(Database)的記錄,可以將複雜且相關資料組合成一個記錄來方便存取。例如:圖形的點是由 X 軸和 Y 軸的座標 (x, y) 組成,如下所示:

```
struct point {
   int x;
   int y;
};
```

上述結構 point(詳細宣告語法請參閱<第 11-1-2 節:結構的宣告與使用>)可以代表圖形上一個點的座標 (x, y),當圖形是使用數十到上百個點組成時,結構就能夠清楚分別哪一個 x 值是搭配哪一個 y 值的座標。

日常生活中常見的結構範例很多,例如:學生和員工薪資等都可以使用結構建立,學生資料包含學號、地址、姓名和學生成績等變數,某些資料還可以再進一步細分,成績可以是另一個包含數學和英文成績的結構。

簡單的說，結構是將 C 程式眾多變數作系統性的分類整理，可以將相關變數結合在一起，當處理大量資料和建立大型應用程式時，結構可以大幅降低程式設計的複雜度。

11-1-2 結構的宣告與使用

在 C 程式宣告結構是使用 struct **關鍵字**來定義新的資料型態，其語法如下所示：

```
struct 結構名稱 {
    資料型態 變數 1;
    資料型態 變數 2;
    ......
};
```

上述語法定義名為**結構名稱**的一種新資料型態，程式設計者可以使用 C 語言的命名原則替結構命名，在結構中宣告的變數稱為結構的「成員」(Members)。例如：宣告學生資料的 student 結構，如下所示：

```
struct student {
    int stdId;
    char name[20];
    int math;
    int english;
};
```

上述結構是學號 stdId、學生姓名 name[] 字元陣列的字串、數學成績 math 和英文成績 english 成員變數組成。

宣告結構變數與初始值

當宣告 student 結構後，因為結構是自訂型態，我們可以在程式碼使用新型態來宣告變數，其語法如下所示：

```
struct 結構名稱 變數名稱 [ = { 成員初始值清單 }];
```

上述語法是使用 struct 關鍵字開頭加上結構名稱來宣告結構變數（C++ 語言不用 struct 關鍵字），例如：宣告 student 結構的結構變數 std1，如下所示：

```
struct student std1;
struct student std3;
```

上述程式碼單純宣告結構變數 std1 和 std3，我們也可以在宣告同時指定結構成員變數的初值，這是使用大括號括起，使用「,」分隔的成員變數值，例如：結構變數 std2 在「＝」等號後使用大括號括起 3 個成員變數的初值，如下所示：

```
struct student std2 = { 9402, "小龍女", 65, 88 };
```

上述程式碼是依序指定 stdId、name[]、math 和 english 成員變數值，其記憶體圖例如下圖所示：

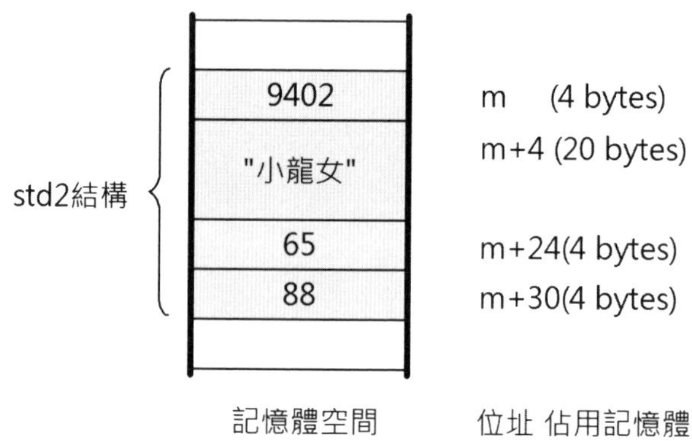

上述圖例假設記憶體位址從 m 開始，student 結構的成員變數依序佔用 4（整數）、20（字元陣列）、4（整數）和 4（整數）位元組，所以，結構變數 std2 共佔用 32 位元組。

結構與成員變數的運算

在宣告建立結構變數後，我們可以使用「.」運算子存取結構成員變數的值，如下所示：

```
std1.stdId = 9401;
strcpy(std1.name, "陳允傑");
std1.math = 90;
std1.english = 77;
```

上述程式碼依序存取結構的成員變數，因為 name 是字串，所以使用 strcpy() 函數來指定成員變數值。在 ANSI-C 語言支援結構變數的指定敘述，如下所示：

```
std3 = std2;
```

上述程式碼是將結構變數 std3 指定成 std2，指定敘述是一種簡潔寫法，相當於執行結構各成員變數的指定敘述，如下所示：

```
std3.stdId = std2.stdId;
strcpy(std3.name, std2.name);
std3.math = std2.math;
std3.english = std2.english;
```

因為結構的成員變數都是變數，我們一樣可以執行成員變數的運算，例如：計算各科成績的總分，如下所示：

```
total = std1.math + std1.english;
```

程式範例：Ch11_1_2.c

在 C 程式宣告結構 student 和 3 個結構變數，在設定初值和指定結構的成員變數值後，依序顯示結構內容，如下所示：

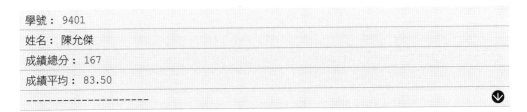

```
學號： 9401
姓名： 陳允傑
成績總分： 167
成績平均： 83.50
--------------------
```

```
學號： 9402
姓名： 小龍女
成績總分： 153
成績平均： 76.500000
--------------------
學號： 9402
姓名： 小龍女
成績總分： 153
成績平均： 76.500000
```

上述執行結果可以看到 3 筆學生資料，最後 2 筆資料相同，因為 std3 = std2。

程式內容

```c
/* 程式範例： Ch11_1_2.c */
#include <stdio.h>
#include <string.h>
struct student {        /* 宣告學生結構 */
    int stdId;          /* 學號 */
    char name[20];      /* 姓名 */
    int math;           /* 數學成績 */
    int english;        /* 英文成績 */
};
/* 主程式 */
int main()
{
    struct student std1; /* 宣告變數 */
    struct student std2 = { 9402, "小龍女", 65, 88 };
    struct student std3;
    int sum;
    std1.stdId = 9401; /* 指定結構變數值 */
    strcpy(std1.name, "陳允傑");
    std1.math = 90;
    std1.english = 77;
    std3 = std2;    /* 指定敘述 */
    /* 顯示學生資料 */
    printf("學號： %d\n", std1.stdId);
    printf("姓名： %s\n", std1.name);
    sum = std1.math + std1.english;
```

```
26:     printf("成績總分：%d\n", sum);
27:     printf("成績平均：%.2f\n", sum / 2.0);
28:     printf("--------------------\n");
29:     printf("學號：%d\n", std2.stdId);
30:     printf("姓名：%s\n", std2.name);
31:     sum = std2.math + std2.english;
32:     printf("成績總分：%d\n", sum);
33:     printf("成績平均：%f\n", sum / 2.0);
34:     printf("--------------------\n");
35:     printf("學號：%d\n", std3.stdId);
36:     printf("姓名：%s\n", std3.name);
37:     sum = std3.math + std3.english;
38:     printf("成績總分：%d\n", sum);
39:     printf("成績平均：%f\n", sum / 2.0);
40:     return 0;
41: }
```

程式說明

- 第 4~9 列：student 結構的宣告。
- 第 13~15 列：宣告結構變數 std1、std2 和 std3，在第 14 列指定結構變數 std2 的初值。
- 第 17~20 列：依序一一指定結構的成員變數值，字串變數 name 是使用 strcpy() 函數指定變數值。
- 第 21 列：結構變數的指定敘述。
- 第 23~39 列：顯示結構內容、計算成績總分和平均。

11-1-3 巢狀結構

「巢狀結構」(Nested Structures) 是在**結構宣告中擁有其他結構變數的宣告**，例如：在第 11-1-2 節的 student 結構，成績資料獨立成小考測驗 quiz 結構，如下所示：

```
struct quiz {
   int math;
   int english;
};
```

上述 quiz 結構是 2 科測驗的成績資料。student 結構宣告可以改用 quiz 結構變數 grade 來儲存測驗成績，如下所示：

```
struct student {
   int stdId;
   char name[20];
   struct quiz grade;
};
```

上述結構有 quiz 結構變數 grade。同樣的，我們可以在宣告 student 結構變數時，指定結構變數的初值，如下所示：

```
struct student std2 = {9402, "小龍女", {65, 88}};
```

上述初值共有 2 個大括號，內層大括號指定結構變數 grade 的初值。因為 grade 是 student 結構的成員變數，所以在存取 quiz 結構的成員變數時，需要先存取結構變數 grade，然後才能存取成員變數 math 和 english，如下所示：

```
std1.grade.math = 90;
std1.grade.english = 77;
```

程式範例：Ch11_1_3.c

這個 C 程式是修改 Ch11_1_2.c，在 student 結構宣告中擁有 quiz 結構變數 grade 的巢狀結構，在宣告 2 個結構變數後，指定結構成員變數值，最後顯示結構內容，如下所示：

```
學號： 9401
姓名： 陳允傑
成績總分： 167
成績平均： 83.500000
```

```
--------------------
學號: 9402
姓名: 小龍女
成績總分: 153
成績平均: 76.500000
```

上述執行結果可以看到和第 11-1-2 節相同的學生資料。

程式內容

```c
/* 程式範例: Ch11_1_3.c */
#include <stdio.h>
#include <string.h>
struct quiz {            /* 小考成績結構 */
    int math;            /* 數學成績 */
    int english;         /* 英文成績 */
};
struct student {         /* 學生結構 */
    int stdId;           /* 學號 */
    char name[20];       /* 姓名 */
    struct quiz grade; /* 結構變數 */
};
/* 主程式 */
int main()
{
    struct student std1;  /* 宣告變數 */
    struct student std2 = {9402, "小龍女", {65, 88}};
    int sum;
    std1.stdId = 9401; /* 指定結構變數值 */
    strcpy(std1.name, "陳允傑");
    std1.grade.math = 90;
    std1.grade.english = 77;
    /* 顯示學生資料 */
    printf("學號: %d\n", std1.stdId);
    printf("姓名: %s\n", std1.name);
    sum = std1.grade.math+std1.grade.english;
    printf("成績總分: %d\n", sum);
    printf("成績平均: %f\n", sum / 2.0);
    printf("--------------------\n");
    printf("學號: %d\n", std2.stdId);
    printf("姓名: %s\n", std2.name);
```

```
32:     sum = std2.grade.math+std2.grade.english;
33:     printf("成績總分：%d\n", sum);
34:     printf("成績平均：%f\n", sum / 2.0);
35:     return 0;
36: }
```

程式說明

- 第 4~7 列：quiz 結構宣告，其宣告是位在結構 student 宣告之前，如此，在之後宣告 student 結構時，才能知道什麼是 quiz 結構。
- 第 8~12 列：student 結構宣告，在第 11 列是 quiz 結構變數 grade。
- 第 16~17 列：宣告結構變數 std1 和 std2，在第 17 列指定結構變數 std2 的初值。
- 第 19~22 列：指定結構的成員變數值，字串變數 name 是使用 strcpy() 函數指定變數值。
- 第 24~34 列：顯示結構內容、計算成績總分和平均。

11-1-4 結構與函數

C 語言的結構是一種自訂資料型態，結構變數不只可以是函數的參數，還可以是函數的傳回值。例如：在第 11-1-1 節宣告的點結構 point，如下所示：

```
struct point {
    int x;
    int y;
};
```

上述結構擁有 2 個成員變數 x 和 y，接著建立函數指定點座標和計算位移量，函數的原型宣告，如下所示：

```
struct point setXY(int , int);
struct point offset(struct point, int);
```

上述 2 個函數的傳回值都是 point 結構，在 offset() 函數使用 point 結構作為參數，使用的是傳值呼叫。ANSI-C 支援結構變數的指定敘述，我們可以將函數傳回值指定給其他結構變數，如下所示：

```
p1 = offset(p, 50);
```

程式範例：Ch11_1_4.c

在 C 程式宣告結構 point 和建立 2 個函數，函數可以指定 point 結構變數的座標和計算座標位移，如下所示：

```
指定座標 (x, y): (150, 200)
座標向右向上位移 ....
原始座標 (x, y): (150, 200)
位移座標 (x, y): (200, 250)
```

上述執行結果可以看到點座標，在位移前後原始座標和位移後的座標值，共向右和向上位移 50。

程式內容

```
/* 程式範例: Ch11_1_4.c */
#include <stdio.h>
#include <stdlib.h>
struct point { /* 宣告點結構 */
    int x;        /* X 座標 */
    int y;        /* Y 座標 */
};
/* 函數的原型宣告 */
struct point setXY(int , int);
struct point offset(struct point, int);
/* 主程式 */
int main()
{
```

```
14:    struct point p;  /* 宣告變數 */
15:    struct point p1;
16:    p = setXY(150, 200); /* 呼叫函數 setXY */
17:    /* 顯示目前座標 */
18:    printf("指定座標(x, y): (%d, %d)\n", p.x, p.y);
19:    p1 = offset(p, 50);  /* 呼叫函數 offset */
20:    /* 顯示目前座標 */
21:    printf("座標向右向上位移....\n");
22:    printf("原始座標(x, y): (%d, %d)\n", p.x, p.y);
23:    printf("位移座標(x, y): (%d, %d)\n", p1.x, p1.y);
24:    return 0;
25: }
26: /* 函數: 指定座標 */
27: struct point setXY(int x, int y) {
28:    struct point temp;
29:    temp.x = x;  temp.y = y;
30:    return temp;
31: }
32: /* 函數: 座標位移 */
33: struct point offset(struct point p, int len) {
34:    p.x += len;  p.y += len;
35:    return p;
36: }
```

程式說明

- 第 4~7 列：結構 point 的宣告。
- 第 16 列和第 19 列：分別呼叫 setXY() 和 offset() 函數。
- 第 27~31 列：函數 setXY() 建立區域結構變數 temp，在指定結構的成員變數值後，傳回 temp。
- 第 33~36 列：函數 offset() 在第 34 列執行加法運算，新增參數結構成員變數的位移值後，傳回參數的結構變數，因為是傳值呼叫，並不會影響呼叫時傳入的結構變數。

11-2 結構陣列

「結構陣列」（Arrays of Structure）是結構資料型態的陣列。在建立結構陣列前，我們需要先宣告結構，例如：每一學期考試成績的 test 結構，如下所示：

```
struct test {
    int midterm;
    int final;
};
```

上述結構擁有 2 個成員變數的期中和期末考成績，然後使用 test 結構宣告一維結構陣列，如下所示：

```
#define MAXSIZE 2
struct test students[MAXSIZE];
```

上述程式碼宣告一維結構陣列 students[]，擁有 2 個元素，每一個元素是一個 test 結構。因為結構陣列就是陣列，只是元素是結構；不是變數，我們一樣可以存取陣列索引 i 元素結構的成員變數，如下所示：

```
students[i].midterm
students[i].final
```

程式範例：Ch11_2.c

在 C 程式宣告結構 test 儲存學生考試成績後，以 test 結構宣告結構陣列 students[] 儲存每位學生的成績，在使用 for 迴圈輸入學生的成績資料後，計算學生的平均成績，如下所示：

```
學生編號： 1
請輸入期中成績 ==> 81 Enter
```

```
請輸入期末成績 ==> 82 Enter
成績平均 :81.500000
學生編號 : 2
請輸入期中成績 ==> 78 Enter
請輸入期末成績 ==> 90 Enter
成績平均 :84.000000
```

程式內容

```
01: /* 程式範例 : Ch11_2.c */
02: #include <stdio.h>
03: #define MAXSIZE    2
04: /* 主程式 */
05: int main()
06: {
07:    struct test {   /* 宣告結構和結構陣列 */
08:       int midterm;
09:       int final;
10:    };
11:    struct test students[MAXSIZE];
12:    int i, sum = 0;   /* 宣告總分變數 */
13:    /* for 迴圈讀取每位學生的考試成績 */
14:    for ( i = 0; i < MAXSIZE; i++ ) {
15:       printf(" 學生編號 : %d\n", i + 1);
16:       printf(" 請輸入期中成績 ==> ");
17:       scanf("%d", &students[i].midterm);
18:       printf(" 請輸入期末成績 ==> ");
19:       scanf("%d",&students[i].final);
20:       sum = students[i].midterm + students[i].final;
21:       /* 顯示平均成績 */
22:       printf(" 成績平均 :%f\n",sum/(float)MAXSIZE);
23:    }
24:    return 0;
25: }
```

程式說明

- 第 7~10 列：test 結構宣告，不同於之前程式範例，結構是在主程式 main() 宣告，所以只能在主程式的程式區塊使用。

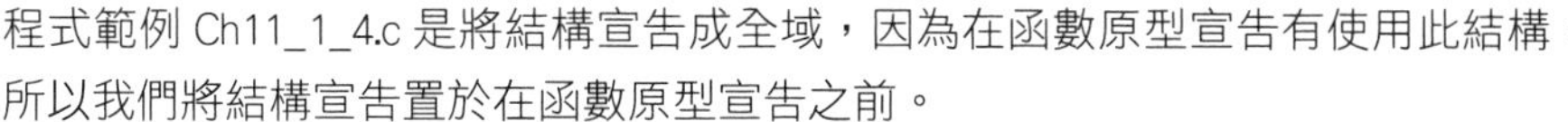

程式範例 Ch11_1_4.c 是將結構宣告成全域，因為在函數原型宣告有使用此結構，所以我們將結構宣告置於在函數原型宣告之前。

- 第 11 列：宣告一維結構陣列 students[]。
- 第 14~23 列：使用 for 迴圈輸入每位學生的考試成績且計算總分，然後在第 22 列計算且顯示平均成績，因為符號常數是整數值，所以型態轉換成 float。

11-3 指標與結構

C 語言的指標一樣可以指向結構，除了使用結構變數存取結構外，我們也可以使用結構指標來存取成員變數。例如：宣告 time 結構儲存時間資料，如下所示：

```
struct time {
    int hours;
    int minutes;
};
```

上述結構擁有 2 個成員變數的時和分，因為指標需要指向結構變數的位址，所以需要先宣告結構變數後，才能建立指向結構的指標，如下所示：

```
struct time now, *ptr;
```

上述程式碼宣告結構變數 now 和結構指標 ptr，接著將結構指標指向結構，如下所示：

```
ptr = &now;
```

上述結構指標 ptr 指向結構變數 now 的位址。現在，我們可以使用 C 語言的指標來存取結構的成員變數，如下所示：

```
(*ptr).minutes = 35;
```

上述程式碼先使用取值運算子取得結構變數 now 後，存取成員變數 minutes，程式碼相當於是使用 now 結構變數存取 minutes 成員，如下所示：

```
now.minutes = 35;
```

C 語言提供結構指標的「->」運算子，可以直接存取結構的成員變數，而不用使用「(*ptr).」，如下所示：

```
ptr->hours = 18;
```

上述變數 ptr 是結構指標，可以存取成員變數 hours 的值。

如果 C 程式碼看到「->」運算子，表示此變數一定是結構的指標變數。

程式範例：Ch11_3.c

在 C 程式宣告 time 結構儲存時間資料後，建立結構變數和指標，分別使用結構變數和指標存取成員變數來顯示目前時間，如下所示：

```
18時:35分
PM 6時:35分
```

上述執行結果顯示 2 個時間，這都是同一結構變數 now，只是分別使用結構變數和指標來存取成員變數值。

程式內容

```
/* 程式範例: Ch11_3.c */
#include <stdio.h>
struct time { /* 時間結構 */
   int hours;
   int minutes;
};
```

```
07: /* 函數的原型宣告 */
08: void showTime(struct time *ptr);
09: /* 主程式 */
10: int main()
11: {
12:    struct time now, *ptr; /* 宣告結構變數和指標 */
13:    ptr = &now;        /* 結構指標指向結構 */
14:    ptr->hours = 18; /* 指定結構的成員變數值 */
15:    (*ptr).minutes = 35;
16:    printf("%d 時 :%d 分 \n", now.hours, now.minutes);
17:    showTime(ptr);     /* 呼叫函數 */
18:    return 0;
19: }
20: /* 函數 : 使用結構指標顯示成員變數 */
21: void showTime(struct time *ptr) {
22:    if ( ptr->hours>=12 ) /* 轉成 12 小時制 */
23:       printf("PM %d 時 :", ptr->hours - 12);
24:    else
25:       printf("AM %d 時 :", ptr->hours);
26:    printf("%d 分 \n",ptr->minutes);
27: }
```

程式說明

- 第 3~6 列：宣告全域 time 結構，因為主程式和 showTime() 函數都使用 time 結構。
- 第 12~13 列：宣告結構變數 now 和結構指標 ptr 後，在第 13 列將結構指標 ptr 指向結構變數 now 的位址。
- 第 14~16 列：使用不同方法來存取成員變數值，第 14~15 列是使用指標存取成員變數。
- 第 16~17 列：使用結構變數顯示時間資料，和呼叫 showTime() 函數以指標方式存取結構的成員變數。
- 第 21~27 列：在 showTime() 函數使用 if/else 條件將 24 小時制改為 12 小時制，在程式碼使用指標「->」運算子取得成員變數值。

11-4 聯合

C 語言的「聯合」（Unions）類似結構，其差異是結構可以存取不同的成員變數，**聯合只能存取其中「一」個成員變數**，換句話說，我們是在同一塊記憶體空間儲存不同型態的資料。

結構的成員變數是佔用前後相連的一整塊記憶體空間，聯合的記憶體空間是疊起來，其大小是成員變數中最大的哪一個資料型態。聯合是使用 union **關鍵字**進行宣告，其語法如下所示：

```
union 聯合名稱 {
   資料型態 變數 1;
   資料型態 變數 2;
   ……
};
```

上述語法建立名為**聯合名稱**的新資料型態。例如：宣告儲存數值資料的聯合 number，如下所示：

```
union number {
   char c;
   short value;
};
```

上述聯合 number 是由字元 c 和短整數 value 組成，可以儲存字元或短整數資料。聯合 number 佔用的記憶體空間是 2 個位元組，也就是成員變數 short 型態的尺寸，如右圖所示：

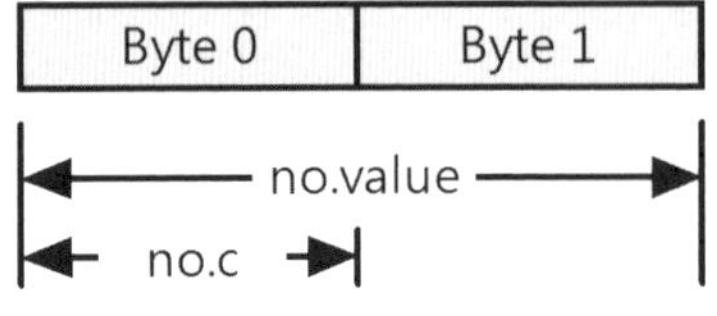

上述圖例的 no.value 成員變數佔用 2 個位元組 Byte 0 和 Byte 1，no.c 只佔用同一塊記憶體的位元組 Byte 0。如果宣告相同成員變數的結構，如下所示：

```
struct number {
    char c;
    short value;
};
```

上述結構 number 變數共佔用 3 個位元組，因為是成員變數佔用記憶體空間的總和，如下圖所示：

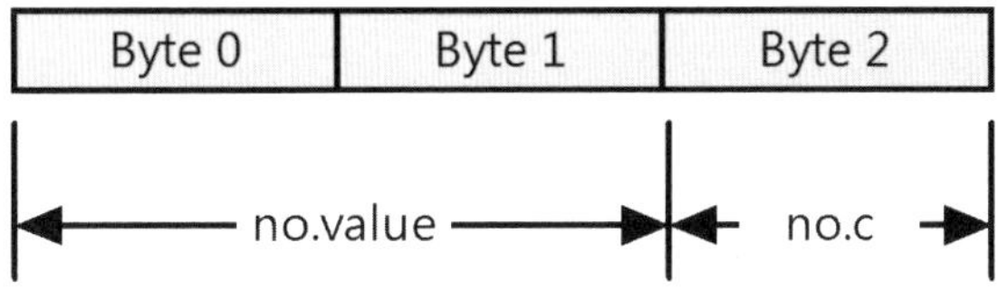

宣告聯合變數

聯合 union 也是自訂資料型態，在程式碼是使用新型態來宣告變數，其語法如下所示：

```
union 聯合名稱 變數名稱；
```

上述語法使用 union 關鍵字開頭，之後是聯合名稱來宣告聯合變數。例如：使用 number 聯合型態宣告聯合變數，如下所示：

```
union number no;
```

上述程式碼宣告聯合變數 no。

存取成員變數

在建立聯合變數後，我們可以存取聯合的成員變數，如下所示：

```
no.value = num;
```

上述程式碼使用「.」運算子存取聯合的成員變數，請注意！聯合變數的成員都佔用同一塊記憶體空間，當指定其中一個成員變數值，例如：no.value 後，存取其他成員變數，不見得能夠取得有意義的資料。

程式範例：Ch11_4.c

在 C 程式宣告聯合 number 和聯合變數 no 後，使用迴圈輸入數值和字元來指定成員變數 value 和 c，並且顯示聯合的成員變數值，如下所示：

```
聯合變數 no 佔用的記憶體： 2 位元組
請輸入十六進位整數 ==> 5566 Enter
no.value= 0x5566(21862)
後 8 位元 = 102
no.c = f(102)
請輸入字元 ==> A Enter
no.value= 0x5541(21825)
後 8 位元 = 65
no.c = A(65)
請輸入十六進位整數 ==> 250 Enter
no.value=  0x250(592)
後 8 位元 = 80
no.c = P(80)
請輸入字元 ==> f Enter
no.value=  0x266(614)
後 8 位元 = 102
no.c = f(102)
請輸入十六進位整數 ==> -1 Enter
```

上述執行結果首先顯示聯合型態的尺寸是 2 個位元組，在輸入十六進位值和字元中，no.value 是 2 個位元組的值，後 8 個位元是 no.c 的值，當在輸入十六進位值時輸入 -1，即可結束程式執行。

> 當我們指定聯合中佔用位元組比較大的成員變數值是同一值時，比較小的成員變數值是固定值，反之，如果指定比較小的成員變數值，比較大的成員變數值就不一定是同一值。例如：每次輸入 0x5566，no.c 一定是字元 f，反之，將 no.c 指定成 f，不表示 no.value 一定是 0x5566。

程式內容

```
01: /* 程式範例: Ch11_4.c */
02: #include <stdio.h>
03: /* 主程式 */
04: int main()
05: {
06:     union number {  /* 宣告聯合 */
07:        char c;
08:        short value;
09:     };
10:     union number no;  /* 聯合變數宣告 */
11:     short c, num;
12:     printf("聯合變數 no 佔用的記憶體: %d 位元組 \n",
13:                               sizeof(union number));
14:     do {
15:        printf("請輸入十六進位整數 ==> ");
16:        scanf("%x", &num);
17:        if ( num == -1 ) break; /* 跳出迴圈 */
18:        no.value = num;
19:        /* 顯示聯合的成員資料 */
20:        printf("no.value= %#6x(%d)\n",no.value,no.value);
21:        printf("後 8 位元 = %d\n", no.value & 0x00ff);
22:        printf("no.c     = %c(%d)\n", no.c, no.c);
23:        while ((c=getchar())!='\n');/* 多餘字元 */
24:        printf("請輸入字元 ==> ");
25:        scanf("%c", &c);
26:        no.c = (char) c;
27:        /* 顯示聯合的成員資料 */
28:        printf("no.value= %#6x(%d)\n",no.value,no.value);
29:        printf("後 8 位元 = %d\n", no.value & 0x00ff);
30:        printf("no.c     = %c(%d)\n", no.c, no.c);
31:        while ((c=getchar())!='\n');/* 多餘字元 */
32:     } while ( 1 );
33:     return 0;
34: }
```

程式說明

- 第 6~9 列：number 聯合的宣告。
- 第 10 列：宣告聯合變數 no。

- 第 12~13 列：顯示 number 聯合佔用的記憶體大小。
- 第 14~32 列：do/while 無窮迴圈在輸入十六進位數值和字元後，顯示成員變數值，在第 21 列和第 29 列使用「&」And 位元運算取得後 8 個位元的值，即 no.value & 0x00ff，詳細說明請參閱第 12 章。
- 第 23 列和第 31 列：使用 while 迴圈配合 getchar() 函數讀取使用者輸入的多餘字元。

11-5 建立新型態

在宣告結構或聯合型態（其他基本資料型態也可以）後，為了方便宣告（不用再加上 struct 或 union 關鍵字），我們可以使用一個別名來取代此新型態，這個別名是一個新增的識別字，用來定義全新的資料型態，其語法如下所示：

```
typedef 資料型態 識別字;
```

上述語法的識別字代表資料型態，我們可以直接使用此識別字宣告變數。例如：使用 typedef 關鍵字替 item 結構定義新識別字的型態，和宣告變數，如下所示：

```
typedef struct item inventory;
inventory phone;
```

上述程式碼定義新型態 inventory 識別字後，使用 inventory 宣告變數 phone（不再需要 struct 關鍵字），此時變數 phone 是 item 結構變數。

不只如此，對於 C 語言內建資料型態，我們一樣可以改頭換面建立成為一種新型態的名稱，如下所示：

```
typedef int onHand;
struct item {
    char name[30];
    float cost;
    onHand quantity;
};
```

上述程式碼定義新型態 onHand 識別字為整數 int 資料型態後，就可以使用 onHand 宣告變數 quantity。

程式範例：Ch11_5.c

在 C 程式宣告結構 item，然後使用 typedef 建立新型態 inventory，改用 inventory 宣告變數，即宣告結構變數，如下所示：

```
庫存項目： iPhone
名稱： iPhone 6S
成本： 27500.00
數量： 100
```

上述執行結果可以看到庫存 iPhone 項目的相關資料。

程式內容

```
/* 程式範例： Ch11_5.c */
#include <stdio.h>
#include <string.h>
/* 主程式 */
int main()
{
    typedef int onHand;   /* 定義新型態 */
    struct item {         /* 宣告結構 */
        char name[30];    /* 項目名稱 */
        float cost;       /* 成本 */
        onHand quantity;  /* 庫存數量 */
    };
    /* 定義新型態 */
    typedef struct item inventory;
```

```
15:     inventory phone;  /* 結構變數宣告 */
16:     /* 指定成員變數 */
17:     strcpy(phone.name, "iPhone 6S");
18:     phone.cost = 27500.00f;
19:     phone.quantity = 100;
20:     /* 顯示庫存的項目資料 */
21:     printf("庫存項目：iPhone\n");
22:     printf("名稱：%s\n", phone.name);
23:     printf("成本：%.2f\n", phone.cost);
24:     printf("數量：%d\n", phone.quantity);
25:     return 0;
26: }
```

程式說明

- 第 7~12 列：使用 typedef 建立 int 整數的新型態 onHand，在第 11 列使用新型態宣告變數 quantity。
- 第 14 列：使用 typedef 建立新型態 inventory。
- 第 15 列：使用新型態 inventory 宣告變數 phone。

學習評量

選擇題

(　　) 1. 在 C 程式碼宣告 car 結構，如下所示：

```
struct car {
    char model[20];
    char *color;
    int age;
    double price;
};
typedef struct car MyCar;
```

請問下列哪一個 C 程式碼不是合法的結構變數宣告？

A. MyCar c;　　B. MyCar car[10];

C. MyCar;　　D. struct car x;

(　　) 2. 請繼續選擇題 1 的 car 結構宣告，在宣告結構變數 c 後，請問下列哪一個是正確程式碼來指定成員變數 color 的值？

A. c.color="white";　　B. car.color="red";

C. c->color="white";　　D. car->color="red";

(　　) 3. 繼續選擇題 1 的 car 結構宣告，在宣告結構變數 c 後，請問下列哪一個是正確程式碼來指定成員變數 model 的值？

A. c.model = "BMW";　　B. strcpy(c.model, "BMW");

C. c->model = "BMW";　　D. car.model = "BMW";

(　　　) 4. 繼續選擇題 1 的 car 結構宣告，請寫出下列 C 程式執行結果顯示的內容，如下所示：

```
int main()
{
  MyCar a, b;
  a = b;  a.color = "red";
  printf("%s", b.color);
  return 0;
}
```

A. 0　　B. red　　C. -1　　D. 無法決定值

(　　　) 5. 在 C 程式碼宣告聯合型態 test，如下所示：

```
union test {
   char c;
   int grade;
   double GPA;
};
typedef union test MyTest
```

請問下列哪一個程式碼可以取得上述聯合型態的尺寸？

A. 0　　B. sizeof(int);

C. sizeof(char);　　D. sizeof(double);

簡答題

1. 請說明什麼是 C 語言的結構和聯合資料型態？陣列與結構的差異為何？

2. 在 C 語言宣告結構是使用 ________ 關鍵字，宣告聯合是使用 ________ 關鍵字，定義 C 語言新型態的別名是 ________ 關鍵字。

3. 請寫出下列結構宣告、變數和存取成員變數的 C 程式碼，如下所示：

   - address 結構內含 3 個字串 address、city、zip 的成員變數。
   - time 結構內含 hour、minute 和 second 三個整數的成員變數。
   - 宣告 address 結構變數 home；time 結構變數 now；time 結構的指標 ptr。
   - 使用結構變數 now 指定成員變數值 19:34:30，然後使用 ptr 指標取出和顯示目前的時間。

4 請寫出 C 程式碼使用 sizeof 運算子取得下列資料型態所需的記憶體空間，如下所示：

```
(1)
struct card {
    int number;
    char name[10];
};
(2)
union test {
    int number;
    char name[5];
    double grade;
};
```

5. 在 C 程式宣告 member 結構，如下所示：

```
struct member {
   char name[20];
   int age;
   int status;
};
```

接著宣告結構變數 joe 和結構指標 ptr 指向 joe 的位址，然後請回答下列問題，如下所示：

- 變數 joe 和 ptr 結構指標存取成員變數 age 的程式碼 __________ 和 __________。
- 使用變數 joe 和結構指標 ptr 指定成員變數 name 值的程式碼 __________ 和 __________。

6. 在 C 程式碼宣告結構陣列 test[5]，並且宣告結構指標 ptr 指向此結構陣列的第 1 個元素，請寫出程式碼存取結構陣列的第 2 個元素。

實作題

1. 在 C 程式宣告 record 結構，內含 2 個 int 和 1 個 float 型態的成員，然後建立結構變數 info，指定 float 型態的成員值為 234.5，和 2 個 int 型態的成員值都為 100，最後計算和顯示成員值的總和。

2. 繼續實作題 1，宣告結構指標 ptr 指向 info，然後以兩種指標方式來分別指定 int 成員的值為 78 和 89，最後計算和顯示成員值的平均。

3. 請建立 C 程式宣告 student 結構來儲存學生資料，包含姓名、年齡和成績，然後建立結構陣列儲存班上 15 位學生的基本資料。

4. 請建立 C 程式宣告 item 結構，擁有成員變數 name 字串（大小為 20），2 個整數變數 arms 和 legs 儲存有幾隻手和腳，然後使用結構陣列儲存下表的項目，最後一一顯示項目的成員變數值，如下所示：

```
(Human、2、2)、(Cat,0,4)、(Dog,0,4)、(Table,0,4)
```

5. 請宣告 employee 結構儲存員工的聯絡資料，如下所示：

```
struct employee {
   char name[15];
   int type;
   union {
      char telephone[20];
      char cellphone[20];
   } phone;
};
```

在 C 程式輸入姓名後，詢問留住家或手機電話，然後存入聯合變數 phone，成員 type 的值 0 是住家；1 是手機，最後將聯絡資料顯示出來。

MEMO

巨集與位元運算

12-1／C 語言的巨集

12-2／巨集函數

12-3／數字系統與位元運算子

12-4／AND、OR 和 XOR 運算子

12-5／NOT 與位移運算子

12-1 C 語言的巨集

C 語言的「巨集」(Macro)是在編譯前透過「C 前置處理器」(The C Preprocessor)處理的程式碼，這是位在 C 程式檔案開頭使用「#」字元起始的指令，我們最常使用的指令有：#include 和 #define。

12-1-1 含括檔案

C 前置處理器的 #include 指令是含括檔案(File Inclusion)，可以將其他程式檔案內容複製插入到目前的程式碼檔案中。例如：C 語言標準函數庫的標頭檔，其語法如下所示：

```
#include <檔案名稱.h>
```

上述語法使用「<」和「>」符號括起的是需要含括的標頭檔案名稱，這些是編譯器提供的標頭檔案，前置處理器會自動到系統預設路徑找尋此檔案，例如：標頭檔 <stdio.h> 和 <stdlib.h> 等。

當然，我們也可以自行定義標頭檔案(通常使用副檔名 .h)，只需將標頭檔和 C 程式檔案置於同一目錄，就可以使用雙引號括起檔名來含括此檔案，其語法如下所示：

```
#include "檔案名稱.h"
```

上述語法是在 C 原始程式碼檔案所在目錄找尋檔案。實務上，#include 指令是使用在多程式碼檔案的大型 C 應用程式開發，當應用程式包含多個程式碼檔案時，我們可以將變數宣告、#define 指令定義的常數和函數原型宣告等置於標頭檔，在 C 程式檔案含括自訂標頭檔，就可以減少重複宣告或定義產生的錯誤。

程式範例：Ch12_1_1.h、Ch12_1_1.c

在 C 程式輸入半徑來計算圓面積，常數和函數原型宣告是獨立成 .h 標頭檔，如下所示：

```
請輸入圓半徑 ==> 12 Enter
圓面積： 452.389
請輸入圓半徑 ==> 25 Enter
圓面積： 1963.495
請輸入圓半徑 ==> -1 Enter
```

上述執行結果輸入半徑值來計算圓面積，負值結束程式執行。

程式內容：Ch12_1_1.h

```
01: /* 程式範例： Ch12_1_1.h */
02: #define PI 3.1415926    /* 常數宣告 */
03: /* 函數的原型宣告 */
04: double area(int);
```

程式說明

- 第 2 列：定義常數 PI。
- 第 4 列：函數 area() 的原型宣告。

程式內容：Ch12_1_1.c

```
/* 程式範例： Ch12_1_1.c */
#include <stdio.h>
#include "Ch12_1_1.h"
/* 主程式 */
int main()
{
    int r;  /* 變數宣告 */
    do {
        printf(" 請輸入圓半徑 ==> ");
        scanf("%d", &r);
        if ( r > 0 )  /* 呼叫函數 */
```

```
12:            printf("圓面積 : %.3f\n", area(r));
13:     } while( r >= 0 );
14:     return 0;
15: }
16: /* 函數 : 計算圓面積 */
17: double area(int r) {
18:     return PI*r*r;
19: }
```

程式說明

- 第 3 列：含括 Ch12_1_1.h 自訂標頭檔。
- 第 8~13 列：do/while 迴圈可以讓使用者輸入半徑，在第 11~12 列的 if 條件判斷半徑是否大於 0，如果是，就呼叫 area() 函數。
- 第 17~19 列：圓面積 area() 函數的實作程式碼，可以傳回計算結果的圓面積。

12-1-2 巨集替換指令

巨集替換（Macro Substitution）是 #define 指令，除了可以定義符號常數外，還可以定義新關鍵字或新增參數來建立巨集函數，其語法如下所示：

```
#define 名稱 替換內容
```

上述語法是使用後面替換的文字內容來替換前面的名稱，替換內容可以有很多種，如下所示：

- **常數值**：使用巨集指令定義格式字串或訊息字串，如下所示：

```
#define FORMAT    "整數值 = %d\n"
#define MSG       "程式結束 !\n"
```

- **運算式**：使用巨集指令定義 ONE 常數和 TWO 運算式，ONE 的值是 1，在定義巨集 ONE 後，可以馬上使用 ONE 定義 TWO，如下所示：

```
#define ONE        1
#define TWO        ONE + ONE
```

- **程式敘述**：巨集指令也可以是程式敘述，FOREVER 是一個 for 無窮迴圈，如下所示：

```
#define FOREVER for(;;)
```

程式範例：Ch12_1_2.c

在 C 程式使用巨集指令 #define 定義常數值、格式字串、訊息文字和運算式，如下所示：

```
整數值 = 1
整數值 = 2
程式結束！
```

程式內容

```
01: /* 程式範例：Ch12_1_2.c */
02: #include <stdio.h>
03: #define FORMAT    "整數值 = %d\n"
04: #define MSG       "程式結束！\n"
05: #define ONE       1
06: #define TWO       ONE + ONE
07: /* 主程式 */
08: int main()
09: {
10:     printf(FORMAT, ONE);
11:     printf(FORMAT, TWO);
12:     printf(MSG);
13:     return 0;
14: }
```

程式說明

- 第 3~4 列：使用 #define 巨集指令定義格式字串和訊息字串。
- 第 5~6 列：使用 #define 巨集指令定義整數常數和運算式。

12-2 巨集函數

巨集替換指令 #define 一樣可以新增參數來建立函數，因為巨集可以加上參數，所以這種巨集指令稱為巨集函數，如下所示：

```
#define SWAP(x, y) {  int _z;   \
                      _z = y; \
                       y = x;  \
                       x = _z; }
```

上述程式碼建立巨集函數 SWAP()，內含參數 x 和 y，可以交換整數參數 x 和 y，如果取代的文字內容很長，請在最後使用「\」符號分成數行來編排。在 C 程式碼呼叫巨集函數如同函數呼叫，如下所示：

```
SWAP(a, b);
```

上述程式碼呼叫巨集函數，不過，執行過程並不會真的更改執行流程，C 前置處理器是在編譯前就展開巨集函數成為替代內容，如下所示：

```
{ int _z; _z = b; b = a; a = _z; }
```

上述程式碼是巨集函數的程式區塊，換句話說，巨集函數只是一種原始程式碼的替換，替換成 #define 指令後的程式區塊內容。

程式範例：Ch12_2.c

在 C 程式使用巨集指令定義 SWAP()、AREA() 和 ISEVEN() 三個巨集函數，可以分別檢查是否是偶數、交換整數變數和計算圓面積，如下所示：

```
奇數！
交換前：a = 10   b = 5
交換後：a = 5    b = 10
半徑 10 的圓面積：314.16
半徑 25 的圓面積：1963.50
```

上述執行結果顯示檢查結果是奇數、整數值 a、b 已經交換，最後顯示半徑 10 和 25 的圓面積。

程式內容

```
01: /* 程式範例: Ch12_2.c */
02: #include <stdio.h>
03: #define TRUE      1
04: #define FALSE     0
05: /* 巨集函數 */
06: #define SWAP(x, y) {  int _z;   \
07:                       _z = y; \
08:                        y = x; \
09:                        x = _z; }
10: #define AREA(r)   r*r*3.1415926
11: #define ISEVEN(x) (x)%2 == 0 ? TRUE : FALSE
12: /* 主程式 */
13: int main()
14: {
15:    int a = 10, b = 5, r = 10; /* 變數宣告 */
16:    if ( ISEVEN(a + b) ) printf("偶數!\n");
17:    else                 printf("奇數!\n");
18:    printf("交換前: a = %d b = %d\n", a, b);
19:    SWAP(a, b);  /* 交換變數值 */
20:    printf("交換後: a = %d b = %d\n", a, b);
21:    printf("半徑 %d 的圓面積: %.2f\n", r, AREA(r));
22:    printf("半徑 25 的圓面積: %.2f\n", AREA(25));
23:    return 0;
24: }
```

程式說明

- 第 3~4 列：使用巨集指令定義常數 TRUE 和 FALSE。
- 第 6~9 列：定義巨集函數 SWAP() 來交換參數的 2 個整數變數值，這是使用程式區塊來交換 2 個變數值，因為 C 語言支援「程式區塊的區域變數」(Local to the Block)。
- 第 10 列：定義巨集函數 AREA() 計算圓面積，其功能如同程式範例 Ch12_1_1.c 的 area() 函數。

- 第 11 列：定義巨集函數 ISEVEN() 檢查參數是否為偶數，這是使用「?:」條件運算子判斷參數值，傳回值是 TRUE 或 FALSE 常數。
- 第 16~17 列：if/else 條件呼叫 ISEVEN() 函數檢查是否為偶數。
- 第 19 列：呼叫巨集函數 SWAP() 交換 2 個變數值。
- 第 21~22 列：呼叫巨集函數 AREA() 計算圓面積，參數分別是變數和常數值。

12-3 數字系統與位元運算子

數字表示法是數值常數值的表示方式，我們可以使用十進位、二進位、八進位和十六進位來表示程式使用的常數值。在 C 語言提供多種位元運算子，可以針對位元組中的位元來進行運算。

12-3-1 數字系統

對於程式設計師來說，或多或少都會處理一些二進位或十六進位的數值，所以，對於數字系統（Number System）需要有一定的認識，才能在不同的數字系統之間進行轉換。

十進位數字系統（The Decimal Number System）

十進位數字系統是我們日常生活中使用的數字系統，這是使用 10 為基底的數字系統，從 0~9 共 10 種符號表示，我們使用貨幣的 1、10、100 和 1000 元也是十進位數字系統。例如：十進位整數 432，如下表所示：

4	$4 * 10^2 = 4 * 100 =$	400
3	$3 * 10^1 = 3 * 10 =$	30
2	$2 * 10^0 = 2 * 1 =$	2
		432

上述整數的第 1 個位數是 2（從右至左），乘以 10 的 0 次方，第 2 個位數是 3，乘以 10 的 1 次方，第 3 個位數是 4，乘以 10 的 2 次方，以此類推，最後相加的結果是 432。

二進位數字系統（The Binary Number System）

二進位數字系統是使用 2 為基底的數字系統，以 0 和 1 兩種符號表示，例如：二進位整數 1101，如下表所示：

1	$1 * 2^3 = 1 * 8 =$	8
1	$1 * 2^2 = 1 * 4 =$	4
0	$0 * 2^1 = 0 * 2 =$	0
1	$1 * 2^0 = 1 * 1 =$	1
		13

上述整數的第 1 個位數是 1（從右至左），乘以 2 的 0 次方，第 2 個位數是 0，乘以 2 的 1 次方，第 3 個位數是 1，乘以 2 的 2 次方，第 4 個位數是 1，乘以 2 的 3 次方，以此類推，最後相加的結果是十進位的 13。

八進位數字系統（The Octal Number System）

八進位數字系統是以 8 為基底的數字系統，使用 0~7 共 8 種符號表示，例如：八進位整數 475，如下表所示：

4	$4 * 8^2 = 4 * 64 =$	256
7	$7 * 8^1 = 7 * 8 =$	56
5	$5 * 8^0 = 5 * 1 =$	5
		317

上述整數的第 1 個位數是 5（從右至左），乘以 8 的 0 次方，第 2 個位數是 7，乘以 8 的 1 次方，第 3 個位數是 4，乘以 8 的 2 次方，以此類推，最後相加的結果是十進位的 317。

十六進位數字系統（The Hexadecimal Number System）

十六進位數字系統是以 16 為基底的數字系統，除了 0~9 外，還需 A~F 代表 10~15 共 16 種符號表示，例如：十六進位整數 2DA，如下表所示：

2	$2 * 16^2 = 2 * 256 =$	512
D	$13 * 16^1 = 13 * 16 =$	208
A	$10 * 16^0 = 10 * 1 =$	10
		730

上述整數的第 1 個位數是 A（從右至左），乘以 16 的 0 次方，第 2 個位數是 D，乘以 16 的 1 次方，第 3 個位數是 2，乘以 16 的 2 次方，以此類推，最後相加的結果是十進位的 730。

12-3-2 C 語言的位元運算子

C 語言支援六種「位元運算子」（Bitwise Operators），可以執行二進位值的左移或右移位元，或位元的 NOT（1' 補數）、AND、XOR 和 OR 位元運算，其優先順序愈前面愈高，如下表所示：

位元運算子	說明
~	位元運算子 NOT（1' 補數）
<<、>>	位元運算子左移、右移
&	位元運算子 AND
^	位元運算子 XOR
|	位元運算子 OR

上表位元運算子建立的運算式只能使用整數運算元，即 char、short、int 和 long 資料型態。

12-3-3 數字系統轉換

十進位、八進位、十六進位和二進位數字系統的轉換表，如下表所示：

十進位	0	1	2	3	4	5	6	7	8	9	10	11	12	13	14	15
八進位	0	1	2	3	4	5	6	7	10	11	12	13	14	15	16	17
十六進位	0	1	2	3	4	5	6	7	8	9	A	B	C	D	E	F
二進位	0000	0001	0010	0011	0100	0101	0110	0111	1000	1001	1010	1011	1100	1101	1110	1111

上述轉換表可以幫助我們快速執行八進位、十六進位和二進位之間的互換，如下所示：

十六進位與二進位的互換

十六進位與二進位的互換是透過上述轉換表，將十六進位的每 1 個位數轉換成二進位的 4 個 0 或 1，如下所示：

- **十六進位轉換成二進位**：將每一個十六進位的位數，依據上表轉換成二進位，1 個轉換成 4 個，如下所示：

$(4EC)_{16} = (0100\ 1110\ 1100)_2 = (010011101100)_2$
$(5BD1.B)_{16} = (0101\ 1011\ 1101\ 0001\ .\ 1011)_2 = (101101111010001.1011)_2$

- **二進位轉換成十六進位**：以小數點為基準，整數部分是由右向左，每 4 位為一組，不足 4 補 0。小數部分是從左至右，每 4 位一組，不足 4 補 0，然後將每一組數字轉換成十六進位值，如下所示：

$(111010011)_2 = (0001\ 1101\ 0011)_2 = (1D3)_{16}$
$(111010011.101)_2 = (0001\ 1101\ 0011\ .\ 1010)_2 = (1D3.A)_{16}$

八進位與二進位的互換

八進位與二進位的互換是透過上述轉換表的前半部分 0~7，其二進位值是使用後 3 個位元，即 1 是 001；2 是 010，以此類推，可以將八進位的每 1 個位數轉換成二進位的 3 個 0 或 1，如下所示：

- **八進位轉換成二進位**：將每一個八進位的位數，依據上表轉換成二進位，1 個轉換成 3 個，如下所示：

$(475)_8 = (100\ 111\ 101)_2 = (100111101)_2$
$(76.21)_8 = (111\ 110\ .\ 010\ 001)_2 = (111110.010001)_2$

- **二進位轉換成八進位**：以小數點為基準，整數部分是由右向左，每 3 位為一組，不足 3 補 0。小數部分是從左至右，每 3 位一組，不足 3 補 0，然後將每一組數字轉換成八進位值，如下所示：

$(101001110)_2 = (101\ 001\ 110)_2 = (516)_8$
$(101001110.01)_2 = (101\ 001\ 110\ .\ 010)_2 = (516.2)_8$

八進位與十六進位的互換

八進位與十六進位的互換是透過二進位來進行轉換，如下所示：

- **十六進位轉換成八進位**：先將十六進位轉換成二進位，然後再將二進位轉換成八進位，如下所示：

$(C9.A)_{16} = (1100\ 1001\ .\ 1010)_2 = (011\ 001\ 001\ .\ 101)_2 = (311.5)_8$

- **八進位轉換成十六進位**：先將八進位轉換成二進位，然後再將二進位轉換成十六進位，如下所示：

$(36.65)_8 = (011\ 110\ .\ 110\ 101)_2 = (0001\ 1110\ .\ 1101\ 0100)_2 = (1E.D4)_{16}$

12-4 AND、OR 和 XOR 運算子

C 語言的 NOT、AND、OR 和 XOR 位元運算子類似邏輯運算子，只是運算元是位元，其說明如下表所示：

<table>
<tr><th>運算子</th><th>範例</th><th>說明</th></tr>
<tr><td>&</td><td>op1 & op2</td><td>位元的 AND 運算，2 個運算元的位元值相同是 1 時為 1，如果有一個為 0，就是 0</td></tr>
<tr><td>|</td><td>op1 | op2</td><td>位元的 OR 運算，2 個運算元的位元值只需有一個是 1，就是 1；否則為 0</td></tr>
<tr><td>^</td><td>op1 ^ op2</td><td>位元的 XOR 運算，2 個運算元的位元值只需任一個為 1，結果為 1，如果同為 0 或 1 時結果為 0</td></tr>
</table>

位元運算子結果（a 和 b 代表二進位中的一個位元）的真假值表，如下表所示：

a	b	a AND b	a OR b	a XOR b
1	1	1	1	0
1	0	0	1	1
0	1	0	1	1
0	0	0	0	0

AND 運算

AND 運算「&」可以遮掉整數值的一些位元，當我們使用「位元遮罩」（Mask）和數值進行 AND 運算後，可以將不需要的位元清成 0，只取出所需位元。例如：位元遮罩 0x0f 值可以取得 char 資料型態值中，低階 4 位元的值，如右所示：

```
      十進位        二進位
      a = 60      00111100
  &)  b = 15      00001111
  ----------------------------
         12       00001100
```

上述 60 & 15 位元運算式的每一個位元，依照前述真假值表，可以得到運算結果 00001100，也就是十進位值 12。

OR 運算

OR 運算「|」是將整數值中某些特定位元設為 1，如果將每一個位元視為開關，就是開啟多個開關。例如：OR 運算式 60 | 3，如下所示：

```
       十進位      二進位
       a = 60     00111100
   |)  c =  3     00000011
   ---------------------------
           63     00111111
```

上述位元運算式是將最低階的 2 個位元設為 1，可以得到運算結果 00111111，即十進位值 63。

XOR 運算

XOR 運算「^」是當比較的 2 個位元不同時，即 0、1 或 1、0 時，將位元設為 1。例如：XOR 運算式 60 ^ 120，如下所示：

```
       十進位      二進位
       a = 60     00111100
   ^)  d =120     01111000
   ---------------------------
           68     01000100
```

上述位元運算式可以得到運算結果 01000100，即十進位值 68。

程式範例：Ch12_4.c

在 C 程式宣告 char 變數和設定初值後，測試 AND、OR 和 XOR 位元運算子，如下所示：

```
a 的值：  60(3c)
b 的值：  15(f)
```

```
c 的值：   3(3)
d 的值： 120(78)
AND 運算： a & b= 12(c)
OR 運算：  a | c= 63(3f)
XOR 運算： a ^ d= 68(44)
```

上述執行結果可以看到位元運算的結果，括號中是十六進位值。

程式內容

```
01: /* 程式範例：Ch12_4.c */
02: #include <stdio.h>
03: /* 主程式 */
04: int main()
05: {
06:     /* 變數宣告 */
07:     char a = 0x3c;    /* 00111100 */
08:     char b = 0x0f;    /* 00001111 */
09:     char c = 0x03;    /* 00000011 */
10:     char d = 0x78;    /* 01111000 */
11:     char r;
12:     printf("a 的值：%3d(%x)\n",a,a);
13:     printf("b 的值：%3d(%x)\n",b,b);
14:     printf("c 的值：%3d(%x)\n",c,c);
15:     printf("d 的值：%3d(%x)\n",d,d);
16:     /* AND、OR 和 XOR 運算 */
17:     r = a & b;      /* AND 運算 */
18:     printf("AND 運算： a & b=%3d(%x)\n",r,r);
19:     r = a | c;      /* OR 運算 */
20:     printf("OR 運算：  a | c=%3d(%x)\n",r,r);
21:     r = a ^ d;      /* XOR 運算 */
22:     printf("XOR 運算： a ^ d=%3d(%x)\n",r,r);
23:     return 0;
24: }
```

程式說明

- 第 7~10 列：宣告 char 變數和指定初值，註解是二進位值。
- 第 17~21 列：測試 AND、OR 和 XOR 位元運算子。

12-5 NOT 與位移運算子

NOT 運算子是 1' 補數運算，位移運算子可以向左或向右移幾個位元，向左移一個位元相當於乘以 2；向右移相當於除以 2。

12-5-1 NOT 運算子

NOT 運算是一種單運算元運算子，也就是 1' 補數運算，其說明如下表所示：

運算子	範例	說明
~	~ op	位元的 NOT 運算也就是 1' 補數運算，即位元值的相反值，1 成 0；0 成 1

1' 補數運算 NOT 可以反轉位元狀態值，所有 1 設為 0，0 設為 1。例如：a 的值為 00101100；~a 的值為 11010011。

程式範例：Ch12_5_1.c

在 C 程式宣告整數變數且設定初值後，測試 NOT 位元運算子，如下所示：

```
a 的原始值：  44(2c)
a 的 1' 補數：211(d3)
a 的 2' 補數： 44(2c)
```

上述執行結果可以看到第 1 次執行 NOT 運算的結果為 d3，也就是無符號十進位的 211，再執行 1 次 NOT 運算，相當於是 2' 補數運算，其結果就與原始值相同。

程式內容

```
01: /* 程式範例: Ch12_5_1.c */
02: #include <stdio.h>
03: /* 主程式 */
04: int main(void) {
05:     /* 宣告變數 */
06:     char a = 0x2c;  /* 00101100 */
07:     /* 測試位元運算子 */
08:     printf("a 的原始值: %3d(%x)\n", a, a);
09:     a = ~a;  /* 1' 補數 */
10:     printf("a 的 1\' 補數: %3d(%x)\n",a&0xff,a&0xff);
11:     a = ~a;  /* 再執行 1' 補數, 相當於 2' 補數 */
12:     printf("a 的 2\' 補數: %3d(%x)\n", a, a);
13:     return 0;
14: }
```

程式說明

- 第 6 列：宣告 char 變數和指定初值，註解是二進位值。
- 第 9~11 列：測試二次 NOT 位元運算子，第 10 列使用「&」運算子只取出低階的 1 個位元組值。

12-5-2 位移運算子

C 語言提供向左移（Left Shift）和向右移（Right Shift）幾個位元的位移運算，其說明如下表所示：

運算子	範例	說明
<<	op1 << op2	左移運算，op1 往左位移 op2 位元，然後在最右邊補上 0
>>	op1 >> op2	右移運算，op1 往右位移 op2 位元，無符號值在左邊一定補 0，有符號值需視電腦系統而定

左移運算每移 1 個位元，相當於乘以 2；右移運算每移 1 個位元，相當於除以 2。例如：原始十進位值 3 的左移運算，右邊補 0，如下所示：

```
00000011 << 1 = 00000110 ( 6)
00000011 << 2 = 00001100 (12)
```

上述運算結果的括號就是十進位值。原始十進位值 120 的右移運算，左邊補 0，如下所示：

```
01111000 >> 1 = 00111100 (60)
01111000 >> 2 = 00011110 (30)
```

程式範例：Ch12_5_2.c

在 C 程式宣告整數變數且設定初值，然後測試左移和右移位元運算子，如下所示：

```
a 的值 = 3(3)
b 的值 = 120(78)
左移運算： a<<1=   6
左移運算： a<<2=  12
右移運算： b>>1=  60
右移運算： b>>2=  30
```

上述執行結果可以看到位元運算的結果，每左移 1 個位元是乘以 2；每右移 1 個位元是除以 2。

程式內容

```
01: /* 程式範例: Ch12_5_2.c */
02: #include <stdio.h>
03: /* 主程式 */
04: int main()
05: {
06:     /* 宣告變數 */
07:     char a = 0x03;    /* 00000011 */
08:     char b = 120;     /* 01111000 */
09:     /* 左移與右移位元運算子 */
10:     printf("a 的值 = %d(%x)\n", a, a);
11:     printf("b 的值 = %d(%x)\n", b, b);
12:     printf(" 左移運算: a<<1= %3d\n",(a<<1));
13:     printf(" 左移運算: a<<2= %3d\n",(a<<2));
14:     printf(" 右移運算: b>>1= %3d\n",(b>>1));
15:     printf(" 右移運算: b>>2= %3d\n",(b>>2));
16:     return 0;
17: }
```

程式說明

- 第 7~8 列：宣告 2 個 char 變數和指定初值，註解為其二進位值。
- 第 12~15 列：測試位移運算子。

學習評量

選擇題

(　　) 1. 請問下列哪一個是 C 語言的巨集指令？

A. #import　B. #setup　C. #define　D. #include

(　　) 2. 請問 C 語言巨集的含括檔案指令是下列哪一個？

A. #import　B. #define　C. #include　D. #exclude

(　　) 3. 請問我們日常生活中使用的數字系統是什麼？

A. 十六進位　B. 八進位　C. 二進位　D. 十進位

(　　) 4. 請問下列哪一個是 C 語言位元運算子 AND ？

A.「~」　B.「&」　C.「^」　D.「|」

(　　) 5. 問下列哪一個是 C 語言位元運算子 NOT ？

A.「~」　B.「&」　C.「^」　D.「|」

(　　) 6. 請問 C 語言位元運算式 60 | 3 的運算結果是什麼？

A. 63　B. 68　C. 66　D. 67

(　　) 7. 請問 C 語言位元運算式 60 ^ 120 的運算結果是什麼？

A. 63　B. 68　C. 66　D. 67

(　　) 8. 請問 C 語言位元運算式 1 >> 3 相當於是下列哪一個運算式？

A. 1 * 2 * 2　B. 1 * 2 * 2 * 2　C. 1 / 2 / 2　D. 1 / 2 / 2 / 2

簡答題

1. 請簡單說明什麼是 C 語言的巨集？何謂巨集函數？

2. 請問下列兩行程式碼的差異為何？

```
#include <test.h>
#include "test.h"
```

3. 請簡單說明巨集函數和一般 C 函數的差異？

4. 請簡單說明什麼是數字系統？十六進位值 4EC 轉換成的二進位值為 ____________。

5. 請問 C 語言運算子「|」和「||」有何不同？

6. 請說明下列兩個位元運算式的運算結果有何不同，如下所示：

```
01010101 ^ 11111111
~01010101
```

實作題

1. 請使用 C 語言的巨集定義本章章名的符號常數 TITLE，然後顯示符號常數的內容。

2. 請使用巨集定義 MAX(a, b) 和 MIN(a, b) 函數，可以分別取得 2 個參數的最大和最小值（提示：使用 C 語言的條件運算子）。

3. 請使用巨集定義平方和三次方的函數 SQUARE(a) 和 CUBE(a)。

4. 請建立 C 程式在指定變數 x = 123、y = 4 後，顯示 x << y 和 x >> y 運算式的值。

5. 請建立 C 程式顯示下列位元運算式的值，如下所示：

```
0xFFFF ^ 0x8888
0xABCD & 0x4567
0xDCBA | 0x1234
```

CHAPTER

13

檔案處理

13-1／C 語言的檔案處理

13-2／文字檔案的讀寫

13-3／二進位檔案的讀寫

13-1 C 語言的檔案處理

「檔案」(Files)是儲存在電腦周邊裝置的一種資料集合，通常是指儲存在硬碟、行動碟、光碟或記憶卡等裝置上的位元組資料，C 程式可以將輸出資料儲存到檔案來長期保存，或將檔案視為輸入來讀取檔案內容。

檔案儲存的位元組資料可能被解譯成字元、數值、整數、字串或資料庫的記錄，取決於 C 程式開啟的檔案類型。在 C 語言標準函數庫的「檔案輸入與輸出」(File Input/Output，File I/O)函數可以處理二種檔案類型：**文字**和**二進位檔案**。

文字檔案(Text Files)

文字檔案的內容是字元資料，例如：Windows 作業系統的記錄檔或使用**記事本**建立的檔案。我們可以將文字檔案視為是一種「文字串流」(Text Stream)，串流像是從水龍頭流出的是一個一個字元，處理文字檔案只能向前一個一個來循序的處理字元，也稱為「循序檔案」(Sequential Files)，如同水只能往低處流，我們並不能回頭處理之前已經處理過的字元。

文字檔案的基本操作有三種，如下所示：

- **讀取**(Input)：在文字檔案讀取字元資料。
- **寫入**(Output)：將字元資料寫入文字檔案，如果檔案有內容，會刪除後寫入。
- **新增**(Append)：也是寫入資料，不過不會刪除檔案內容，而是附加新增至檔尾。

C 語言的文字檔案串流是使用新行字元「\n」分割成多行(Lines)，每一行有 0 到多個字元，最後使用新行字元結束。因為作業系統差異，新行字元可能轉換成 CR(Carriage Return)+ LF(Linefeed)或只有 LF，Windows 作業系統的新行字元是轉換成 CR + LF。

二進位檔案（Binary Files）

二進位（Binary）和文字檔案對於作業系統來說並沒有什麼不同，C 語言標準函數庫的二進位檔案操作是存取未經處理的「位元組」（Bytes）資料，即不作任何資料轉換，其特性是寫入和讀出檔案的資料完全相同，稱為「二進位串流」（Binary Stream）。

檔案如果是使用二進位檔案方式開啟，存取資料不會作任何格式的轉換（主要是指處理換行和檔案結束字元），讀取的是位元組資料，在 C 程式可以自行轉換成字元資料，也就是說，讀取資料是字元或位元組，全憑 C 程式如何去解釋。

二進位檔案可以使用循序或「隨機存取」（Random Access）方式進行處理，隨機處理是將檔案視為儲存在記憶體空間的陣列或結構陣列，我們可以移動「檔案指標」（File Pointer）至指定的位置，即可存取特定資料，如同在陣列使用索引值來存取陣列元素。

13-2 文字檔案的讀寫

C 語言是使用標準函數庫 <stdio.h> 標頭檔提供的開啟、關閉、寫入和讀取文字檔案函數來處理文字檔案讀寫。

13-2-1 開啟與關閉文字檔案

在 C 程式開啟和關閉檔案是使用 <stdio.h> 標頭檔宣告的 FILE 檔案指標，每一個檔案指標是一個開啟檔案（因為同一 C 程式可以開啟多個檔案）。

開啟文字檔案

C 程式只需宣告 FILE 指標 fp，就可以使用 fopen() 函數開啟檔案，如下所示：

```
FILE *fp;
fp = fopen("test.c", "w");
```

上述函數的第 1 個參數是檔名或檔案完整路徑（請注意！路徑「\」符號在某些作業系統需要使用逸出字元「\\」，例如："C:\\C\\test.c"），第 2 個參數是檔案開啟的模式字串。文字檔案支援的開啟模式字串說明，如下表所示：

模式字串	當開啟檔案已經存在	當開啟檔案不存在
r	開啟唯讀的文字檔案	傳回 NULL
w	清除檔案內容後寫入	建立寫入文字檔案
a	開啟檔案從檔尾後開始寫入	建立寫入文字檔案
r+	開啟讀寫的文字檔案	傳回 NULL
w+	清除檔案內容後讀寫內容	建立讀寫文字檔案
a+	開啟檔案從檔尾後開始讀寫	建立讀寫文字檔案

上表的模式字串只需加上「+」符號，就表示增加檔案更新功能，「r+」成為可讀寫檔案。如果 fopen() 函數傳回 NULL 表示檔案開啟失敗，我們可以使用 if 條件檢查檔案是否開啟成功，如下所示：

```
if ( fp == NULL ) {
   printf("錯誤：檔案開啟失敗..\n");
   return 1;
}
```

上述 if 條件檢查檔案指標 fp，如果是 NULL，表示檔案開啟錯誤，所以顯示錯誤訊息，和在主程式使用 return 回傳參數至作業系統，傳回值因為不是 0，表示程式執行有錯誤。

關閉文字檔案

在執行完檔案操作後，請執行 fclose() 函數關閉檔案，如下所示：

```
fclose(fp);
```

上述函數的參數 fp 就是欲關閉檔案的 FILE 指標。

程式範例：Ch13_2_1.c

在 C 程式輸入開啟的檔案名稱和模式，成功開啟檔案，顯示開啟的檔案名稱和開啟檔案使用的模式字串，如下所示：

```
請輸入檔案名稱 ==> Ch13_2_2.c Enter
請輸入開啟模式 ==> r Enter
開啟檔案:[Ch13_2_2.c]
檔案模式:[r]
```

上述執行結果顯示已經成功開啟檔案 Ch13_2_2.c，模式是 r。

程式內容

```
/* 程式範例: Ch13_2_1.c */
#include <stdio.h>
/* 主程式 */
int main()
{
   FILE *fp;    /* 宣告變數 */
   char fname[30], mode[10];
   printf("請輸入檔案名稱 ==> ");
   gets(fname);
   printf("請輸入開啟模式 ==> ");
   gets(mode);
   /* 開啟檔案 */
   fp = fopen(fname, mode);
   if ( fp == NULL ) {   /* 檔案開啟失敗 */
      printf("檔案[%s]開啟失敗..\n", fname);
      return 1; /* 錯誤: 結束程式 */
   } else {
      printf("開啟檔案:[%s]\n", fname);
      printf("檔案模式:[%s]\n", mode);
   }
   fclose(fp); /* 關閉檔案 */
   return 0;
}
```

程式說明

- 第 2 列：含括 <stdio.h> 標頭檔。
- 第 6 列：宣告檔案指標 fp。
- 第 8~11 列：輸入開啟的檔案名稱和模式字串。
- 第 13 列：呼叫 fopen() 函數開啟文字檔案。
- 第 14~20 列：if/else 條件判斷檔案是否開啟成功，如果失敗，顯示錯誤訊息後結束程式執行；成功顯示開啟檔案的名稱和模式字串。
- 第 21 列：呼叫 fclose() 函數關閉檔案。

13-2-2 文字檔案的字串讀寫

在成功開啟文字檔案後，我們就可以執行檔案處理函數來寫入或讀取文字檔案內容。

寫入字串到文字檔案

C 程式可以使用 fputs() 函數將參數字串 str1 寫入文字檔案指標 fp，如下所示：

```
fputs(str1 , fp);
```

上述函數的第 1 個參數是寫入的字串，第 2 個參數是檔案指標。

讀取文字檔案內容

讀取文字檔案是使用 fgets() 函數，參數依序是讀取的字串、字元數和檔案指標，我們需要配合 while 迴圈來讀取整個文字檔案的內容，如下所示：

```
while( fgets(str1, 50 ,fp) != NULL ) { … }
```

上述 while 迴圈可以一次一行來讀取文字檔案，每一行最多為 50-1 即 49 個字元，直到 fgets() 函數傳回 NULL 為止，表示已經讀到檔尾。

程式範例：Ch13_2_2.c

在 C 程式開啟檔案 books.txt 後，呼叫 3 次 fputs() 函數寫入 3 個字串，然後使用 fgets() 函數讀取和顯示整個文字檔案內容，如下所示：

```
開始寫入檔案 books.txt..
寫入檔案結束！
檔案內容：
=>C 語言程式設計範例教本
=>Java 物件導向程式設計範例教本
=>ASP.NET 網頁設計範例教本
讀取檔案 [3] 行文字內容
```

上述執行結果可以看到成功寫入檔案 books.txt，在之後的 3 本書名就是讀取的檔案內容。

程式內容

```
/* 程式範例：Ch13_2_2.c */
#include <stdio.h>
/* 主程式 */
int main()
{
    FILE *fp; /* 宣告變數 */
    char fname[20] = "books.txt";
    char str1[50] = "C 語言程式設計範例教本 \n";
    char str2[50] = "Java 物件導向程式設計範例教本 \n";
    char str3[50] = "ASP.NET 網頁設計範例教本 \n";
    int count = 0;
    fp = fopen(fname, "w");    /* 開啟寫入檔案 */
    printf("開始寫入檔案 %s..\n", fname);
    fputs(str1, fp);       /* 寫入 3 個字串 */
    fputs(str2, fp);
    fputs(str3, fp);
    printf("寫入檔案結束 !\n");
    fclose(fp); /* 關閉檔案 */
```

```
19:    fp = fopen(fname, "r");    /* 開啟唯讀檔案 */
20:    if ( fp != NULL ) {
21:       printf("檔案內容:\n"); /* 讀取檔案內容 */
22:       while( fgets(str1, 50 ,fp) != NULL ) {
23:          printf("=>%s", str1); /* 顯示文字內容 */
24:          count++;
25:       }
26:       printf("讀取檔案[%d]行文字內容\n", count);
27:       fclose(fp); /* 關閉檔案 */
28:    } else
29:       printf("錯誤: 檔案開啟錯誤...\n");
30:    return 0;
31: }
```

程式說明

- 第 7 列：指定文字檔案的路徑字串為 "books.txt"。
- 第 12~18 列：開啟寫入文字檔案 books.txt，在第 14~16 列呼叫 fputs() 函數寫入 3 個字串，第 18 列關閉檔案。
- 第 19~29 列：開啟讀取文字檔案 books.txt，在第 20~29 列的 if/else 條件檢查檔案是否開啟成功，第 22~25 列使用 while 迴圈呼叫 fgets() 函數讀取檔案內容，直到傳回 NULL 為止，變數 count 計算讀取的行數。

13-2-3 文字檔案的字元讀寫

C 程式可以呼叫 fputc() 函數將字元寫入文字檔案，我們可以配合 for 迴圈寫入二維字元陣列的多個字串，如下所示：

```
for ( i = 0; i < 2; i++)
   for ( j = 0; str[i][j] != '\0'; j++ )
      fputc(str[i][j] , fp);
```

上述程式碼呼叫 fputc() 函數將二維字元陣列的字元一一寫入檔案 fp，第 1 個參數是寫入的字元。然後呼叫 fgetc() 函數配合 while 迴圈讀取整個文字檔案內容，參數是檔案指標 fp，如下所示：

```
while ((c = fgetc(fp))!= EOF )
    putchar(c);
```

上述 while 迴圈以一次一個字元的方式讀取檔案，直到 fgetc() 函數傳回 EOF 為止，也就是讀到檔尾。

程式範例：Ch13_2_3.c

這個 C 程式也是開啟檔案 books.txt，不過改為新增模式開啟，然後呼叫 fputc() 函數一次一個字元寫入 2 個字串後，使用 fgetc() 函數讀取整個文字檔案內容，如下所示：

```
開始寫入檔案 books.txt..
寫入檔案結束！
讀取的檔案內容：
C 語言程式設計範例教本
Java 物件導向程式設計範例教本
ASP.NET 網頁設計範例教本
JSP 網頁設計範例教本
PHP 網頁設計範例教本
```

上述執行結果可以看到成功寫入檔案 books.txt，讀取的檔案內容共有 5 行，前 3 行是第 13-2-2 節寫入的檔案內容，因為開啟模式是新增，所以是從檔尾開始寫入字元。

程式內容

```
/* 程式範例: Ch13_2_3.c */
#include <stdio.h>
/* 主程式 */
int main()
{
```

```
06:     FILE *fp;   /* 宣告變數 */
07:     char c, fname[20] = "books.txt";
08:     char str[2][50]={"JSP 網頁設計範例教本 \n",
09:                      "PHP 網頁設計範例教本 \n"};
10:     int i, j;
11:     fp = fopen(fname, "a");   /* 開啟新增檔案 */
12:     printf("開始寫入檔案 %s..\n", fname);
13:     for ( i = 0; i < 2; i++)/* 巢狀迴圈寫入檔案 */
14:        for ( j = 0; str[i][j] != '\0'; j++ )
15:           fputc(str[i][j] , fp); /* 寫入字元 */
16:     printf("寫入檔案結束 !\n");
17:     fclose(fp); /* 關閉檔案 */
18:     fp = fopen(fname, "r");   /* 開啟讀取的檔案 */
19:     if ( fp != NULL ) {
20:        printf("讀取的檔案內容 : \n");
21:        while ((c = fgetc(fp))!= EOF ) /* 讀取檔案 */
22:           putchar(c);
23:        fclose(fp); /* 關閉檔案 */
24:     } else
25:        printf("錯誤 : 檔案開啟錯誤 ...\n");
26:     return 0;
27: }
```

程式說明

- 第 11~17 列：開啟新增文字檔案 books.txt，在第 13~15 列的巢狀 for 迴圈呼叫 fputc() 函數以一次一個字元寫入 2 行字串，這是一個二維字元陣列。
- 第 18~25 列：開啟讀取文字檔案 books.txt，在第 19~25 列的 if/else 條件檢查檔案是否開啟成功，第 21~22 列使用 while 迴圈呼叫 fgetc() 函數讀取檔案內容，直到傳回 EOF 為止。

13-2-4 格式化讀寫文字檔案

在 C 程式可以使用 fprintf() 格式化輸出函數，使用格式字串來編排寫入檔案的字串內容，如下所示：

```
fprintf(fp, "%d=> %s\n" , 1, str1);
```

上述 fprint() 函數將第 2 個參數格式字串的內容寫入第 1 個參數的檔案 fp，我們是組合整數常數和之後字串 str1 來建立字串內容。然後使用 fscanf() 函數配合 while 迴圈讀取整個文字檔案內容，如下所示：

```
while ( fscanf(fp,"%s", str1) != EOF )
   printf("%s\n", str1);
```

上述 while 迴圈每一次呼叫 fscanf() 函數讀取一個格式字串的資料，以此例是字串，第 1 個參數是檔案指標 fp，直到傳回 EOF 為止，也就是讀到檔尾。

程式範例：Ch13_2_4.c

這個 C 程式也是開啟檔案 books.txt，不過改用 fprintf() 和 fscanf() 函數來格式化寫入和讀取字串，如下所示：

```
開始寫入檔案 books.txt..
寫入檔案結束！
檔案內容：
1=>
C 語言程式設計範例教本
2=>
Java 物件導向程式設計範例教本
3=>
ASP.NET 網頁設計範例教本
```

上述執行結果可以看到成功寫入檔案 books.txt，寫入字串加上編號，當使用記事本開啟 books.txt 檔案內容，如右圖所示：

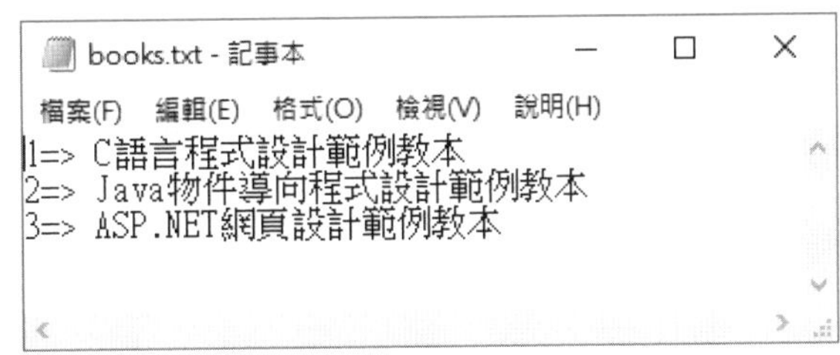

上述文字檔案內容和執行結果顯示的不同，因為 %s 格式字元在讀取字串時，字串是以空白字元分隔，所以，文字檔案中的一列會讀成 2 個字串，顯示成二列。

程式內容

```
01: /* 程式範例: Ch13_2_4.c */
02: #include <stdio.h>
03: /* 主程式 */
04: int main()
05: {
06:    FILE *fp;  /* 宣告變數 */
07:    char fname[20] = "books.txt";
08:    char str1[50] = "C語言程式設計範例教本";
09:    char str2[50] = "Java物件導向程式設計範例教本";
10:    char str3[50] = "ASP.NET網頁設計範例教本";
11:    fp = fopen(fname, "w");   /* 開啟寫入檔案 */
12:    printf("開始寫入檔案%s..\n", fname);
13:    /* 格式化輸出檔案內容 */
14:    fprintf(fp, "%d=> %s\n", 1, str1);
15:    fprintf(fp, "%d=> %s\n", 2, str2);
16:    fprintf(fp, "%d=> %s\n", 3, str3);
17:    printf("寫入檔案結束!\n");
18:    fclose(fp); /* 關閉檔案 */
19:    fp = fopen(fname, "r");   /* 開啟讀取檔案 */
20:    if ( fp != NULL ) {  /* 讀取檔案 */
21:       printf("檔案內容: \n");
22:       while ( fscanf(fp,"%s", str1) != EOF )
23:          printf("%s\n", str1);
24:       fclose(fp); /* 關閉檔案 */
25:    } else
26:       printf("錯誤: 檔案開啟錯誤..\n");
27:    return 0;
28: }
```

程式說明

- 第 11~18 列：開啟寫入文字檔案 books.txt，在第 14~16 列呼叫 3 次 fprintf() 函數寫入 3 行格式化字串，包含輸出行的編號。
- 第 19~26 列：開啟讀取文字檔案 books.txt，在第 20~26 列的 if/else 條件檢查檔案是否開啟成功，第 22~23 列使用 while 迴圈呼叫 fscanf() 函數讀取檔案內容，直到傳回 EOF，並且在讀取的每一個字串後加上新行字元來顯示。

13-3 二進位檔案的讀寫

二進位檔案讀寫除了可以使用循序方式存取外，還可以使用隨機方式，此時的檔案是使用記錄為單位來進行存取，能夠隨機存取任一筆記錄或更改指定記錄的資料。

13-3-1 開啟與關閉二進位檔案

C 語言的二進位檔案一樣是使用 fopen() 函數開啟和 fclose() 函數關閉檔案，只是開啟模式字串不同，在程式宣告 FILE 指標 fp 後，可以開啟二進位檔案，如下所示：

```
FILE *fp;
fp = fopen("students.dat", "wb");
```

上述函數開啟檔案 students.dat，第 2 個參數的模式字串多了字元 'b'，表示是二進位檔案。二進位檔案的模式字串說明，如下表所示：

模式字串	當開啟檔案已經存在	當開啟檔案不存在
rb	開啟唯讀的二進位檔案	傳回 NULL
wb	清除檔案內容後寫入	建立寫入的二進位檔案
r+b	開啟讀寫的二進位檔案	傳回 NULL
w+b	清除檔案內容後讀寫內容	建立讀寫的二進位檔案

13-3-2 寫入記錄到二進位檔案

隨機存取是使用記錄為單位來進行存取，在建立二進位檔案的隨機存取前，C 程式需要宣告結構來儲存記錄資料，例如：學生資料的 record 結構，如下所示：

```
struct record {
    char name[20];
    int age;
    float grade;
};
typedef struct record student;
```

上述結構擁有姓名 name、年齡 age 和成績 grade 的成員變數，為了方便宣告，筆者是建立成 student 新型態。

fwrite() 函數寫入記錄到二進位檔案

在使用 fopen() 函數開啟二進位檔案後，可以呼叫 fwrite() 函數寫入結構的記錄資料。例如：寫入本節 student 結構宣告的結構變數 temp，如下所示：

```
student temp;
……
fwrite(&temp, sizeof(temp), 1, fp);
```

上述 fwrite() 函數可以寫入結構變數 temp 至二進位檔案，第 1 個參數 &temp 取得結構儲存的記憶體位址，第 2 個參數使用 sizeof 運算子計算結構尺寸，第 3 個參數是記錄數 1，即寫入一筆 temp 結構到最後 1 個參數的檔案指標 fp。

ferror() 函數檢查是否有讀寫錯誤

雖然檔案讀寫錯誤很少會發生，不過為了避免磁碟已滿等可能的讀寫錯誤，在讀寫操作後，請使用 ferror() 函數檢查是否有讀寫錯誤，參數是檔案指標 fp，如下所示：

```
if ( ferror(fp) )
   printf("錯誤：寫入錯誤!\n");
else
   printf("已經寫入 3 筆記錄!\n");
```

程式範例：Ch13_3_2.c

在 C 程式宣告新型態 student 的 record 結構後，開啟名為 students.dat 的二進位檔案來寫入 3 筆記錄資料，如下所示：

```
開始寫入檔案 students.dat....
已經寫入 3 筆記錄！
```

上述執行結果可以看到寫入 3 筆結構的記錄到檔案 students.dat，在下一節我們就會讀取 students.dat 檔案的記錄資料。

程式內容

```
/* 程式範例: Ch13_3_2.c */
#include <stdio.h>
#include <string.h>
struct record { /* 記錄結構宣告 */
    char name[20];
    int age;
    float grade;
};
typedef struct record student;
/* 函數原型宣告 */
void addRecord(FILE *, char *, int, float);
/* 主程式 */
int main()
{
    FILE *fp;     /* 宣告變數 */
    char fname[20] = "students.dat";
    fp = fopen(fname, "wb");    /* 開啟二進位檔案 */
    printf("開始寫入檔案 %s....\n", fname);
    /* 呼叫函數寫入記錄資料 */
    addRecord(fp, "陳小安", 20, 55.5f);
    addRecord(fp, "江小魚", 19, 88.9f);
    addRecord(fp, "陳允傑", 20, 74.2f);
    if ( ferror(fp) )
       printf("錯誤: 寫入錯誤!\n");
    else
       printf("已經寫入 3 筆記錄!\n");
    fclose(fp); /* 關閉檔案 */
    return 0;
```

```
29: }
30: /* 函數：新增記錄 */
31: void addRecord(FILE *fp,char *name,int age,float grade) {
32:     student temp;
33:     strcpy(temp.name, name);    /* 指定結構內容 */
34:     temp.age = age;
35:     temp.grade = grade;
36:     fwrite(&temp,sizeof(temp),1,fp);  /* 寫入檔案 */
37: }
```

程式說明

- 第 4~9 列：宣告結構 record 和新型態 student。
- 第 16 列：指定二進位檔案的路徑字串為 "students.dat"。
- 第 17 列：開啟寫入二進位檔案 students.dat。
- 第 20~26 列：呼叫 3 次 addRecord() 函數寫入 3 筆記錄，在第 23~26 列使用 if/else 條件檢查 ferror() 函數是否有寫入錯誤。
- 第 31~37 列：addRecord() 函數是在第 33~35 列指定結構的成員變數值，第 36 列呼叫 fwrite() 函數將記錄寫入檔案。

13-3-3 循序讀取檔案的記錄

C 程式在呼叫 fwrite() 函數寫入記錄資料後，可以使用 fread() 函數配合迴圈將一筆一筆記錄循序讀出，和使用 feof() 函數檢查是否讀到檔尾，參數是檔案指標 fp，如下所示：

```
while ( !feof(fp) ) {
   if ( fread(&std, sizeof(std), 1, fp) ) { }
}
```

上述 while 迴圈呼叫 fread() 函數讀取檔案，第 1 個參數是讀取結構變數的位址，第 2 個參數是尺寸，第 3 個參數是讀取幾個，1 就是 1 個，最後是檔案指標，迴圈會執行到 feof() 函數傳回非零值為止，也就是讀到檔尾。

程式範例：Ch13_3_3.c

這個 C 程式是配合 Ch13_3_2.c 寫入的二進位檔案 students.dat，使用 fread() 函數讀取檔案的全部記錄資料，共有 3 筆記錄，如下所示：

```
姓名：陳小安	年齡：20	成績： 55.50
姓名：江小魚	年齡：19	成績： 88.90
姓名：陳允傑	年齡：20	成績： 74.20
```

程式內容

```c
/* 程式範例：Ch13_3_3.c */
#include <stdio.h>
struct record {    /* 記錄結構宣告 */
   char name[20];
   int age;
   float grade;
};
typedef struct record student;
/* 主程式 */
int main()
{
   FILE *fp;    /* 宣告變數 */
   student std;
   char fname[20] = "students.dat";
   fp = fopen(fname, "rb"); /* 開啟檔案新增內容 */
   if ( fp != NULL ) { /* 檢查是否有錯誤 */
      /* 顯示記錄資料 */
      while ( !feof(fp) ) { /* 是否是檔尾 */
         /* 讀取記錄 */
         if ( fread(&std, sizeof(std), 1, fp) ) {
            /* 顯示記錄資料 */
            printf("姓名：%s\t", std.name);
            printf("年齡：%d\t", std.age);
            printf("成績：%6.2f\n", std.grade);
         }
      }
      fclose(fp); /* 關閉檔案 */
   } else
      printf("錯誤：檔案開啟錯誤...\n");
   return 0;
}
```

程式說明

- 第 15~29 列：開啟讀取二進位檔案 students.dat，在第 16~29 列的 if/else 條件檢查檔案是否開啟成功，第 18~26 列使用 while 迴圈呼叫 fread() 函數讀取檔案內容，直到檔尾，在第 20~25 列的 if 條件確認是否有讀取到記錄資料，如果有讀到，才會顯示記錄內容。

13-3-4 隨機存取記錄資料

在第 13-3-3 節是使用循序方式將記錄資料一筆一筆的讀出，我們也可以先呼叫 fseek() 函數找到指定記錄的檔案位置後，再存取指定記錄資料，這就是隨機存取記錄資料，如下所示：

```
fseek(fp, rec*sizeof(std), SEEK_SET);
```

上述函數的第 1 個參數是檔案指標 fp，第 2 個參數的位移量是使用 rec*sizeof(std) 計算出的位元組數，變數 rec 是記錄編號（從 0 開始），sizeof 運算子計算結構大小，即記錄尺寸為 28，我們是從第 3 個參數 SEEK_SET 位置的檔案位置開始搜尋，其參數值有三種，如下表所示：

參數值	說明
SEEK_SET	從檔案開頭
SEEK_CUR	從檔案現在的位置
SEEK_END	從檔案結尾

若 rec 是 1，fseek() 函數是位移到第 2 筆記錄前，呼叫 fread() 函數讀取第 2 筆記錄資料，同理，fwrite() 函數也是更改第 2 筆記錄資料。

請注意！C 語言的檔案輸出輸入會使用緩衝區，檔案更改或寫入記錄資料不會馬上寫入磁碟，而是先寫入緩衝區，如果更改記錄後馬上進行查詢，讀到的可能是尚未更新的資料，fflush() 函數可以強迫將緩衝區資料寫入磁碟，可以真正更改磁碟上的記錄資料，其相關函數說明如下表所示：

函數	說明
int fflush(File *fp)	將緩衝區資料寫入檔案 fp，如果有錯誤傳回 EOF
long ftell(File *fp)	傳回 fp 檔案指標的位置，如果有錯誤傳回 -1
void rewind(File *fp)	重設 fp 檔案指標位置，成為檔案開頭

程式範例：Ch13_3_4.c

這個 C 程式是配合 Ch13_3_2.c 寫入的二進位檔案 students.dat，只需輸入記錄編號，就可以顯示指定記錄的學生資料，和提供編輯功能來更改學生的成績資料，如下所示：

```
檔案指標開始位置： 0
> 請輸入記錄編號 [0-2]=> 2 Enter
目前檔案指標位置： 56
姓名： 陳允傑      年齡： 20         成績：  74.20
> 是否更改成績 (1 為是 ,0 為否 )=> 1 Enter
> 請輸入新成績 => 67.89 Enter
> 請輸入記錄編號 [0-2]=> 2 Enter
目前檔案指標位置： 56
姓名： 陳允傑      年齡： 20         成績：  67.89
> 是否更改成績 (1 為是 ,0 為否 )=> 0 Enter
> 請輸入記錄編號 [0-2]=> -1 Enter
```

上述執行結果輸入記錄編號 2，可以看到檔案指標由 0 移到 56，因為結構大小是 28 位元組，所以顯示第 3 筆記錄資料，輸入 1 可以更改成績資料，如果輸入的記錄編號超過範圍，就結束程式執行。

程式內容

```
/* 程式範例： Ch13_3_4.c */
#include <stdio.h>
struct record {    /* 記錄結構宣告 */
    char name[20];
    int age;
    float grade;
};
```

```
typedef struct record student;
/* 主程式 */
int main()
{
   FILE *fp;  /* 宣告變數 */
   student std;
   int recNo, num, isEdit;
   float grade;
   char fname[20] = "students.dat";
   fp = fopen(fname, "r+b");  /* 開啟檔案 */
   if ( fp == NULL ) { /* 檢查是否有錯誤 */
      printf("錯誤：檔案開啟錯誤..\n");
      return 1;
   }
   rewind(fp);  /* 重設檔案指標 */
   printf("檔案指標開始位置：%ld\n", ftell(fp));
   printf(">請輸入記錄編號[0-2]=> ");
   scanf("%d", &recNo);  /* 讀取記錄編號 */
   while ( recNo >= 0 && recNo <= 2 ) { /* 主迴圈 */
      /* 搜尋指定記錄的檔案指標位置 */
      fseek(fp, recNo*sizeof(std), SEEK_SET);
      printf("目前檔案指標位置：%ld\n", ftell(fp));
      /* 讀取記錄 */
      num = fread(&std, sizeof(std), 1, fp);
      if ( num == 1 ) {  /* 有一筆，顯示記錄資料 */
         printf("姓名：%s\t", std.name);
         printf("年齡：%d\t", std.age);
         printf("成績：%6.2f\n", std.grade);
         printf(">是否更改成績(1為是,0為否)=> ");
         scanf("%d", &isEdit);
         if ( isEdit == 1 ) { /* 更改成績 */
            printf(">請輸入新成績=> ");
            scanf("%f", &grade);
            std.grade = grade;
            /* 搜尋指定記錄的檔案指標位置 */
            fseek(fp, recNo*sizeof(std), SEEK_SET);
            fwrite(&std,sizeof(std),1,fp);/* 寫入 */
            fflush(fp); /* 輸出緩衝區 */
         }
      } else
         printf("\n記錄編號:%d找不到!\n",recNo);
      printf(">請輸入記錄編號[0-2]=> ");
```

```
50:         scanf("%d", &recNo);  /* 讀取記錄編號 */
51:     }
52:     fclose(fp); /* 關閉檔案 */
53:     return 0;
54: }
```

程式說明

- 第 17~21 列：開啟讀取二進位檔案 students.dat。
- 第 22~23 列：使用 rewind() 函數重設檔案指標，和顯示目前檔案指標的位置。
- 第 24~25 列：輸入記錄編號。
- 第 26~51 列：while 主迴圈可以讓使用者輸入記錄編號來隨機存取記錄，在第 28~29 列呼叫 fseek() 函數找到記錄位置和顯示位移後的檔案指標位置，第 31 列讀取該筆記錄資料。
- 第 32~48 列：if/else 條件檢查是否讀取到記錄資料，如果有，在第 33~35 列顯示記錄資料，第 39~45 列更改成績資料，在第 43 列找到記錄位置，第 44 列寫入記錄，第 45 列強迫將緩衝區寫入磁碟，以便真正更改記錄資料。

學習評量

選擇題

(　　) 1. 請問下列哪一個關於 C 語言檔案輸入與輸出的敘述是不正確的？

A. C 語言可以處理二種檔案類型：文字和二進位檔案

B. 檔案的位元組資料可能被解譯成字元、數值或整數等資料型態

C. 二進位檔案只能使用循序方式來存取

D. 文字檔案串流是以新行字元分割成行

(　　) 2. 請問 fopen() 函數可以使用下列哪一個模式字串來開啟唯讀的文字檔案？

A.「r」　B.「r+」　C.「w」　D.「a」

(　　) 3. 請問 fopen() 函數可以使用下列哪一個模式字串來開啟讀寫的文字檔案？

A.「r」　B.「r+」　C.「w」　D.「a」

(　　) 4. 請問 fopen() 函數可以使用下列哪一個模式字串來開啟讀寫的二進位檔案？

A.「rb」　B.「wb」　C.「r+b」　D.「w+b」

(　　) 5. 請問 C 程式存取二進位檔案資料時，可以使用下列哪一個標準函數庫的函數來寫入資料？

A. feof()　B. ferror()　C. fread()　D. fwrite()

簡答題

1. 請說明什麼是檔案？C 語言標準函數庫支援哪兩種檔案類型？這兩種檔案的差異為何？
2. 請舉例說明什麼是循序檔案和隨機檔案？其差異為何？C 語言檔案處理的三種檔案模式為何？
3. C 語言是使用 fopen() 函數來開啟檔案，函數需提供哪些參數，其傳回值為何？
4. 請問 C 程式如何判斷文字和二進位檔案已經讀到檔尾 EOF ？
5. 請問我們可以使用哪兩種方式重設檔案指標至檔案開頭？
6. 請說明 fflush() 函數的功能？C 語言的 fseek() 函數是如何控制檔案指標的移動？

實作題

1. 請建立 C 程式使用 scanf() 函數輸入欲處理的檔案，可以顯示檔案的全部內容。
2. 請建立 C 程式輸入檔案名稱後，讀取文字檔案內容計算總共有幾行，在讀完後顯示檔案的總行數。
3. 請建立 C 程式輸入檔案名稱後，讀取文字檔案內容計算總共有幾個字元，在讀完後顯示檔案的字元數。

4. 請建立 C 程式在輸入程式碼檔案名稱後，讀取整列程式碼後，在每一列程式碼前加上列號（如同本書顯示的原始程式碼），輸出成 output.txt 檔案。

5. 程式範例 Ch13_3_4.c 可以隨機編輯學生的成績資料，請修改程式新增修改學生姓名的功能。

Arduino 基礎與開發環境

14-1／認識 Arduino

14-2／撰寫第 1 個 Arduino 程式

14-3／Arduino Uno 模擬器

14-4／使用 Ardublockly 建立 Arduino 程式

14-5／Arduino 程式的基本結構

14-6／Arduino 程式語言

14-1 認識 Arduino

Arduino 是一塊硬體電路板和軟體開發平台，簡單的說，就是一個內嵌式運算平台，可以讓我們輕鬆建構軟硬體整合的互動設計裝置。

14-1-1 Arduino 簡介

Arduino 是一個開放原始碼專案，一張使用 Atmel AVR 單晶片的微控制器（Micro-controller）的電路板，微控制器是一台迷你微電腦，在單晶片上就包含 CPU、記憶體和可程式化的輸出與輸入的周邊腳位，我們可以寫程式來處理裝置和外部元件連接的輸出和輸入。

Arduino 專案（Arduino Project）

Arduino 專案是源於互動設計（Interaction Design），義大利的開發團隊試圖設計低成本的硬體電路板，作為互動設計教學的平台，互動設計是在專注於建立人們和東西之間有意義的使用經驗。

Arduino 開發板是使用開放原始碼理念來免費授權任何人可以生產相同功能的相容品，也就是說，任何人都可以自行在商店購買元件組裝出 Arduino 開發板，也可以從網路上下載電路圖來自行組裝。

隨著 Arduino 的快速發展，Arduino 開發團隊持續開發出各種版本的電路板，新板子通常是使用義大利文命名，例如 Uno、Duemilanove、Nano 和 Mega 等，除了官方生產的正品外，在網路上也可以輕鬆找到很多相容品，因為第三方廠商的 Arduino 開發板會相容於正品，所以，使用者可以放心使用 Arduino 相容品來完成相關互動設計的專題製作。

Arduino 開發板之所以可以建立互動設計，因為我們可以很方便的連接各種外部電子元件，包含：LED 燈、按鍵開關、蜂鳴器、各種溫度、光線、紅外線感測器、直流馬達、步進馬達、伺服馬達或其他元件和輸出裝置，就算沒有任何電子背景，一樣可以自行設計出創新應用的互動作品。

Arduino 平台（Arduino Platform）

Arduino 官方網址是：https://www.arduino.cc/，整個 Arduino 平台是由硬體和軟體二大部分所組成，其簡單說明如下所示：

- **Arduino 開發板**（Arduino Board）：一張 Atmel AVR 微控制器的硬體電路板，這台微電腦的執行效能並不好，比起一般電腦相差千倍以上，但是價格便宜，非常適合建立互動設計的有趣裝置，在第 14-1-2 節有進一步的說明。
- **Arduino IDE**：一套在 PC 開發電腦執行的跨平台整合開發環境，可以撰寫 Arduino 程式和上傳至 Arduino 開發板。Arduino 程式語言源於 C/C++ 語言，Arduino 程式稱為 Arduino Sketch（草稿碼）。

本書 fChart 程式碼編輯器也支援 Arduino 程式碼的編寫，可以作為 Arduino IDE 的外部編輯器，然後透過 Arduino IDE 來上傳至開發板（詳細說明請參閱附錄 A），換句話說，我們可以使用同一程式碼編輯器來撰寫 C 語言和 Arduino 程式碼，在第 14-2 節有進一步的說明。

14-1-2 了解 Arduino 開發板

Arduino 開發板只是一塊電路板，我們需要在電路板的腳位連接外部電子元件來取得偵測資料，為了方便佈線來建立測試的電子電路，通常會搭配麵包板建立 Arduino 程式執行所需的電子電路設計。

Arduino Uno 開發板

Arduino 開發板有很多種，在本書是使用最普遍的 Arduino Uno 開發板來測試執行 Arduino 程式，如下圖所示：

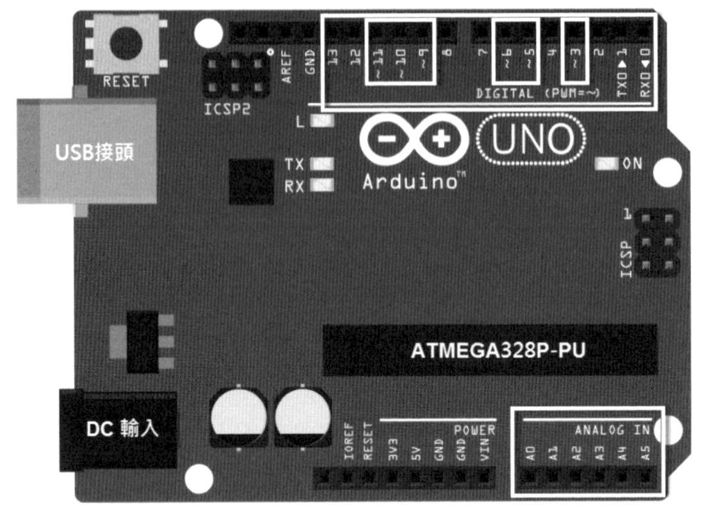

上述 Arduino Uno 開發板的左上方是 USB 傳輸和供電接頭；其正下方是外接直流電源的 DC 輸入接頭，位在右下方中間的是 ATmega328P 微控制器，在上方有 14 個數位 I/O 腳位（D0~D13，其中有 6 個可作為類比輸出腳位，也稱接腳）；在右下方有 6 個類比輸入腳位（A0~A5），其說明如下所示：

- **數位 I/O 腳位**（Digital IO Pins）：D0~D13 共 14 個腳位是數位輸入和輸出的腳位（電壓值是 0 或 5V），在腳位 D13 內建連接 LED 指示燈（即圖中的 L），腳位 D0 和 D1 不建議使用，因為是保留作為與 PC 開發電腦以 USB 作為序列埠傳輸使用的腳位。

- **類比輸入腳位**（Analogue In Pins）：A0~A5 共 6 個腳位是類比輸入腳位，可以讀取感測器元件的電壓值，其讀取值會轉換成 0~1023 的範圍值。如果數位 I/O 腳位不夠用，6 個類比輸入腳位可以作為數位 I/O 腳位 D14~D19 來使用。

- **類比輸出腳位**（Analogue Out Pins）：數位 I/O 腳位的 D3、D5、D6、D9、D10 和 D11 可以程式化成為類比輸出腳位，使用的是 PWM（Pulse Width Modulation）技術，這是一種將數位模擬成類比的技術，在第 15-2-5 節有進一步的說明。

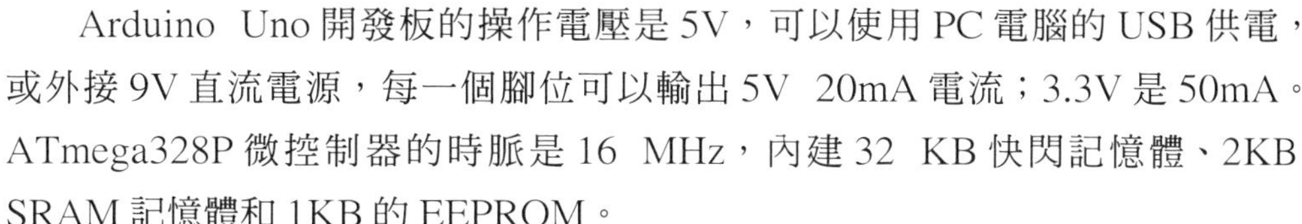

Arduino Uno 開發板的操作電壓是 5V，可以使用 PC 電腦的 USB 供電，或外接 9V 直流電源，每一個腳位可以輸出 5V 20mA 電流；3.3V 是 50mA。ATmega328P 微控制器的時脈是 16 MHz，內建 32 KB 快閃記憶體、2KB SRAM 記憶體和 1KB 的 EEPROM。

麵包板（Breadboard）

麵包板的正式名稱是「**免焊接萬用電路板**」（Solderless Breadboard），這是電子電路設計時常用的一種裝置，可以重複使用來方便我們佈線實驗所需的電子電路設計。對於 Arduino 開發板來說，就是幫助我們建立互動設計所需的電子電路，因為可以重複插入電子元件和接線來建立執行不同 Arduino 程式的電子電路設計。

基本上，麵包板是一塊擁有多個垂直（每 5 個插孔為一組）和水平（共 25 個插孔）排列插孔的板子，這些插孔的下方是相連的，如下圖所示：

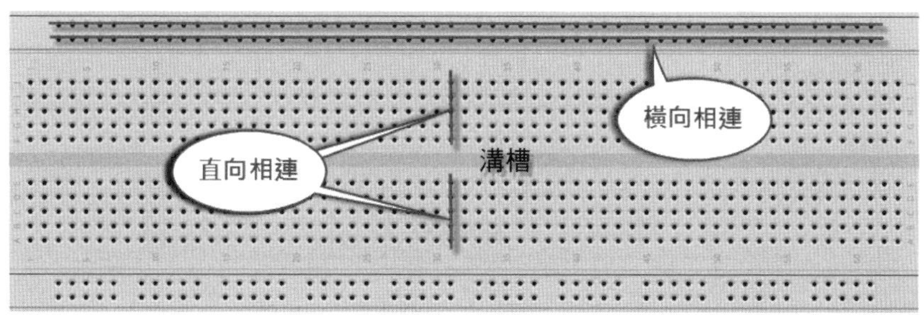

上述圖例上方和下方各有 2 列橫排相連的插孔，這是提供電子元件所需的 5V/3.3V 電源和接地（GND），在中間多排直向插孔是以橫向溝槽分成上下兩部分，這些插孔分別是直向相連。

本書 fChart 程式碼編輯器內建 Arduino Uno 模擬器，讀者不用真的使用麵包板佈線來建立電子電路設計，只需了解 Arduino Uno 開發板的腳位用途，就可以在 PC 開發電腦測試和模擬執行 Arduino 程式，進一步說明請參閱第 14-2-2 節和第 14-3 節。

14-1-3 Arduino 開發板的電壓與感測值

Arduino 開發板的腳位可以輸出或輸入 0~5V 電壓，在轉換成數值後，可以讓我們建立程式碼來控制外部元件的狀態，或是讀取外部感測器的值，以便進行所需的互動設計。

基本上，數位腳位的輸出與輸入值只有 0（LOW）和 1（HIGH）兩種，類比輸入值是一個整數值的範圍 0~1023；輸出值是 0~255。Arduino Uno 開發板的電壓與感測值對照表，如右圖所示：

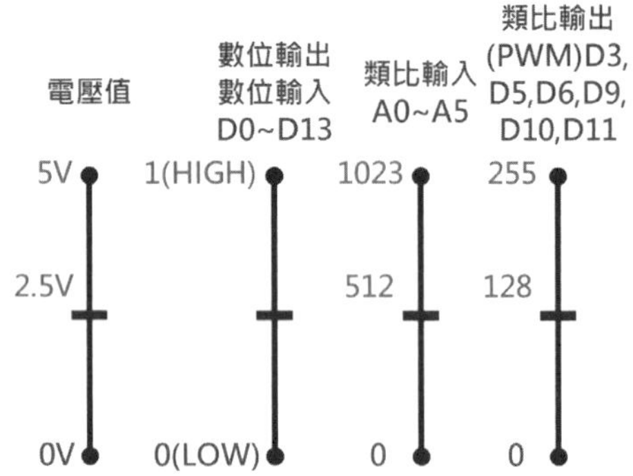

上述圖例的電壓是 0~5V，一半是 2.5V，Arduino 開發板的數位腳位，當在 3V 以上時是 1；低於 3V 是 0，類比輸入值 0~1023 是對應 0~5V，類別輸出是 PWM 腳位，值是 0~255，一樣對應 0~5V，如下表所示：

	數位值	類比值
輸入	0 或 1	0~1023
輸出	0 或 1	0~255

14-2 撰寫第 1 個 Arduino 程式

在本書主要是使用 Arduino Uno 模擬器來測試執行 Arduino 程式，關於 Arduino IDE 上傳開發板的詳細說明請參閱附錄 A。

14-2-1 撰寫第 1 個 Arduino 程式

現在，我們準備開始撰寫第 1 個 Arduino 程式，可以讓一個紅色 LED 燈閃爍不停（Blink）。

實作電子電路設計

第 1 個 Arduino 程式搭配的電子電路設計十分簡單，連麵包板都不需要，只需 1 個紅色 LED 燈，如右圖所示：

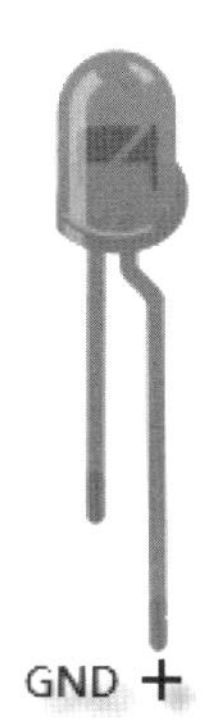

請將紅色 LED 燈的長腳（正）插入腳位 D13；短腳（接地）插入左邊的 GND 腳位，如右圖所示：

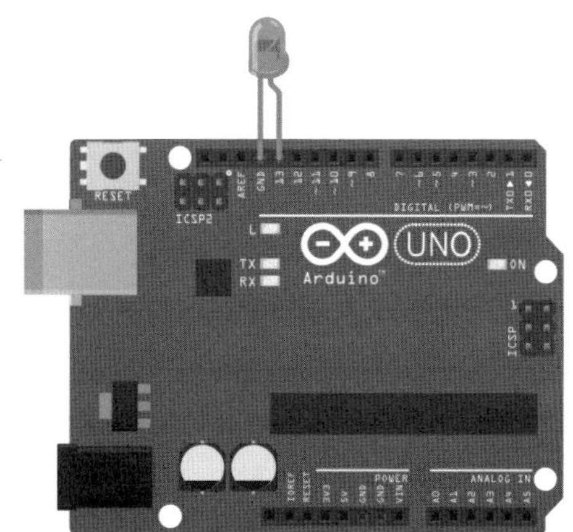

撰寫 Arduino 程式

在完成電子電路設計後，請啟動 fChart 程式碼編輯器來撰寫 Arduino 程式碼，我們可以使用功能表命令來快速插入 Arduino 程式碼的常用函數，其步驟如下所示：

Step 1 請啟動 fChart 流程圖直譯器後，按上方工具列最後的**程式碼編輯器**鈕啟動 fChart 程式碼編輯器。

Step 2 預設程式語言是 C 語言，請在右下方選 **Arduino** 切換成 Arduino 程式，可以看到 Arduino 程式基本結構的 2 個函數。

Step 3 請在 setup() 函數中點一下作為插入點，執行「輸出 / 輸入符號」下的「腳位模式 pinMode()/OUTPUT 輸出模式」命令，插入 pinMode() 函數的程式碼。

fChart程式碼編輯器(GCC+Arduino版v3.2) - 新程式

檔案(F) 動作符號(A) 輸出/輸入符號(I) 決策符號-條件(C) 決策符號-迴圈(L) 程序/函數(S) 內建函數(B)

輸出符號 / 輸入符號 / 腳位模式 pinMode() → OUTPUT 輸出模式 / INPUT 輸入模式

Arduino 程式碼

```
void setup()
{
    pinMode(13, OUTPUT);

}

void loop()
{


}
```

Step 4 然後在 loop() 函數中點一下作為插入點，執行「輸出 / 輸入符號」下的「輸出符號 / 數位輸出 digitalWrite()/ 開啟 HIGH」命令，插入 digitalWrite() 函數的程式碼。

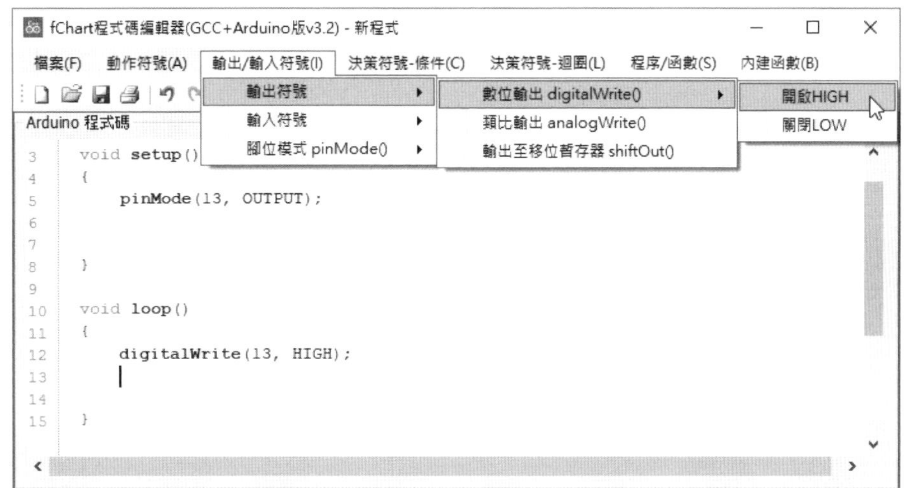

Step 5 接著執行「內建函數 / 時間函數 / 延遲毫秒 delay()」命令，可以在之下插入 delay() 函數的程式碼。

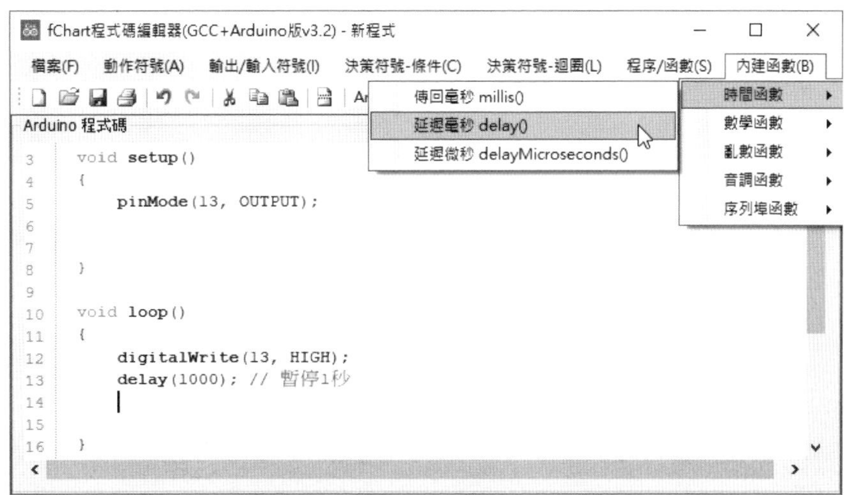

Step 6 再執行「輸出 / 輸入符號」下「輸出符號 / 數位輸出 digitalWrite()/ 關閉 LOW」命令，插入 1 個 digitalWrite() 函數的程式碼。

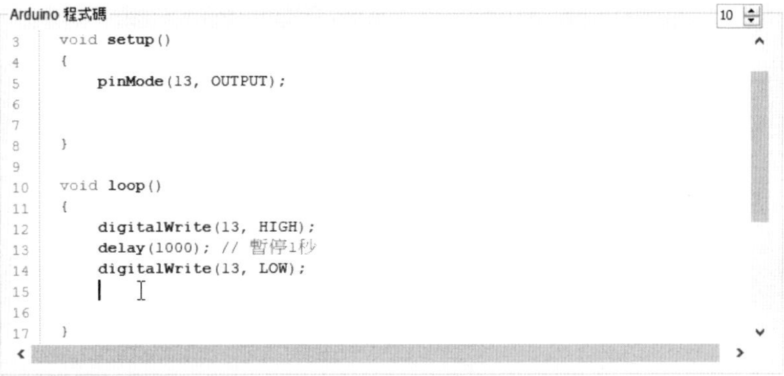

Arduino 程式碼

```
void setup()
{
    pinMode(13, OUTPUT);


}

void loop()
{
    digitalWrite(13, HIGH);
    delay(1000); // 暫停1秒
    digitalWrite(13, LOW);


}
```

Step 7 接著執行「內建函數 / 時間函數 / 延遲毫秒 delay()」命令，在之下插入 delay() 函數的程式碼。

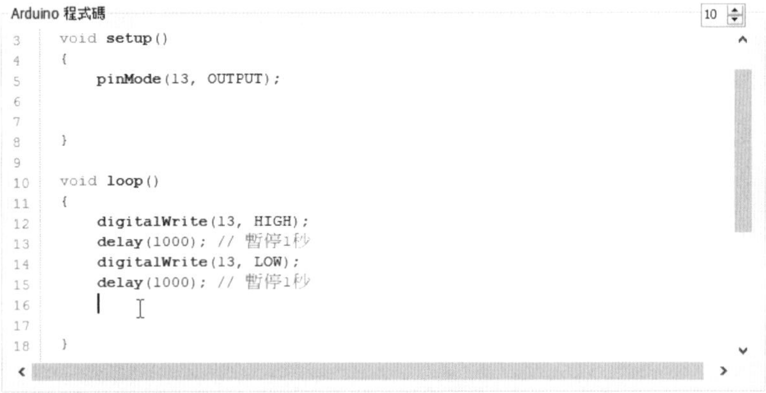

Arduino 程式碼

```
void setup()
{
    pinMode(13, OUTPUT);


}

void loop()
{
    digitalWrite(13, HIGH);
    delay(1000); // 暫停1秒
    digitalWrite(13, LOW);
    delay(1000); // 暫停1秒


}
```

Step 8 因為插入函數的預設腳位是 13（腳位整數編號 13 就是數位腳位 D13），不用更改參數值，在重新編排後，可以看到建立的 Arduino 程式碼，如下所示：

```
void setup()
{
    pinMode(13, OUTPUT);
}

void loop()
{
```

```
    digitalWrite(13, HIGH);
    delay(1000); // 暫停 1 秒
    digitalWrite(13, LOW);
    delay(1000); // 暫停 1 秒
}
```

Step 9 請執行「檔案 / 儲存」命令儲存檔案，可以看到「另存新檔」對話方塊。

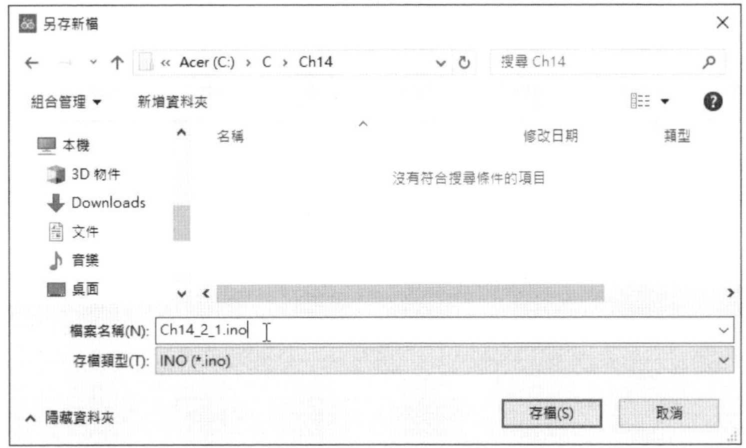

Step 10 請切換至儲存路徑「C:\Ch14」，輸入檔名 **Ch14_2_1.ino**，按**存檔**鈕儲存 Arduino 程式，就完成第 1 個程式的建立。

請注意！Arduino IDE 專案在儲存時會自動建立同名子目錄，然後將 Ch14_2_1.ino 儲存在此目錄，fChart 程式碼編輯器在「Ch14」目錄下也會自動建立「Ch14\Ch14_2_1」目錄，.ino 檔案是儲存在此目錄下，如下圖所示：

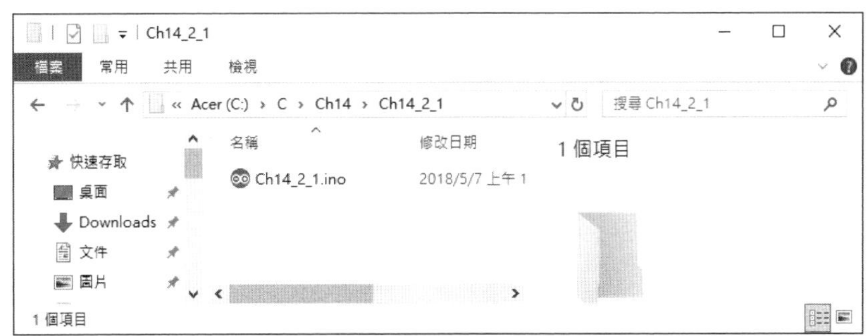

如果是執行「檔案 / 另存新檔」命令另存 Arduino 程式，就只能另存成不同名稱的 .ino 檔，並不會自動建立同名的專案目錄。

14-2-2 使用 Arduino Uno 模擬器測試執行

在完成第 1 個 Arduino 程式後，我們可以馬上使用 UnoArduSim 模擬器來測試執行 Arduino 程式，其步驟如下所示：

請繼續上一節步驟，如果尚未開啟 Arduino 程式，請執行「檔案 / 開啟」命令開啟 Ch14_2_1.ino 檔案。

Step 2 按**模擬執行**鈕啟動 UnoArduSim 模擬器，和載入開啟的 Ch14_2_1.ino 檔案。

fChart 程式碼編輯器是使用程式碼送出按鍵至 UnoArduSim 來開啟 .ino 檔案，Windows 作業系統預設優先輸入法需要是英文 - 美式鍵盤，否則送出的英文檔案路徑可能會成為亂碼，如下所示：

- 目前是使用中文輸入**注音輸入法**：請勾選**使用** Shift **鍵**避免亂碼。
- 目前是使用英文輸入：請取消勾選**使用** Shift **鍵**。

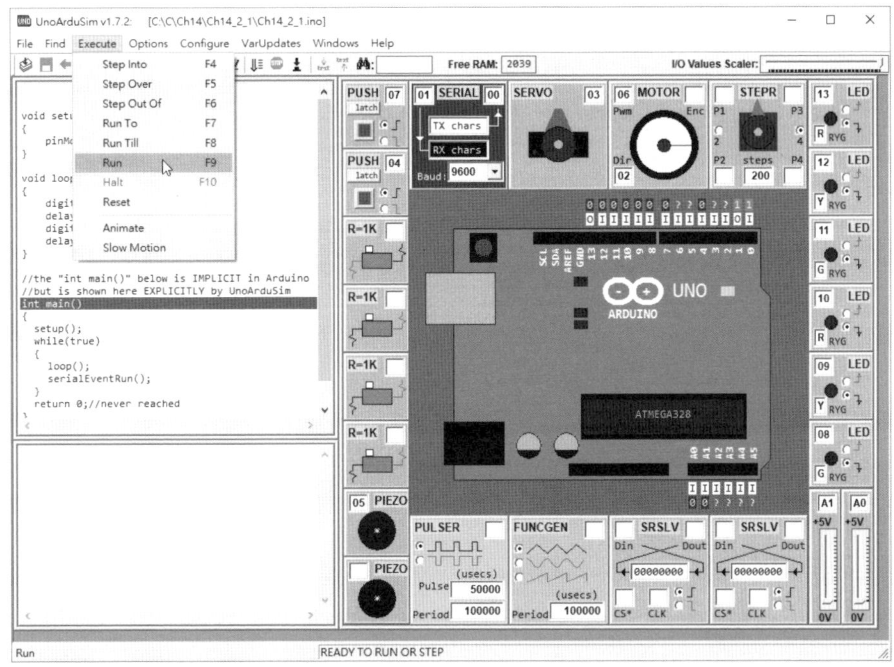

請注意！因為電腦執行效能差異，當第 1 次啟動 UnoArduSim 模擬器有可能沒有成功開啟 .ino 檔案，請執行「File/Exit」命令關閉模擬器後，再試一次。**如果持續發生中文路徑問題，請啟動 UnoArduSim 模擬器後，自行執行「File/Load INO or PDE Prog..」命令開啟欲執行的 .ino 檔案**。

如果重複開啟多次 .ino 檔案都失敗，請在 fChart 目錄開啟 fChartCodeEditor.exe.config 檔案，修改增加 OpenFileDelayTime（啟動 UnoArduSim 模擬器）和 InputFileDelayTime（開啟檔案對話方塊）參數的延遲時間（單位是毫秒），以便讓 fChart 程式碼編輯器能夠在正確時間點送出按鍵來開啟檔案和輸入檔名字串。

Step 3 當成功載入檔案後，UnoArduSim 模擬器就會馬上進行程式剖析，如果程式碼有錯誤，在左邊的程式碼窗格會標示錯誤的哪一列，和在下方狀態列顯示錯誤訊息（一次只會顯示一個錯誤），剖析成功，就會在下方訊息列顯示「READ TO RUN OR STEP」。

Step 4 如果程式沒有錯誤，請執行「Execute/Run」命令或按 F9 鍵，開始模擬執行 Arduino 程式（按 F10 鍵是暫停執行），如下圖所示：

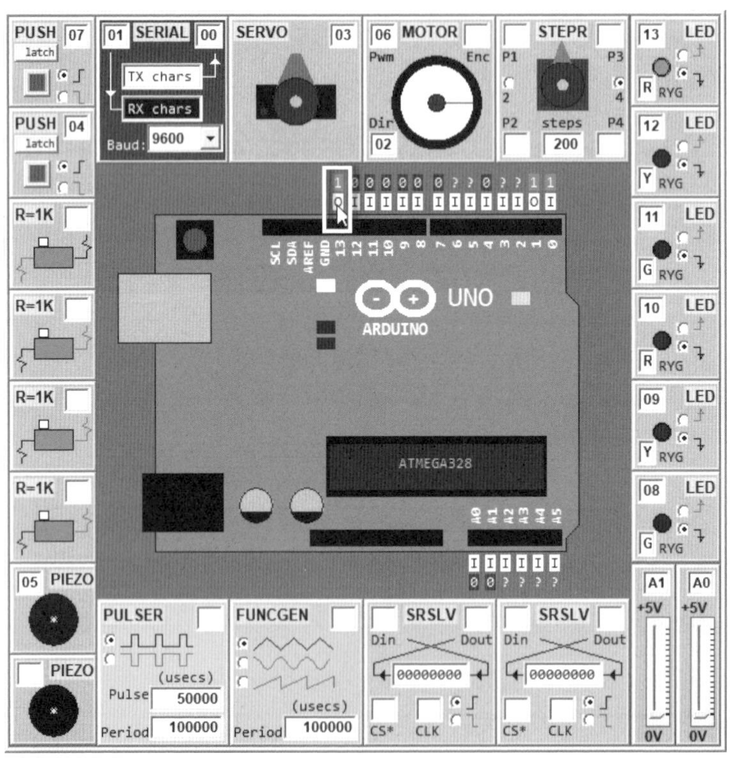

上述圖例可以看到右上角編號 13 的紅色 LED 燈在不停的閃爍（對應腳位 D13），同時在中間 Arudino Uno 開發板圖例的腳位 D13 也會閃爍，紅色是 1，表示 LED 燈亮起；藍色是 0，LED 燈熄滅。

Step 5 在腳位 D13 伸出顯示的 0 和 1 訊號方塊上，按滑鼠**左**鍵，可以開啟「Pin Digital WaveForm」對話方塊，顯示此腳位的數位波型，如下圖所示：

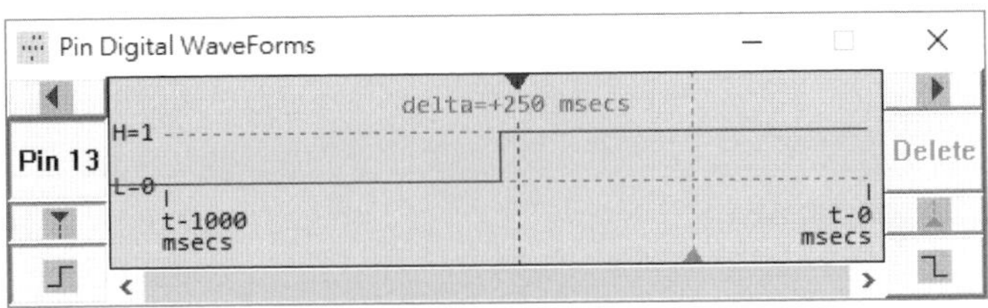

上述數位波型在 H 時，LED 燈亮起；L 是熄滅。在「Pin Digital WaveForms」對話方塊最多可以同時顯示 4 個腳位的波型，當顯示多個波型時，對於不需要的腳位，請按最後 **Delete** 鈕刪除波型的顯示。

14-3 Arduino Uno 模擬器

UnoArduSim 模擬器是加拿大 Queen 大學教授 Stan Simmons 博士（已退休）開發的 Arduino Uno 模擬器，可以讓 Arduino 開發者不需購買 Arduino 開發板硬體和實際接線，就可以在 Windows 作業系統的電腦進行除錯和模擬執行 Arduino 程式，方便初學者和學生學習 Arduino 程式設計，其官方網址是：https://www.sites.google.com/site/unoardusim/。

UnoArduSim 模擬器的使用介面

UnoArduSim 模擬器是一套即時 Arduino Uno 模擬工具，可以讓使用者自行選擇虛擬 I/O 裝置，和設定裝置是連接到哪一個腳位，我們並不用實際接線，也不用擔心不小心接錯線或忘記連接電子元件，就可以開發和測試 Arduino 程式，其執行畫面如下圖所示：

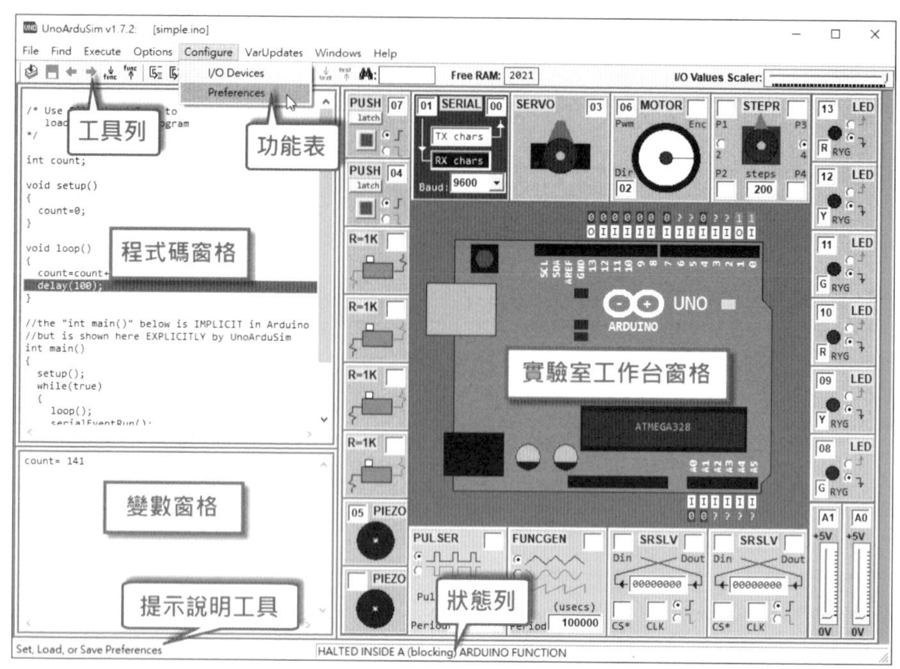

上述 UnoArduSim 模擬器的使用介面說明，如下所示：

- **程式碼窗格**（Code Pane）：左上方是程式碼窗格，可以顯示 Arduino 程式碼和追蹤程式執行，因為是使用 ANSI 編碼，無法正確顯示中文，不過，並不會影響模擬執行。如果程式碼有錯誤，模擬器會標示第 1 個錯誤所在的列，和在右下方狀態列顯示錯誤訊息。
- **變數窗格**（Variables Pane）：位在程式碼窗格的正下方，可以顯示執行時的全域和區域變數值，包含陣列變數；但不包含常數值。
- **實驗室工作台窗格**（Lab Bench Pane）：顯示 Arduino Uno 開發板圖例和圍繞四周的多種 I/O 裝置，每一個小方塊代表一種虛擬 I/O 裝置，位在四角的 2 位數數字是腳位編號，指定連接的開發板腳位。
- **提示說明工具列**（Toolbar Fly-over Hints）：顯示操作時的提示說明文字。
- **狀態列**（Status Bar）：顯示錯誤訊息和狀態資訊，如果程式載入後，剖析沒有錯誤，就會顯示「READ TO RUN OR STEP」訊息文字，表示可以按 F9 鍵模擬執行 Arduino 程式。

本書 UnoArduSim 模擬器的實際電子電路設計

UnoArduSim 模擬器的實驗室工作台窗格已經預設連接 2 個紅色 LED 燈（D13、D10）、2 個黃色 LED 燈（D12、D9）、2 個綠色 LED 燈（D11、D8）、2 個按鍵開關（D7、D4）、2 個蜂鳴器（D5、D6）和 1 個可變電阻（A0），其實際電子電路設計的佈線，如下圖所示：

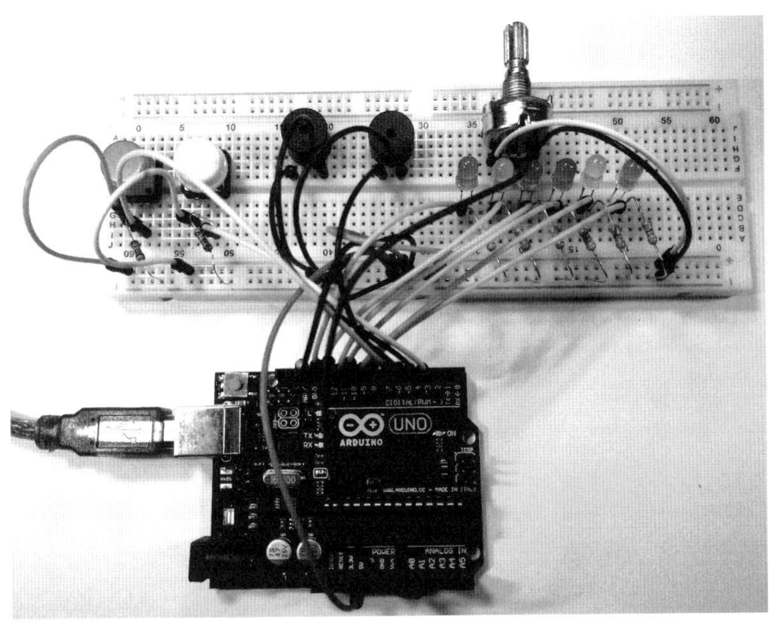

14-4 使用 Ardublockly 建立 Arduino 程式

Ardublockly 是一套基於 Google Blockly 積木程式的視覺化 Arduino 開發工具，可以直接拖拉積木來拼出你的 Arduino 程式，和自動轉換輸出 Arduino 程式碼。

fChart 程式碼編輯器內建筆者修改的 Ardublockly for fChart 中文單機增強版，可以使用本機 Chrome 瀏覽器執行 Ardublockly 開發工具。

啟動 Ardublockly

請啟動 fChart 程式碼編輯器且切換至 Arduino 語言後，可以在上方工具列看到 **Ardublockly 積木程式**鈕，如下圖所示：

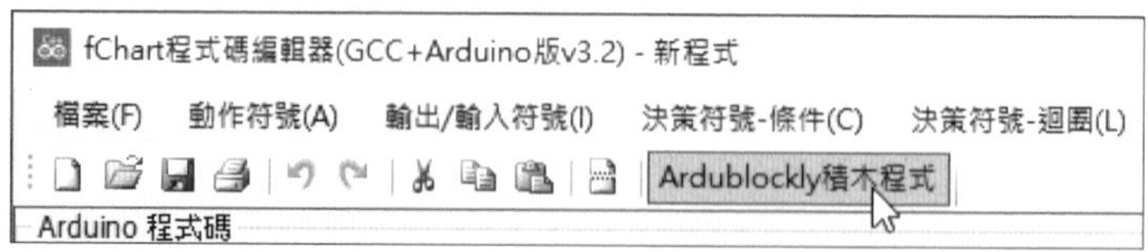

按 **Ardublockly 積木程式**鈕，即可啟動 Google Chrome 瀏覽器來執行 Ardublockly for fChart，如下圖所示：

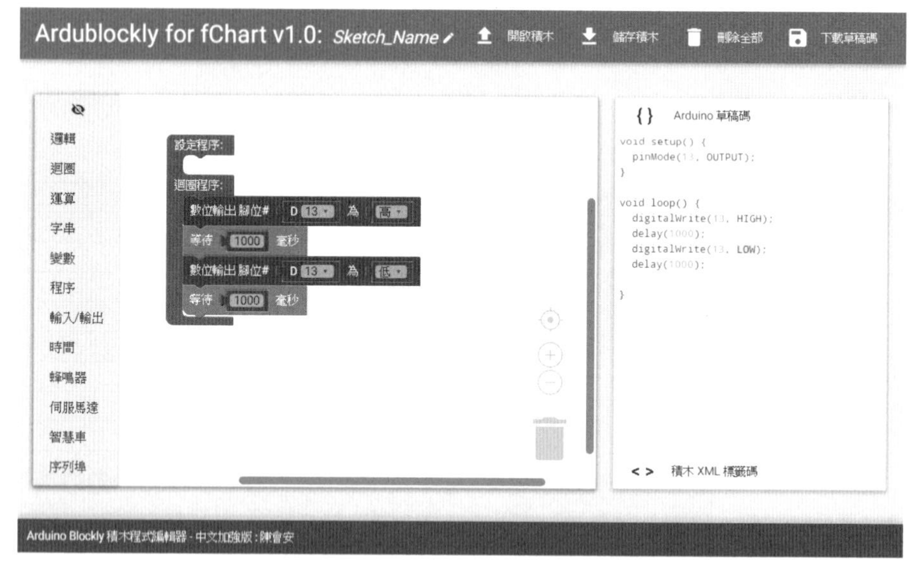

上述網頁開發介面的上方是工具列，預設檔名是 Sketch_Name（斜體字），點選可修改檔名，在後方有 4 個按鈕，依序可以開啟 / 儲存積木程式、清除工作區和下載 Arduino 程式的草稿碼。

在下方分成左右兩大部分，左邊是積木程式編輯區；右邊是自動轉換的 Arduino 程式碼，在最左邊的垂直工具列是分類的積木。

使用 Ardublockly 建立 Arduino 程式

我們準備從頭開始使用積木程式拼出第 14-2-1 節的第 1 個 Arduino 程式，其步驟如下所示：

Step 1 請啟動 Ardublockly 中文單機增強版，如果已經啟動，請按右上方**刪除全部**鈕清除工作區的積木，可以看到 Arduino 程式的 2 個函數，如右圖所示：

Step 2 選**輸入 / 輸出**分類下第 1 個**數位輸出**積木，拖拉至迴圈程序的大嘴巴中，如下圖所示：

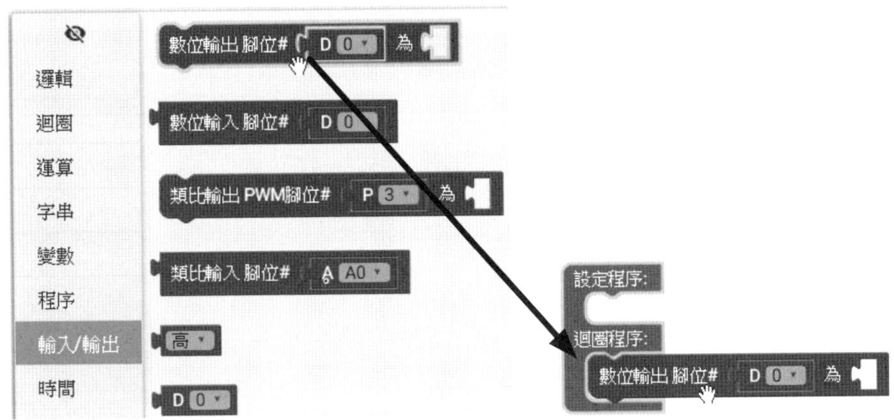

Step 3 請在第 1 個欄位的數位腳位清單選 13 後，拖拉**輸入 / 輸出**分類下第 5 個**高**積木至**為**之後的拼貼位置，如下圖所示：

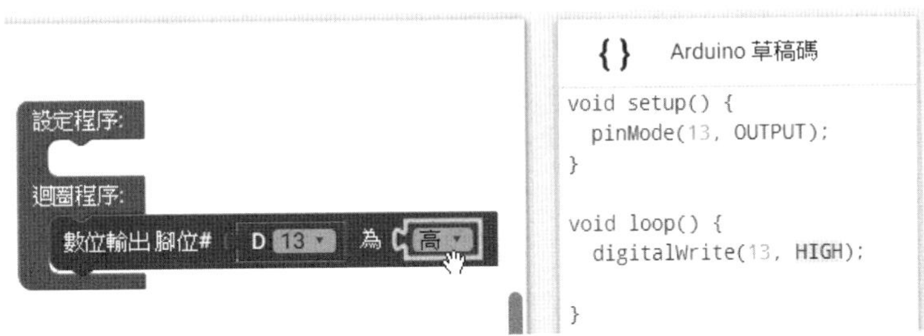

Step 4 Ardublockly 自動建立 pinMode() 函數，接著選**時間**分類下第 1 個**等待 1000 毫秒**積木至**數位輸出**積木的下方，如右圖所示：

Step 5 請再拖拉 1 個**數位輸出**積木（或在現有積木上，執行右鍵快顯功能表的**複製**命令），再加上 1 個**高**積木（請改為低）和 1 個**等待 1000 毫秒**積木，即可建立第 14-2-1 節的第 1 個 Arduino 程式，如下圖所示：

設定程序:
迴圈程序:
數位輸出 腳位# D 13 為 高
等待 1000 毫秒
數位輸出 腳位# D 13 為 低
等待 1000 毫秒

{ } Arduino 草稿碼

```
void setup() {
  pinMode(13, OUTPUT);
}

void loop() {
  digitalWrite(13, HIGH);
  delay(1000);
  digitalWrite(13, LOW);
  delay(1000);

}
```

Step 6 請儲存成 Ex14_4.xml 積木程式後，下載 Arduino 程式 Ex14_4.ino，或直接複製 Arduino 草稿碼至 fChart 程式碼編輯器，即可使用模擬器來測試執行我們拼出的 Arduino 程式。

變數的初值與常數

Ardublockly 變數預設都是全域變數，而且名稱並不區分大小寫，我們只需使用**變數**分類下的**指定 var1 變數值成為**積木建立指定敘述，即可自動新增所需的變數宣告，如右圖所示：

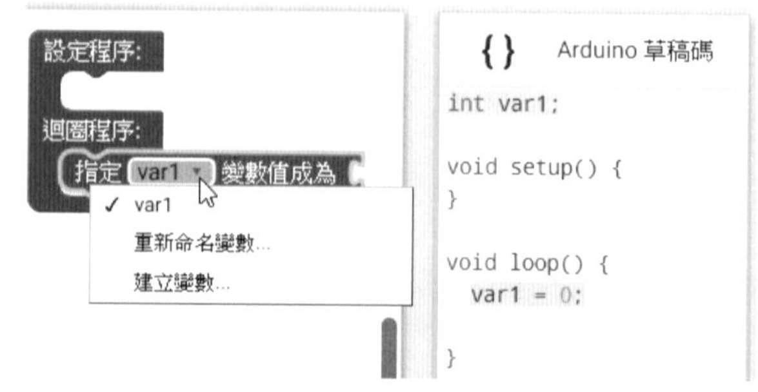

上述積木指定預設變數 var1 的值是 0，可以看到程式碼開頭的變數宣告，型態會自動依據變數值來指定。選 var1，可以執行**重新命名變數…**命令重新命名變數；**建立變數…**命令是建立一個新變數。

如果需要宣告指定初值的變數，請使用**變數**分類下的第 1 個和第 2 個積木，如下圖所示：

```
int i = 0;
const int j = 1;
int var1;

void setup() {
}

void loop() {
  var1 = 0;

}
```

上述第 1 個積木宣告指定型態的全域變數且指定初值，換句話說，Arduino 程式可以使用變數來指定腳位值，或腳位清單常數，第 2 個積木建立的是常數（前方多了 const 關鍵字）。

變數的型態轉換

Ardublockly 變數的指定敘述並不允許指定成不同型態的值（將整數變數指定成短整數都會有錯誤警告），如果需要指定成不同型態的變數或常數值，請使用**變數**分類下的 2 個型態轉換積木，如右圖所示：

上述第 1 個積木是轉換成後方選擇的指定型態，第 2 個積木是指定敘述和算術運算的自動型態轉換（不會檢查型態），實務上，如果因為型態不同，積木無法成功拼入時，可以使用此積木來避免型態檢查。

遞增 / 遞減運算式

在**運算**分類下提供變數的遞增遞減運算式 var1++; 和 var1--;，如右圖所示：

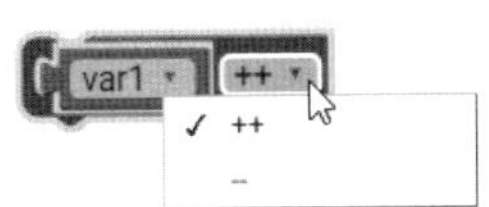

14-5 Arduino 程式的基本結構

Arduino 程式語言源於 C/C++ 語言，對於已經學過 C 或 C++ 語言的讀者來說，Arduino 程式設計和撰寫 C/C++ 程式沒有什麼不同，我們只需了解 Arduino 專屬的內建函數，就可以輕鬆入門 Arduino 程式設計。

Arduino 程式（Arduino Sketch，草稿碼）的基本結構是 2 個函數，如下所示：

```
void setup()
{
    // 程式敘述
}

void loop()
{
    // 程式敘述
}
```

上述 setup() 和 loop() 函數是 Arduino 程式的基本結構，請注意！就算函數中沒有任何程式碼，Arduino 程式也一定需要這 2 個函數，其說明如下所示：

- **setup() 函數**：當 Arduino 程式執行時，首先呼叫此函數，而且只會執行一次，其主要目的是初始相關設定，例如：指定腳位 D13 的模式是輸出 OUTPUT，如下所示：

```
void setup()
{
    pinMode(13, OUTPUT);
}
```

- **loop() 函數**：相當於 Arduino 程式的主程式，這是在呼叫 setup() 函數後呼叫，而且會持續循環執行此函數，直到重設或關閉 Arduino 開發板的電源。我們可以在此函數更改設定、讀取感測器值和控制 Arduino 開發板，如下所示：

```
void loop()
{
    digitalWrite(13, HIGH);
    delay(1000); // 暫停 1 秒
    digitalWrite(13, LOW);
    delay(1000); // 暫停 1 秒
}
```

上述 loop() 函數首先呼叫 digitalWrite() 函數數位輸出 HIGH 至腳位 D13（電壓 5V），所以 LED 燈會亮起；在等待 1 秒後，數位輸出 LOW 至腳位 D13（電壓 0V），所以 LED 燈就熄滅，在等待 1 秒後，Arduino 程式並不是結束執行，而是回頭再執行第 1 列的 digitalWrite() 函數，循環不定的重複執行此函數的程式敘述，所以函數名稱是 loop。

14-6 Arduino 程式語言

這一節筆者準備說明 Arduino 程式語言的基本語法（主要說明與 C 語言之間的差異），和一些 Arduino 常用的內建函數。

14-6-1 Arduino 程式語言的基本語法

Arduino 程式語言和 C/C++ 語言十分相似，與 C 語言的相同部分，筆者整理如下所示：

- 相同的「;」（程式敘述結束）和「{}」（程式區塊）符號。
- 相同變數、陣列宣告，和字元陣列的字串。
- 相同的算術、關係與邏輯運算子。
- 相同的流程控制（if、if/else、switch、for、while、do/while、break 和 continue）與函數。

上述相同部分筆者就不重複說明，請讀者自行參閱本書前各章節。這一節筆者只準備說明 Arduino 程式語言和 C 語言之間的差異。

註解文字

Arduino 語言的註解文字支援 C 和 C++ 的註解寫法，其說明如下所示：

- **單行註解**（Line Comments）：Arduino 語言可以使用 C++ 語言的單行註解，即使用「//」符號開始的單行列，或程式列位在「//」符號後的文字內容都是註解文字，如下所示：

```
delay(1000); // 暫停 1 秒
```

- **區塊註解**（Block Comments）：使用 C 語言的「/*」和「*/」符號括起來的內容，可以只有一列，也可以是跨過很多列的區塊註解，如下所示：

```
/* Arduino 程式： Ch14_2_1.ino */
```

或

```
/* ---------------------------------------
  Arduino 程式： Ch14_2_1.ino
------------------------------------------ */
```

變數的資料型態

Arduino 程式語言的變數可以在程式碼的任何位置宣告，其宣告方式和 C 語言相同，Arduino 支援的資料型態和 ANSI-C 有些差異，其說明如下表所示：

資料型態	說明	位元組	範圍
boolean	布林	1	0、1（false 或 true）
byte	位元組	1	0 ~ 255
char	字元	1	-128 ~ 127
unsigned char	無符號字元	1	0 ~ 255
int	整數	2	-32,768 ~ 32,767
unsigned int	無符號整數	2	0 ~ 65,535
word	單字	2	0 ~ 65,535
long	長整數	4	-2,147,483,648 ~ 2,147,483,647
unsigned long	無符號長整數	4	0 ~ 4,294,967,295
float	單精度浮點數	4	-3.4028235E+38~3.4028235E+38
double	雙精度浮點數	4	-3.4028235E+38~3.4028235E+38

Arduino 程式語言的字串和 C 語言相同，就是 char 資料型態的字元陣列（Arduino 程式：Ch14_6_1.ino），如下所示：

```
char str1[15];
char str2[8] = {'a', 'r', 'd', 'u', 'i', 'n', 'o'};
char str3[8] = {'a', 'r', 'd', 'u', 'i', 'n', 'o', '\0'};
char str4[ ] = "arduino";
char str5[8] = "arduino";
```

Arduino 程式語言的陣列和 C 語言完全相同，如下所示：

```
int pins[] = {2, 4, 8, 3, 6};
int sensVals[6] = {2, 4, -8, 3, 2};
char message[6] = "hello";
```

請注意！ UnoArduSim 模擬器的陣列宣告尺寸只能使用字面值，並不能使用變數或常數來宣告（Arduino 程式：Ch14_6_1a.ino，此程式會剖析錯誤），如下所示：

```
const int LENs = 5;
int pins[LENs] = {2, 4, 8, 3, 6};   // UnoArduSim 模擬器不支援
```

變數的範圍

Arduino 程式的變數宣告位置可以在 setup() 函數之前；或在函數中，其變數範圍的說明如下所示：

- **全域變數**（Global Variables）：在 setup()、loop() 和其他函數之外宣告的變數是全域變數，此變數可以在程式檔案的所有函數來存取。
- **區域變數**（Local Variables）：在函數和程式區塊之中宣告的變數是區域變數，此變數只允許在函數中，或程式區塊中存取。

筆者準備使用一個 Arduino 程式範例來說明變數範圍，程式在不同位置宣告多個變數（Arduino 程式：Ch14_6_1b.ino），如下所示：

```
int var;              // 全域變數

void setup()
{
    int i;            // 區域變數，只能在 setup() 函數存取
    // 程式敘述
}

void loop()
{
    for ( int i = 0; i < 20; i++ ) {   // 區域變數，只能 for 迴圈中存取
        // 程式敘述
    }
    float f;          // 區域變數，只能在 loop() 函數存取
}
```

上述變數 var 是全域變數，可以在任何函數中存取，第 1 個變數 i 和 f 是區域變數，只能分別在 setup() 和 loop() 函數存取，第 2 個變數 i 也是區域變數，不過，只能在 for 迴圈的程式區塊中存取（Arduino 和 C++ 語言相同，支援在 for 括號第 1 部分宣告計數器變數）。

常數

Arduino 程式語言除了支援 C 語言的常數宣告外，還提供一些預定常數的預定關鍵字（Predefined Keywords），其說明如下表所示：

常數	說明
HIGH	存取腳位電壓值是否是 5V（5V 板子高於等於 3V；3.3V 板子是 2V），如果是接 LED 燈，就是輸出 5V 電壓讓燈亮起
LOW	存取腳位電壓值是否是 0V（5V 板子小於 3V；3.3V 板子是 2V），如果是接 LED 燈，就是輸出 0V 電壓讓燈熄滅
INPUT	在 pinMode() 函數的第 2 個參數定義腳位是輸入腳位
OUTPUT	在 pinMode() 函數的第 2 個參數定義腳位是輸出腳位
true	布林變數值是真
false	布林變數值是偽

14-6-2 Arduino 的常用內建函數

Arduino 程式語言和 C/C++ 語言的最大差異是內建函數，我們就是使用這些內建函數和 C/C++ 流程控制語法來建立 Arduino 程式。

為了方便使用者輸入 Arduino 程式碼，fChart 程式碼編輯器除了支援功能表命令來插入 C 語言變數宣告、運算式、條件、迴圈和函數程式碼外，也支援 Arduino 常用的內建函數，在「輸出 / 輸入符號」功能表是輸出 / 輸入函數，如下圖所示：

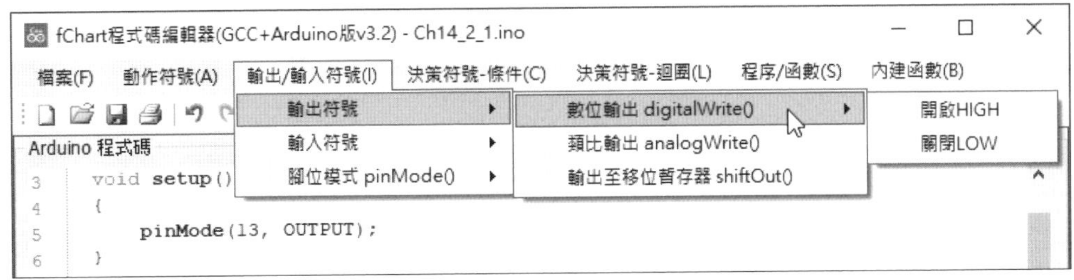

在上方功能表最後的「內建函數」功能表是 Arduino 常用內建函數，共分成 5 大類別，如下圖所示：

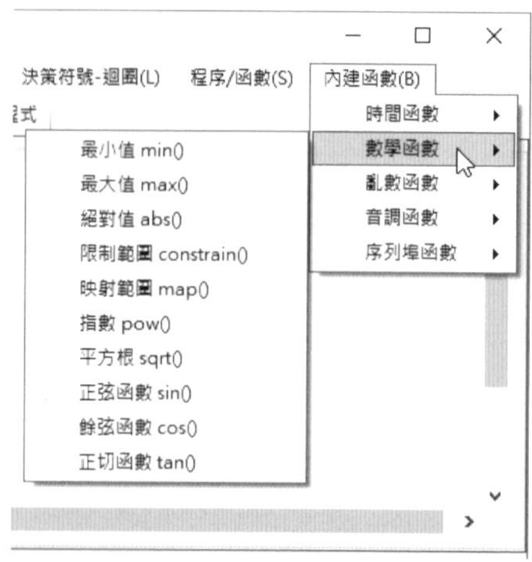

Arduino 輸出 / 輸入函數

Arduino 輸出 / 輸入函數是指定數位 I/O 腳位模式、數位輸出 / 輸入和類比輸出 / 輸入的相關函數，其說明如下表所示：

函數	說明
pinMode(pin, mode)	指定第 1 個參數的數位 I/O 腳位是第 2 個參數的模式，輸出是 OUTPUT；輸入是 INPUT
digitalWrite(pin, value)	開 / 關第 1 個參數的 OUTPUT 腳位，第 2 個參數值 HIGH 是 5V 開；LOW 是 0V 關
int digitalRead(pin)	讀取第 1 個參數 INPUT 腳位的狀態值，傳回值 HIGH 是 5V；LOW 是 0V
analogWrite(pin, value)	寫入第 1 個參數類別輸出腳位的類比值，第 2 個參數的類比值是 0~255，代表電壓 0~5V
int analogRead(pin)	讀取第 1 個參數類比輸入腳位的電壓值，傳回值是 0~1023，代表電壓 0~5V
shiftOut(dPin, cPin, bitOrder, value)	輸出資料至移位暫存器（Shift Register），可以用來擴充腳位輸出的位數，第 1 個參數是資料腳位；第 2 個是時脈腳位；第 3 個是位元組順序；最後是實際輸出的值
unsigned long pulseIn(pin, value)	測量第 1 個參數腳位脈沖持續的時間，第 2 個參數值指定測量脈沖 HIGH 或 LOW

Arduino 時間函數

Arduino 時間函數可以傳回執行的時間，或暫停執行一段時間，其說明如下表所示：

函數	說明
unsigned long millis()	傳回開始執行 Arduino 程式至目前為止的毫秒數
delay(ms)	延遲或暫停執行參數值的毫秒數
delayMicroseconds(us)	延遲或暫停執行參數值的微秒數

Arduino 數學函數

Arduino 數學函數可以傳回最大、最小、絕對值、指數、開根號和三角函數，其說明如下表所示：

函數	說明
min(x, y)	傳回 2 個參數的最小值
max(x, y)	傳回 2 個參數的最大值
abs(x)	傳回參數的絕對值
constrain(x, a, b)	傳回參數 x 的值，但是值限制在參數 a 和 b 之間，如果 x 值小於 a，就傳回 a；值大於 b，就傳回 b
map(value, fromLow, fromHigh, toLow, toHigh)	傳回參數 value 值在調整之後的值是位在 toLow 和 toHigh 之間，這是使用參數 fromLow 和 fromHigh 範圍值來對應調整，例如：map(analogRead(0), 0, 1023, 100, 200) 函數讀取腳位 0 的類比值 0~1023，傳回值會對應調整成 100~200 之間的值
double pow(base, exp)	傳回參數 base 為底的 exp 指數，即 $base^{exp}$
double sqrt(x)	傳回參數 x 的開根號值
double sin(rad)	傳回參數 rad 徑度數的正弦函數值
double cos(rad)	傳回參數 rad 徑度數的餘弦函數值
double tan(rad)	傳回參數 rad 徑度數的正切函數值

Arduino 亂數函數

Arduino 亂數函數可以指定亂數種子值和傳回指定範圍的亂數值，其說明如下表所示：

函數	說明
randomSeed(seed)	重設亂數函數為參數的亂數種子值
long random(max)	傳回 0~max 之間的亂數值
long random(min, max)	傳回 min~max 之間的亂數值

Arduino 程式語言的函數支援 C++ 語言的物件導向語法，以上表為例 random() 函數共有 2 個同名函數，名稱相同，只是參數個數不同，稱為**過載或重載（Overloading）**。

Arduino 音調函數

Arduino 音調函數可以產生音調讓蜂鳴器播放出音樂，其說明如下表所示：

函數	說明
tone(pin, frequency)	在第 1 個參數的腳位產生第 2 個參數頻率的正方波型（Square Wave）
tone(pin, frequency, duration)	同上一個 tone() 函數，只是增加第 3 個參數的持續時間
noTone(pin)	停止參數腳位執行 tone() 函數產生的正方波型

Arduino 序列埠通訊函數

Arduino 序列埠通訊函數是用來處理 PC 電腦透過 USB 和 Arduino 開發板之間的序列埠通訊，其說明如下表所示：

函數	說明
Serial.begin(speed)	此函數位在 setup() 函數，表示準備開始送出和接收序列埠通訊的資料，參數值是速度，通常是 9600 bps（每秒位元數）
Serial.print(data)	送出參數資料至序列埠
Serial.print(data, encoding)	同 Serial.print(data)，新增第 2 個參數的編碼，常數值 DEC 是十進位；HEX 是十六進位；OCT 是八進位；BIN 是二進位
Serial.println(data)	同 Serial.print(data)，只是增加換行 "\r\n"
Serial.println(data, encoding)	同 Serial.print(data, encoding)，只是增加換行 "\r\n"
int Serial.available()	傳回序列埠尚未讀取的位元組數
int Serial.read()	從序列埠讀取一個位元組的值
Serial.flush()	清除序列埠緩衝區的資料。因為資料到達序列埠比程式處理來的快，所以 Arduino 開發板是將資料儲存在緩衝區來進行處理

上表 Serial.print() 和 Serial.println() 函數的範例（Arduino 程式：Ch14_6_2.ino），在第 15-5 節有進一步的說明，如下所示：

```
// Serial.print() 函數 - 沒有換行
Serial.print("Hello world.");    // 送出 "Hello world."
Serial.print(78);                 // 送出 "78"
Serial.print(78, DEC);            // 送出 "78"
Serial.print(78, HEX);            // 送出 "4E"
Serial.print(78, OCT);            // 送出 "116"
Serial.print(78, BIN);            // 送出 "1001110"
// Serial.println() 函數 - 有換行
Serial.println("Hello world."); // 送出 "Hello world.\r\n"
Serial.println(78);               // 送出 "78\r\n"
Serial.println(78, DEC);          // 送出 "78\r\n"
Serial.println(78, HEX);          // 送出 "4E\r\n"
Serial.println(78, OCT);          // 送出 "116\r\n"
Serial.println(78, BIN);          // 送出 "1001110\r\n"
```

學習評量

選擇題

(　　) 1. 請問下列關於 Arduino 的說明，哪一個是錯誤的？

A. Arduino 是一塊硬體電路板和軟體開發平台

B. Arduino 是開放原始碼專案

C. Arduino 官方的開發工具是 Arduino IDE

D. Arduino 專案的主要目的是銷售開發板

(　　) 2. 請問下列哪一個不是 Arduino 開發團隊設計的 Arduino 官方開發板的名稱？

A. Mega　　B. Uno

C. Nano　　D. UnoArduSim

(　　) 3. 請問下列哪一個是 Arduino Uno 數位 I/O 腳位的編號範圍？

A. A0~A5　B. D1~D12　C. D0~D13　D. A1~A4

(　　) 4. 請問下列哪一個 Arduino Uno 腳位編號可以重新程式化成類比輸出？

A. D2　B. D4　C. D10　D. D13

(　　) 5. 請問下列哪一個 Arduino 函數可以指定數位 I/O 腳位的模式是輸出 OUTPUT；或輸入 INPUT ？

A. pinMode()　B. digitalWrite()　C. digitalRead()　D. shiftOut()

(　　) 6. 請問下列哪一個 Arduino 序列埠通訊函數可以傳回序列埠尚未讀取的位元組數？

A. Serial.begin()　　B. Serial.read()

C. Serial.available()　　D. Serial.print()

簡答題

1. 請說明什麼 Arduino 專案？ Arduino 平台和特點為何？
2. 請依據記憶手繪圖例來說明 Arduino Uno 開發板的版面配置？並且簡單說明數位和類比腳位有哪些？
3. 請問什麼是 Ardublockly ？我們可以使用 Arduino 模擬器 UnoArduSim 來作什麼？
4. 請舉一個實例來說明 Arduino 程式的基本結構？
5. 請問 Arduino 資料型態和 C 語言有什麼不同？

實作題

1. 請自行使用 fChart 程式碼編輯器建立第 14-2-1 節的 Arduino 程式，和使用 Arduino 模擬器 UnoArduSim 來測試執行 Arduino 程式。
2. 讀者如果有購買 Arduino Uno 開發板，請參閱附錄 A 的說明，試著在 Windows 電腦建立 Arduino 開發環境，和安裝 USB 驅動程式。

Arduino 實驗範例

15-1 閃爍 LED 燈實驗範例

Arduino 最簡單的實驗範例就是閃爍 LED 燈，在這一節我們準備分別使用變數、常數、運算式和一維陣列來閃爍 1 至多個 LED 燈。

15-1-1 閃爍 1 個 LED 燈 - 變數與常數

第 14-3-1 節的第 1 個 Arduino 程式並沒有使用麵包板，這一節我們準備使用麵包板設計電子電路，和改用變數和常數來指定腳位編號。

電子電路設計

完成本節實驗的電子電路設計需要使用到的電子元件，如下所示：

紅色 LED 燈 x 1
220Ω 電阻 x 1
麵包板 x 1
麵包板跳線 x 3

請依據下圖連接建立電子電路後，紅色 LED 燈連接在腳位 D13，就完成本節實驗的電子電路設計，如下圖所示：

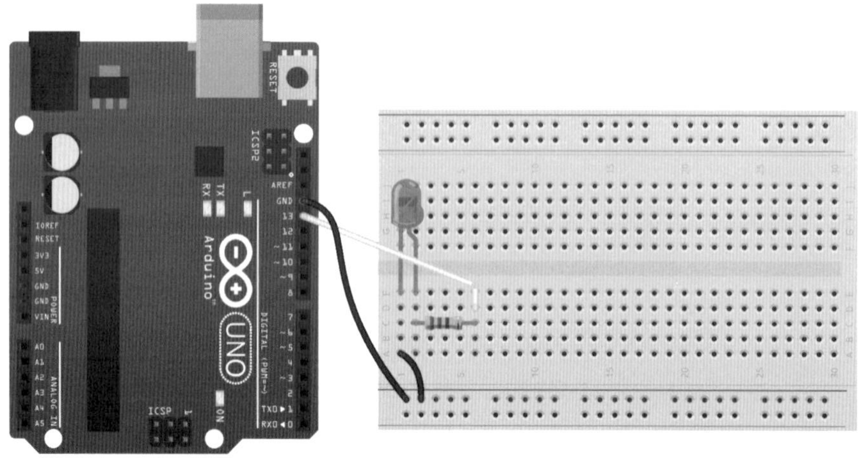

Arduino 程式：Ch15_1_1.ino

我們準備使用變數來指定紅色 LED 燈連接的腳位，而不是使用常數值 13，其執行結果和第 14-2-1 節完全相同，可以看到閃爍的紅色 LED 燈，如下所示：

```
01: int ledPin = 13;
02:
03: void setup()
04: {
05:     pinMode(ledPin, OUTPUT);
06: }
07:
08: void loop()
09: {
10:     digitalWrite(ledPin, HIGH);
11:     delay(1000); // 暫停 1 秒
12:     digitalWrite(ledPin, LOW);
13:     delay(1000); // 暫停 1 秒
14: }
```

上述 Arduino 程式改用第 1 列全域變數 ledPin 指定腳位編號 13。Ardublockly 積木程式 Ex15_1_1.xml 是使用**變數**分類下的第 1 個積木來宣告全域變數和指定初值，如右圖所示：

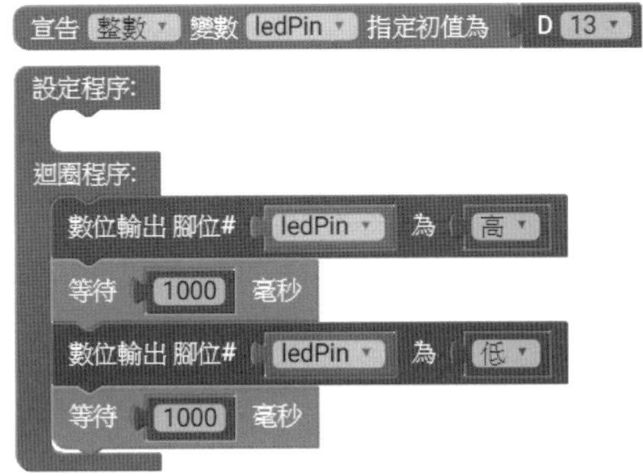

上述積木程式宣告全域整數變數 ledPin，和指定初值是數位腳位清單的 D13。在 UnoAdruSim 模擬器執行時，可以看到右上角腳位 13 的紅色 LED 燈在閃爍，腳位 13 的數位波型，當 H=1 時，LED 燈亮起；L=0 時，LED 燈熄滅，如下圖所示：

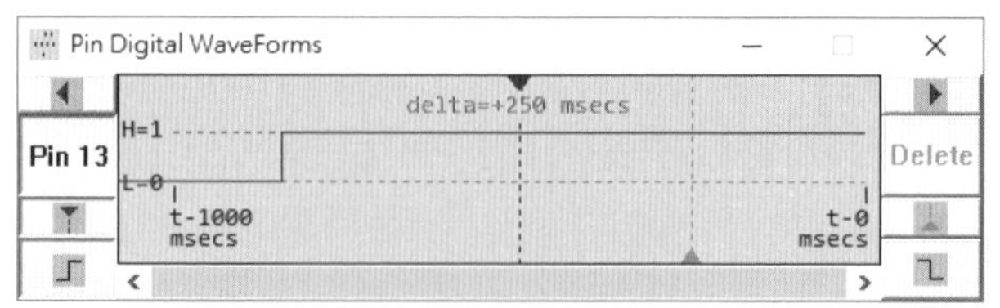

因為 Ch15_1_1.ino 是使用變數定義腳位，我們可以隨時更改變數值，如果不想任易更改腳位值（或不小心改錯），我們可以使用 const 常數來指定腳位編號（Arduino 程式：Ch15_1_1a.ino），如下所示：

```
const int ledPin = 13;
```

上述程式碼改用關鍵字 const 宣告常數 ledPin 來指定腳位 13，Ex15_1_1a.xml 積木程式是使用**變數**分類下的第 2 個積木，這次的初值是整數 13，如下圖所示：

常數宣告 整數 ▾ 變數 ledPin ▾ 指定初值為 13

15-1-2 閃爍 2 個 LED 燈 - 變數與運算式

這一節的實驗範例新增黃色 LED 燈，我們準備使用 2 個 LED 燈來切換閃爍的 LED 燈，程式是使用餘數運算和變數來切換腳位編號。

電子電路設計

完成本節實驗的電子電路設計需要使用到的電子元件，如下所示：

```
紅色 LED 燈 x 1
黃色 LED 燈 x 1
220Ω 電阻 x 2
麵包板 x 1
麵包板跳線 x 5
```

請依據下圖連接建立電子電路後，紅色 LED 燈連接在腳位 D13，黃色連接在腳位 D12，就完成本節實驗的電子電路設計，如下圖所示：

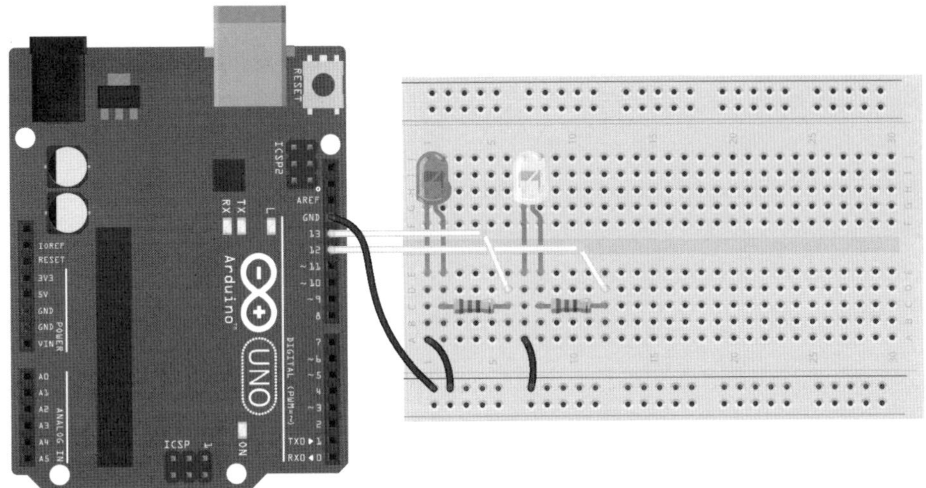

Arduino 程式：Ch15_1_2.ino

我們準備使用變數和餘數運算來切換點亮的 LED 燈，其執行結果可以看到首先閃爍腳位 D13 的紅色 LED 燈，然後是腳位 D12 的黃色 LED 燈，接著是 D13；D12，不停切換閃爍 2 個 LED 燈，如下所示：

```
int ledPin;
long count;

void setup()
{
    count = 1;
    pinMode(12, OUTPUT);
    pinMode(13, OUTPUT);
}

void loop()
{
    ledPin = 12 + (count % 2);
    digitalWrite(ledPin, HIGH);
    delay(1000); // 暫停 1 秒
    digitalWrite(ledPin, LOW);
    delay(1000); // 暫停 1 秒
    count++;
}
```

上述第 1~2 列是全域變數 ledPin（儲存腳位編號 12 或 13）和 count（計數器）的宣告，在第 6 列初始值 1，第 13 列使用餘數運算指定此次循環的腳位編號，如下所示：

```
ledPin = 12 + (count % 2);
```

上述程式碼使用餘數運算，其值分別是 0 或 1，加上 12 後，就是腳位編號 12 或 13，最後在第 18 列遞增計數變數 count 的值。Ardublockly 積木程式 Ex15_1_2.xml，如下圖所示：

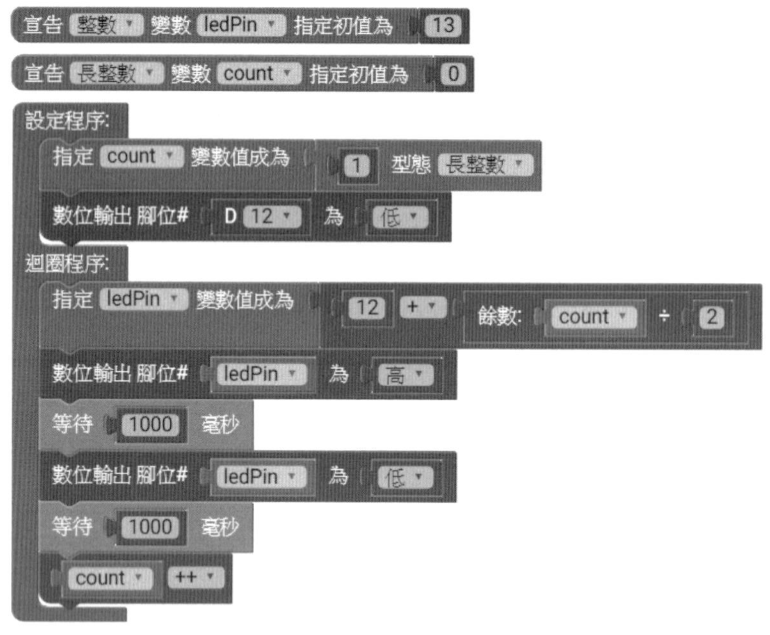

上述變數 count 是 long 長整數，所以在設定程序使用**變數**分類下的型態轉換積木轉換常數成為長整數，第 2 個數位輸出的目的是為了自動產生 pinMode (12, OUTPUT);，最後 count++ 是**運算**分類下的遞增 / 遞減運算式積木。

當在 UnoAdruSim 模擬器執行時，可以看到右上角腳位 D13 和 D12 的紅色和黃色 LED 燈在交互閃爍，腳位 D12 和 D13 的數位波型，如下圖所示：

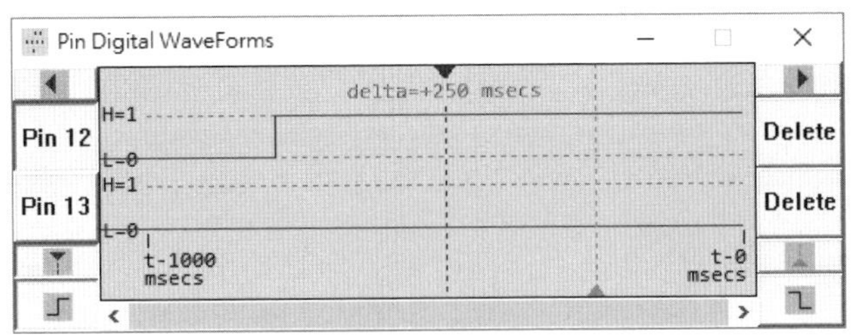

上述波型當腳位 12 是 H=1 時，腳位 13 是 L=0；反之，腳位 13 是 H=1 時，腳位 12 是 L=0。

15-1-3 依序點亮和熄滅多個 LED 燈 - 一維陣列

本節實驗準備再新增 LED 燈至 6 個，Arduino 程式可以依序點亮 6 個 LED 燈後；再依序熄滅 6 個 LED 燈。

電子電路設計

完成本節實驗的電子電路設計需要使用到的電子元件，如下所示：

```
紅色 LED 燈 x 2
黃色 LED 燈 x 2
綠色 LED 燈 x 2
220Ω 電阻 x 6
麵包板 x 1
麵包板跳線 x 14
```

請依據下圖連接建立電子電路後，紅色 LED 燈的腳位是 D13 和 D10；黃色是 D12 和 D9；綠色是 D11 和 D8，就完成本節實驗的電子電路設計，如下圖所示：

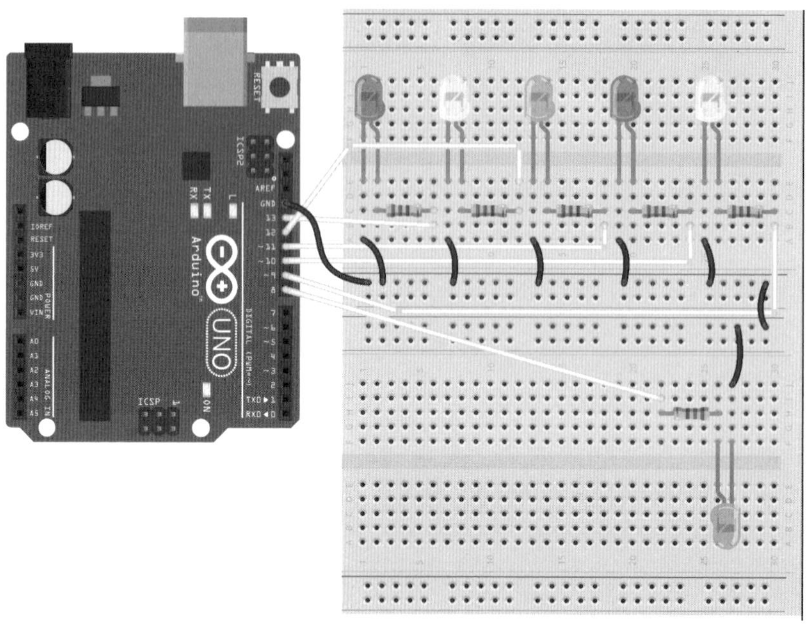

Arduino 程式：Ch15_1_3.ino

我們準備使用 6 個常數儲存 6 個腳位編號，然後依序點亮和熄滅 6 個 LED 燈，其執行結果會依序點亮 6 個 LED 燈後；再依序熄滅 6 個 LED 燈，並且不停的重複點亮和熄滅，如下所示：

```
const int ledPin1 = 8;
const int ledPin2 = 9;
const int ledPin3 = 10;
const int ledPin4 = 11;
const int ledPin5 = 12;
const int ledPin6 = 13;

void setup()
{
    pinMode(ledPin1, OUTPUT);
    pinMode(ledPin2, OUTPUT);
    pinMode(ledPin3, OUTPUT);
    pinMode(ledPin4, OUTPUT);
    pinMode(ledPin5, OUTPUT);
    pinMode(ledPin6, OUTPUT);
```

```
16: }
17:
18: void loop()
19: {
20:     // 循序打開每一個 LED 燈
21:     digitalWrite(ledPin1, HIGH);
22:     delay(100);
23:     digitalWrite(ledPin2, HIGH);
24:     delay(100);
25:     digitalWrite(ledPin3, HIGH);
26:     delay(100);
27:     digitalWrite(ledPin4, HIGH);
28:     delay(100);
29:     digitalWrite(ledPin5, HIGH);
30:     delay(100);
31:     digitalWrite(ledPin6, HIGH);
32:     delay(100);
33:     // 循序關閉每一個 LED 燈
34:     digitalWrite(ledPin1, LOW);
35:     delay(100);
36:     digitalWrite(ledPin2, LOW);
37:     delay(100);
38:     digitalWrite(ledPin3, LOW);
39:     delay(100);
40:     digitalWrite(ledPin4, LOW);
41:     delay(100);
42:     digitalWrite(ledPin5, LOW);
43:     delay(100);
44:     digitalWrite(ledPin6, LOW);
45:     delay(100);
46: }
```

上述程式碼沒有使用陣列，所以程式碼比較長，在第 10~15 列設定 6 個腳位模式都是 OUTPUT，第 21~32 列依序點亮 6 個 LED 燈，第 34~45 列依序熄滅 6 個 LED 燈。Ardublockly 積木程式是 Ex15_1_3.xml。

在 UnoAdruSim 模擬器執行時，可以看到右方腳位 08~13 的 6 個紅、黃和綠色 LED 燈依序點亮後；再依序熄滅，如右圖所示：

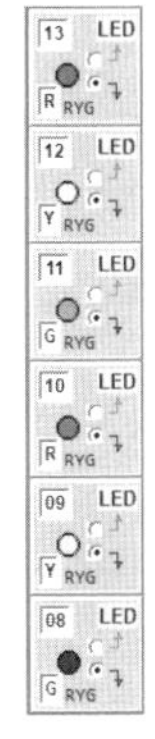

Arduino 程式：Ch15_1_3a.ino

我們準備修改 Ch15_1_3.ino 程式，改用一維陣列點亮和熄滅 6 個 LED 燈（目前的 Ardublockly 版本不支援陣列），可以看到程式碼長度大幅縮短，如下所示：

```
01: const int numLeds = 6;
02: int ledPins[] = {8, 9, 10, 11, 12, 13};
03:
04: void setup()
05: {
06:     for (int i = 0; i < numLeds; i++) {
07:         pinMode(ledPins[i], OUTPUT);
08:     }
09: }
10:
11: void loop()
12: {
13:     // 循序打開每一個 LED 燈
14:     for (int i = 0; i < numLeds; i++) {
15:         digitalWrite(ledPins[i], HIGH);
16:         delay(100);
17:     }
18:     // 循序關閉每一個 LED 燈
19:     for (int i = 0; i < numLeds; i++) {
20:         digitalWrite(ledPins[i], LOW);
21:         delay(100);
22:     }
23: }
```

上述第 1 列宣告陣列尺寸的常數，第 2 列宣告一維整數陣列，初值是 6 個腳位編號，在第 6~8 列使用 for 迴圈設定 6 個腳位模式都是 OUTPUT，第 14~17 列使用 for 迴圈依序點亮 6 個 LED 燈，在第 19~22 列依序熄滅 6 個 LED 燈。

在 UnoAdruSim 模擬器左下方的變數窗格（請注意！變數窗格不會顯示常數值）可以顯示 for 迴圈計算器變數 i 值的變化，因為是存取陣列元素值，所以會不停的從 0 至 5 遞增，展開 ledPens[] 陣列，可以看到陣列元素值的腳位編號，如右圖所示：

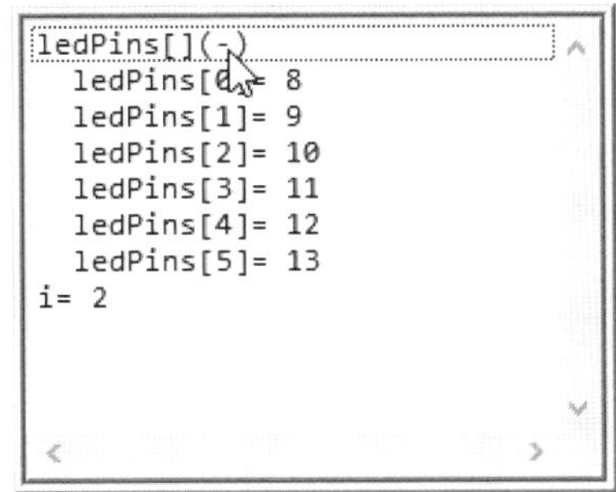

15-2 LED 燈的燈光控制實驗範例

燈光控制是控制 LED 燈閃爍的間隔時間和亮度，我們可以使用類比輸出 analogWrite() 函數調整 LED 燈的亮度，和使用 delay() 函數來控制 LED 燈點亮和熄滅的間隔時間，只需配合條件和迴圈，就可以建立多樣化的燈光效果。

15-2-1 LED 燈的閃爍時間控制 - if 條件敘述

這一節的 Arduino 實驗是逐次減少延遲時間來加速閃爍 1 個 LED 燈，程式使用 if 條件敘述判斷是否需重設延遲時間成初值。

電子電路設計

本節實驗的電子電路設計和第 15-1-1 節完全相同，在腳位 D13 連接一個紅色 LED 燈。

Arduino 程式：Ch15_2_1.ino

我們是使用變數來逐次減少延遲時間，和 if 條件判斷是否需重設延遲時間，其執行結果可以看到閃爍 LED 燈逐漸加快後，即延遲時間減少至 0 秒時，就重設成 1 秒後，然後重新逐次加快閃爍 LED 燈，如下所示：

```
01: const int ledPin = 13;
02: int dTime = 1000;
03:
04: void setup()
05: {
06:     pinMode(ledPin, OUTPUT);
07: }
08:
09: void loop()
10: {
11:     dTime = dTime - 100;
12:     if ( dTime <= 0 ) {
13:         dTime = 1000;
14:     }
15:     digitalWrite(ledPin, HIGH);
16:     delay(dTime);
17:     digitalWrite(ledPin, LOW);
18:     delay(dTime);
19: }
```

上述第 2 列是全域變數 dTime 延遲時間宣告，初值是 1000 毫秒（即 1 秒），在第 11 列減少延遲時間 100 毫秒，第 12~14 列的 if 條件判斷是否小於等於 0，如果是，就重設成 1000 毫秒（即 1 秒）。Ardublockly 積木程式 Ex15_2_1.xml，如下圖所示：

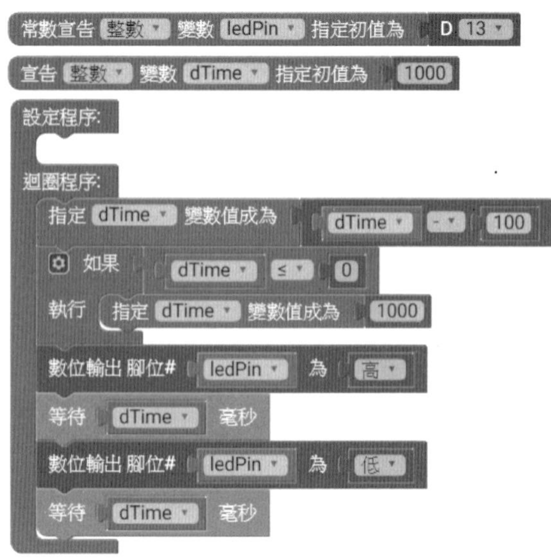

在 UnoAdruSim 模擬器執行時，可以看到左下方變數窗格顯示的 dTime 變數值逐漸減少至 0 後，重設成 1000。

15-2-2 LED 燈的閃爍時間控制 - if/else 條件敘述

本節實驗是修改第 15-2-1 節的範例，改用 if/else 條件敘述來加速閃爍 LED 燈和重設延遲時間。

電子電路設計

本節實驗的電子電路設計和第 15-1-1 節完全相同，在腳位 D13 連接一個紅色 LED 燈。

Arduino 程式：Ch15_2_2.ino

我們是直接修改 Ch15_2_1.ino，改用 if/else 判斷是否減少延遲時間，和重設延遲時間，如下所示：

```
if ( dTime <= 100 ) {
    dTime = 1000;
}
else {
    dTime = dTime - 100;
}
```

上述 if/else 條件判斷是否小於等於 100，如果是，重設成 1000 毫秒（即 1 秒）；否則，減少延遲時間 100 毫秒。Ardublockly 積木程式 Ex15_2_2.xml，如下圖所示：

15-2-3 LED 燈的閃爍時間控制 - while 迴圈

本節實驗先逐漸加速閃爍 LED 燈後，逐漸減速閃爍 LED 燈，每一次執行 loop() 函數，都會重複執行加速和減速，使用的是 2 個 while 迴圈。

電子電路設計

本節實驗的電子電路設計和第 15-1-1 節完全相同，在腳位 D13 連接一個紅色 LED 燈。

Arduino 程式：Ch15_2_3.ino

我們是使用 2 個 while 迴圈依序減少延遲時間；和增加延遲時間，其執行結果可以看到閃爍 LED 燈逐漸加快後，再逐漸變慢，如下所示：

```
const int ledPin = 13;
int dTime = 1000;

void setup()
{
    pinMode(ledPin, OUTPUT);
}

void loop()
{
    while ( dTime > 0 ) {
        digitalWrite(ledPin, HIGH);
        delay(dTime);
        digitalWrite(ledPin, LOW);
        delay(dTime);
        dTime = dTime - 100;
    }
    while ( dTime < 1000 ) {
        dTime = dTime + 100;
        digitalWrite(ledPin, HIGH);
        delay(dTime);
        digitalWrite(ledPin, LOW);
        delay(dTime);
    }
}
```

上述第 11~17 列是第 1 個 while 迴圈，迴圈重複執行至延遲時間為 0 為止。Ardublockly 積木程式 Ex15_2_3.xml 的 while 迴圈，如下圖所示：

上述 while 迴圈每次減少延遲時間 100 毫秒，因為閃爍間隔時間逐漸減少，所以愈閃愈快。在第 18~24 列是第 2 個 while 迴圈。Ardublockly 積木程式的 while 迴圈，如下圖所示：

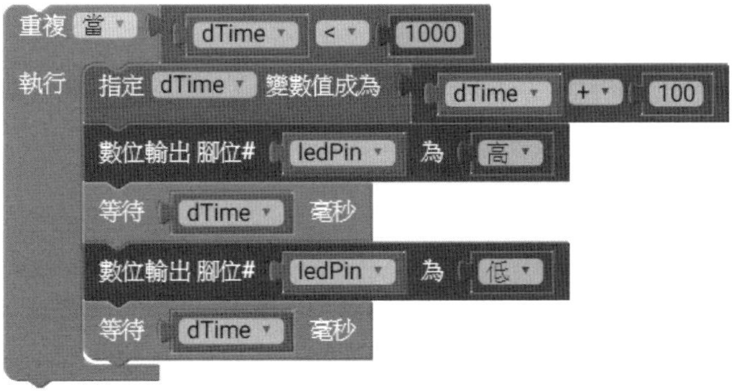

上述 while 迴圈會重複執行到大於等於 1000 毫秒（即 1 秒）為止，因為閃爍的間隔時間是逐漸增加，所以 LED 燈愈閃愈慢。

15-2-4 LED 燈的閃爍時間控制 - for 迴圈

這一節的實驗會每間隔 1 秒快速閃爍 LED 燈 4 次，因為是固定執行 4 次閃爍，所以使用 for 迴圈進行燈光控制。

電子電路設計

本節實驗的電子電路設計和第 15-1-1 節完全相同，在腳位 D13 連接一個紅色 LED 燈。

Arduino 程式：Ch15_2_4.ino

我們是使用 for 迴圈來快速閃爍固定 4 數的 LED 燈，其執行結果可以看到快速閃爍 LED 燈 4 次後，等 1 秒；再快速閃爍 4 次，如下所示：

```
01: const int ledPin = 13;
02:
03: void setup()
04: {
05:     pinMode(ledPin, OUTPUT);
06: }
07:
08: void loop()
09: {
10:     for (int i = 1; i <= 4; i++) {
11:         digitalWrite(ledPin, HIGH);
12:         delay(200);
13:         digitalWrite(ledPin, LOW);
14:         delay(200);
15:     }
16:     delay(1000);
17: }
```

上述第 10~15 列的 for 迴圈共重複執行 4 次，可以延遲 200 毫秒來快速閃爍 LED 燈 4 次，在第 16 列延遲 1000 毫秒（即 1 秒）。Ardublockly 積木程式 Ex15_2_4.xml 的 for 遞增計數迴圈，如右圖所示：

15-2-5 LED 燈的亮度控制 - 類比輸出

Arduino 開發板的數位 I/O 腳位 D3、D5、D6、D9、D10 和 D11 可以重新程式化成為類比輸出來使用，使用的是 PWM（Pulse Width Modulation）技術，在這一節我們準備使用腳位 D11 的類比輸出來調整連接 LED 燈的亮度。

如何調整 LED 燈的亮度

數位 I/O 輸出只能點亮和熄滅 LED 燈，如果需要調整 LED 燈的亮度，Arduino 有兩種作法，其說明如下所示：

- 因為人類眼睛只能看到特定速度下的東西，類似動畫的視覺殘留，只要不停切換點亮和熄滅 LED 燈夠快，我們可以透過調整點亮的持續時間來讓人類覺得亮度改變（即 PWM 技術），當開啟較久就會覺得比較亮；熄滅時間較長覺得比較暗，在這一節是使用 PWM 技術來調整 LED 燈的亮度。
- 調整通過 LED 燈的電流來調整 LED 燈的亮度，我們可以透過改變電阻值來作到，使用的是可變電阻的電子元件，其進一步說明請參閱第 15-2-6 節。

認識 PWM（Pulse Width Modulation）

PWM 是一種**將數位模擬成類比的技術**，中文稱為**脈衝寬度調變**，因為 Arduino 可以在數位腳位上非常快速切換數位方波型的開和關（每秒 500 次，即 500Hz），我們可以使用不同的開關樣式（Pattern，不同長短的開或關時間）來模擬出 0~5V 之間的電壓值變化。

PWM 的作法是控制開和關之間位在 5V（開）的持續時間，這個時間稱為「**脈沖寬度**」(Pulse Width)，位在 5V（開）持續時間佔所有時間的比率，稱為「**勤務循環**」(Duty Cycle)，比率高就是開的比較長，所以 LED 燈看起來比較亮；反之，比率低，看起來就比較暗。

例如：analogWrite() 函數的輸出值是 0~255 之間，我們可以使用 analogWrite() 函數輸出值 0 至腳位 D11，勤務循環是 0% 的持續時間位在 5V；100% 是 0V，所以不亮，如果輸出值是 64（即最大值 255 的 25%），25% 的時間位在 5V；75% 是 0V，所以有些暗，值 191 是 75% 位在 5V，所以比較亮，值 255 是 100%，即全亮，如右圖所示：

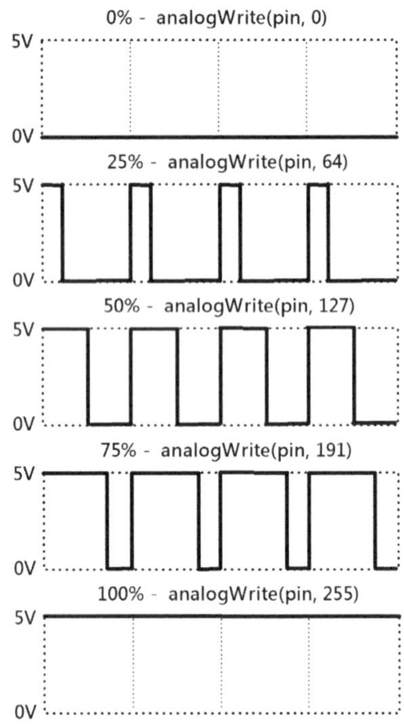

電子電路設計

本節實驗的電子電路設計和第 15-1-1 節非常相似，只是改成連接到腳位 D11 的綠色 LED 燈（因為腳位 D11 支援 PWM；D13 並不支援）。

Arduino 程式：Ch15_2_5.ino

我們準備使用 2 個 for 迴圈呼叫 analogWrite() 函數輸出值 0 至 255；然後反過來輸出 255 至 0，其執行結果可以看到 LED 燈的亮度從最暗至最亮；然後最亮至最暗，不再只單純的亮起或熄滅，如下所示：

```
int ledPin = 11;

void setup()
{
    pinMode(ledPin, OUTPUT);
}

void loop()
```

```
09: {
10:     for (int i = 0; i <= 255; i++) {
11:         analogWrite(ledPin, i);
12:         delay(10);
13:     }
14:     for (int i = 255; i >= 0; i--) {
15:         analogWrite(ledPin, i);
16:         delay(10);
17:     }
18: }
```

上述第 1 列的全域變數 ledPin 是腳位編號 11，在第 10~13 列的第 1 個遞增 for 迴圈是依序呼叫第 11 列的 analogWrite() 函數輸出 0 至 255，第 14~17 列的第 2 個遞減 for 迴圈是輸出 255 至 0。Ardublockly 積木程式 Ex15_2_5.xml，如下圖所示：

上述第 2 個 for 迴圈沒有勾選**遞增計數迴圈**，因為這是遞減的 for 計數迴圈。

UnoAdruSim 模擬器並無法真正模擬 LED 燈顯示的亮度，LED 燈只會看到快速閃爍，閃的慢表示亮度高；閃的快是亮度低，左下方變數窗格可以看到變數 i 的值從 0 至 255；再從 255 至 0。

15-2-6 LED 燈的亮度控制 - 可變電阻

可變電阻（Variable Resistor，VR）的正式名稱是電位器（Potentiometer），這是擁有 3 個接腳的電子元件，2 個固定接腳；1 個轉動接腳，經由轉動來改變 2 個固定接腳之間的電阻值，如右圖所示：

上述圖例的左右接腳分別是 5V 和 GND，中間腳位就是連接類比輸入的腳位。

電子電路設計

完成本節實驗的電子電路設計需要使用到的電子元件，如下所示：

綠色 LED 燈 x 1

可變電阻 x 1

麵包板 x 1

麵包板跳線 x 7

請依據下圖連接建立電子電路後，在腳位 A0 連接可變電阻；D11 是綠色 LED 燈，就完成本節實驗的電子電路設計，如下圖所示：

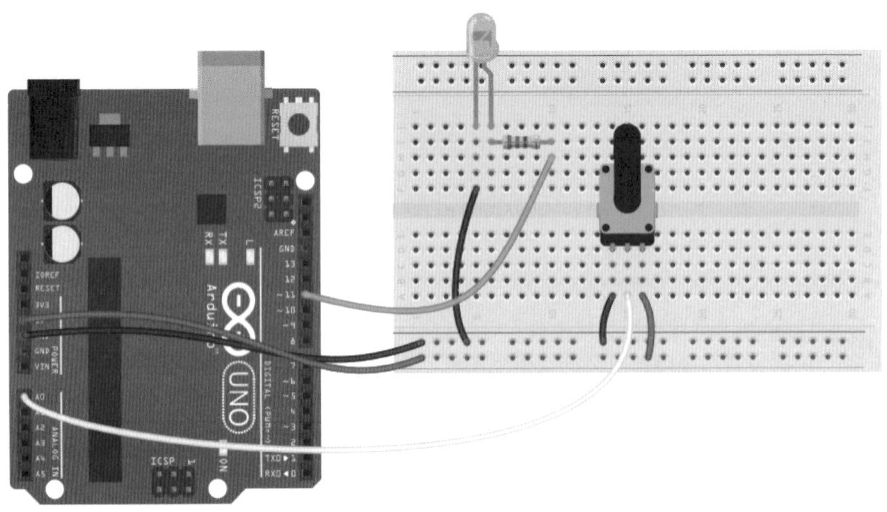

Arduino 程式：Ch15_2_6.ino

我們準備在讀取可變電阻的數值後，使用此值來指定 LED 燈的亮度，其執行結果是當我們轉動可變電阻時，可以看到 LED 燈的亮度改變，如下所示：

```
01: int ledPin = 11;
02: int potPin = A0;
03:
04: void setup()
05: {
06:     pinMode(ledPin, OUTPUT);
07:     pinMode(potPin, INPUT);
08: }
09:
10: void loop()
11: {
12:     int bright, value;
13:     value = analogRead(potPin);
14:     bright = map(value, 0, 1023, 0, 255);
15:     analogWrite(ledPin, bright);
16: }
```

上述第 1~2 列是 LED 燈和可變電阻連接的腳位編號（A0 是類比輸入的腳位編號，我們可以直接使用值 0，A0 是別名），在第 6~7 列指定腳位 D11 是 OUTPUT 輸出；A0 是 INPUT 輸入，請注意！類比輸入不用指定腳位模式（因為一定是輸入），其目的只是為了明確說明腳位模式是 INPUT。

第 13 列呼叫 analogRead() 函數讀取電位器的數值（值範圍是 0~1023），在第 14 列使用 map() 函數將數值範圍調整成 0~255 之間（analogWrite() 函數輸出值的範圍），在第 15 列使用 analogWrite() 函數輸出值至腳位 11，也就是指定 LED 燈的亮度。

Ardublockly 積木程式 Ex15_2_6.xml 的 map() 函數是位在**運算**分類的最後 1 個積木，如下圖所示：

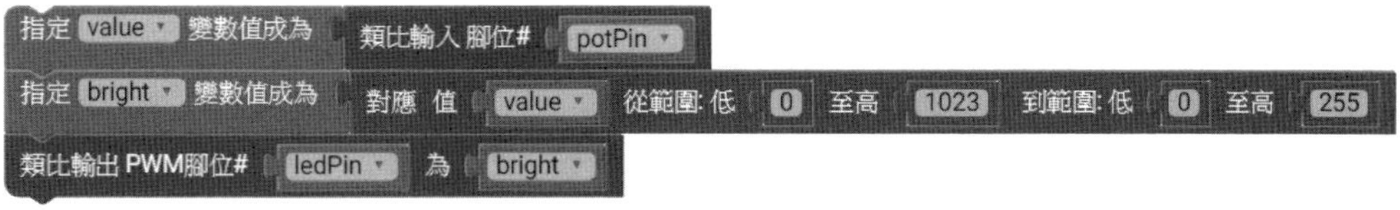

指定 value 變數值成為 類比輸入 腳位# potPin
指定 bright 變數值成為 對應 值 value 從範圍:低 0 至高 1023 到範圍:低 0 至高 255
類比輸出 PWM腳位# ledPin 為 bright

在 UnoAdruSim 模擬器執行時，可變電阻虛擬 I/O 元件是「類比滑動軸」(Analog Slider)，相當於是滑桿式可變電阻，我們可以使用右下角 A0 編號的類比滑動軸來模擬產生 0~1023 之間的輸入值，如右圖所示：

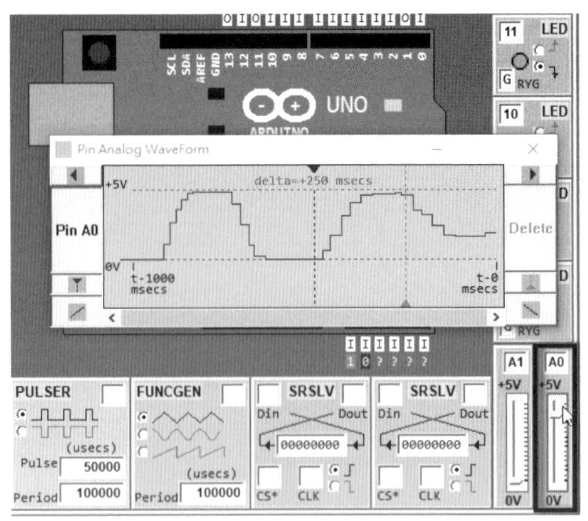

請在 Arduino Uno 開發板圖形下方找到 A0 腳位，在下方伸出顯示的訊號方塊上，按滑鼠**右**鍵開啟「Pin Analog WaveForm」對話方塊，可以顯示此腳位的類比波型。

現在，我們可以模擬測試可變電阻的類比輸入值，請滑動 A0 編號的類比滑動軸，可以看到顯示的類比波型同時改變，和腳位 D11 的 LED 燈在閃爍，如下所示：

- 往上拖拉接近 5V 時，LED 燈閃爍從變慢至全亮（亮度增加）。
- 往下拖拉接近 0V 時，LED 燈閃爍從變快至全暗（亮度減少）。

15-3 按鍵開關實驗範例

按鍵開關（Push Button，也稱為**按壓式開關**）電子元件如同是電燈開關，按下打開；放開是關閉，我們準備使用按鍵開關來控制 LED 燈的燈光開啟或關閉、閃爍時間和調整亮度。

15-3-1　使用按鍵開關點亮和熄滅 LED 燈

這一節的實驗是使用 1 個按鍵開關和 1 個紅色 LED 燈，我們可以使用按鍵開關來點亮和熄滅 LED 燈，類似打開和關閉房間電燈。

電子電路設計

完成本節實驗的電子電路設計需要使用到的電子元件，如下所示：

紅色 LED 燈 x 1
220Ω 電阻 x 1
按鍵開關 x 1
10KΩ 電阻 x 1
麵包板 x 1
麵包板跳線 x 6

請依據下圖連接建立電子電路後，腳位 D13 連接 LED 燈；腳位 D7 連接按鍵開關，就完成本節實驗的電子電路設計，如下圖所示：

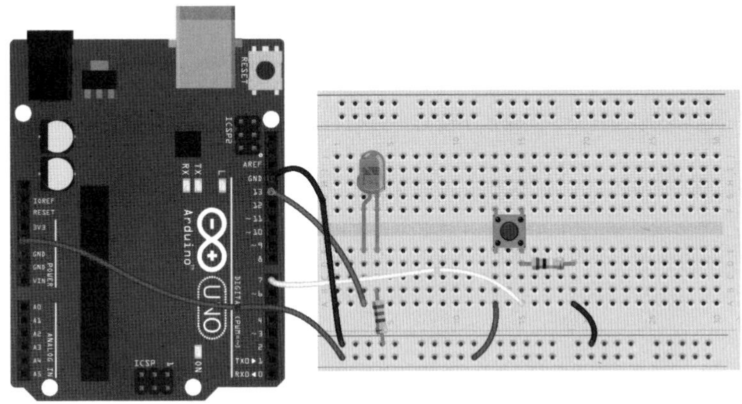

Arduino 程式：Ch15_3_1.ino

我們是使用 if/else 條件判斷按鍵開關狀態來決定是否點亮 LED 燈，其執行結果是當按下按鍵開關，可以看到腳位 D13 的 LED 燈亮起，放開，就熄滅 LED 燈，如下所示：

```
01: const int ledPin = 13;
02: const int btnPin = 7;
03:
04: void setup()
05: {
06:     pinMode(ledPin, OUTPUT);
07:     pinMode(btnPin, INPUT);
08: }
09:
10: void loop()
11: {
12:     int var = digitalRead(btnPin);
13:     if ( var == HIGH ) {
14:         digitalWrite(ledPin, HIGH);
15:     }
16:     else {
17:         digitalWrite(ledPin, LOW);
18:     }
19: }
```

上述第 1~2 列分別是 LED 燈和按鍵開關的腳位編號，在第 7 列設定腳位 D7 是 INPUT 輸入，也就是讀取腳位的電壓值，HIGH 是 5V；LOW 是 0V。

第 12 列呼叫 digitalRead() 函數讀取腳位的電壓值，在第 13~18 列的 if/else 條件判斷取得的電壓值，如果是 HIGH，就執行第 14 列點亮 LED 燈；反之，就是執行第 17 列熄滅 LED 燈。Ardublockly 積木程式 Ex15_3_1.xml，如下圖所示：

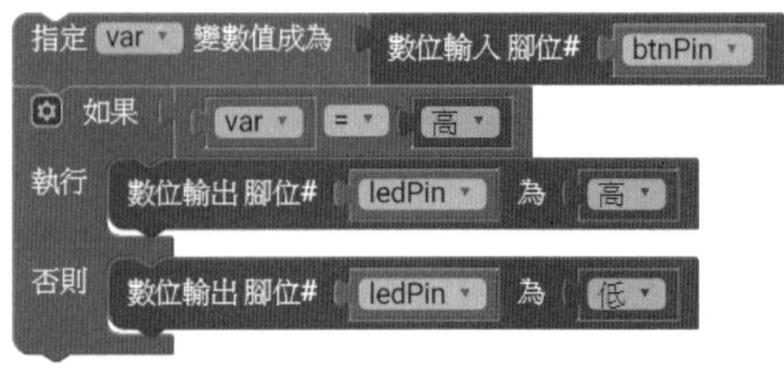

在 UnoAdruSim 模擬器執行時，按下左上角腳位 D7（07）的按鍵開關（旁邊波型的預設電壓值是上方 LOW），可以看到右上角腳位 D13 的紅色 LED 燈亮起，如下圖所示：

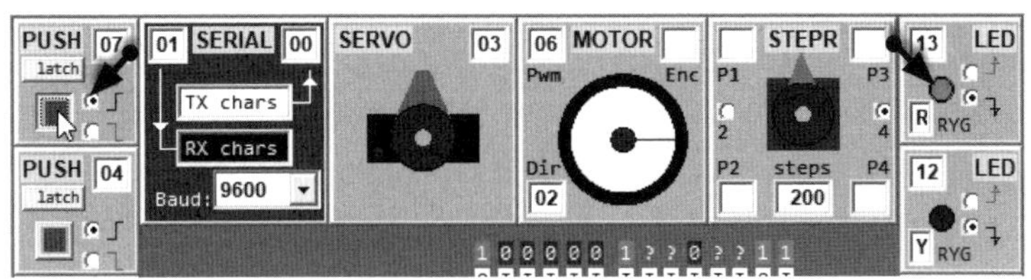

當放開腳位 D7 的按鍵開關，就會看到腳位 D13 的紅色 LED 燈熄滅。在 PUSH 按鍵開關上方有 **latch**，點選，可以切換開關成為按一下開；再按一下關的按鍵開關，如右圖所示：

15-3-2 使用按鍵開關控制 LED 燈的延遲時間

這一節的實驗準備使用 2 個按鍵開關來調整閃爍 LED 燈的延遲時間，同樣技巧，也可以用來調整 LED 燈的亮度。

電子電路設計

完成本節實驗的電子電路設計需要使用到的電子元件，如下所示：

紅色 LED 燈 x 1

220Ω 電阻 x 1

按鍵開關 x 2

10KΩ 電阻 x 2

麵包板 x 1

麵包板跳線 x 9

請依據下圖連接建立電子電路後，腳位 D13 連接紅色 LED 燈；腳位 D4 和 D7 連接按鍵開關，就完成本節實驗的電子電路設計，如下圖所示：

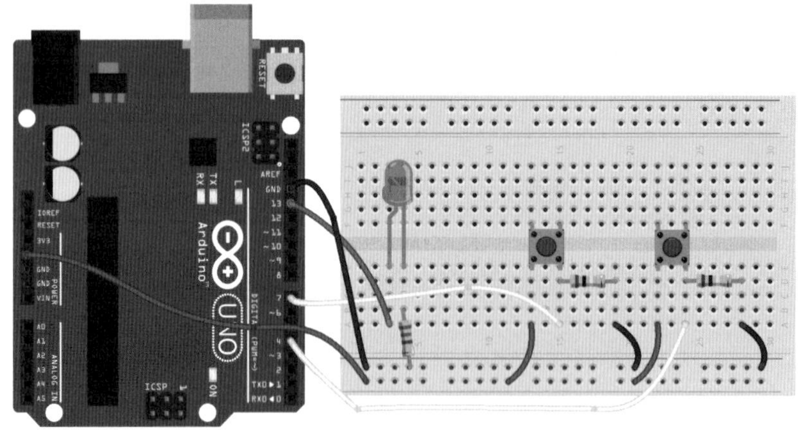

Arduino 程式：Ch15_3_2.ino

我們是使用 2 個 if 條件判斷 2 個按鍵開關狀態來增加或減少延遲時間，可以決定 LED 燈的閃爍速度，其執行結果是當按住第 1 個按鍵開關時閃爍加快；按住第 2 個按鍵開關時閃爍速度減慢，如下所示：

```
const int ledPin = 13;
const int btnPin1 = 7;
const int btnPin2 = 4;

int dTime = 1000;

void setup()
{
    pinMode(ledPin, OUTPUT);
    pinMode(btnPin1, INPUT);
    pinMode(btnPin2, INPUT);
}

void loop()
{
    int var = digitalRead(btnPin1);
    if ( var == HIGH ) {
        if ( dTime >= 100 )
            dTime = dTime - 100;
    }
    int var2 = digitalRead(btnPin2);
```

```
22:     if ( var2 == HIGH ) {
23:         if ( dTime < 1000 )
24:             dTime = dTime + 100;
25:     }
26:     digitalWrite(ledPin, HIGH);
27:     delay(dTime);
28:     digitalWrite(ledPin, LOW);
29:     delay(dTime);
30: }
```

上述第 3 列是第 2 個按鍵開關的腳位編號 4，在第 11 列設定腳位 4 是 INPUT 輸入，第 16~20 列呼叫 digitalRead() 函數讀取腳位 7 的電壓值，if 條件判斷是否有按下，如果有，就減少延遲時間，在第 21~25 列是第 2 個按鍵開關，如果有按下，就增加延遲時間，延遲時間的範圍值是 100~1000 毫秒。

Ardublockly 積木程式 Ex15_3_2.xml 第 1 個按鍵開關的 if 巢狀條件，如下圖所示：

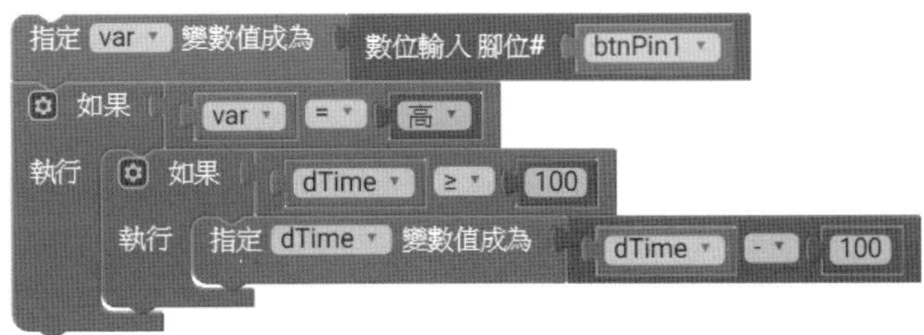

在 UnoAdruSim 模擬器執行時，請點選左上角腳位 D7 和 D4 按鍵開關的 **latch**，旁邊波型的預設電壓值都是上方 LOW，如右圖所示：

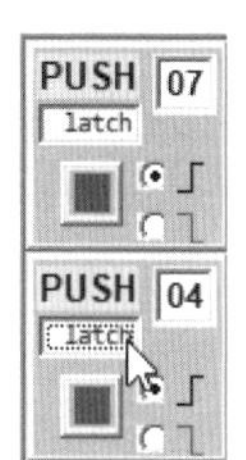

上述 D7 和 D4 兩個按鍵開關的操作，如下所示：

- **按下腳位 D7 的按鍵開關**：逐漸減少延遲時間，看到 LED 燈愈閃愈快至 100 毫秒，在變數窗格可以看到 dTime 值的變化，每次少 100 毫秒。
- **放開腳位 D7 的按鍵開關**；按下腳位 D4 的按鍵開關：逐漸增加延遲時間，看到 LED 燈愈閃愈慢至 1000 毫秒的延遲時間。

15-3-3 使用按鍵開關控制 LED 燈的亮度

在這一節實驗準備使用 2 個按鍵開關來調整 LED 燈的亮度。

電子電路設計

本節實驗的電子電路設計和第 15-3-2 節相似，只是改成綠色 LED 燈連接至腳位 D11，腳位 D4 和 D7 連接 2 個按鍵開關。

Arduino 程式：Ch15_3_3.ino

我們是使用 2 個 if 條件判斷 2 個按鍵開關狀態來增加或減少 LED 燈的亮度，其執行結果是當按住第 1 個按鍵開關時亮度逐漸變亮；按住第 2 個按鍵開關時亮度逐漸變暗，如下所示：

```
int bright = 128;
...
int var = digitalRead(btnPin1);
if ( var == HIGH ) {
    bright++;
}
int var2 = digitalRead(btnPin2);
if ( var2 == HIGH) {
    bright--;
}
bright = constrain(bright, 0, 255);
analogWrite(ledPin, bright);
delay(20);
```

上述變數 bright 是亮度，在呼叫 digitalRead() 函數讀取腳位 D7 的電壓值後，使用 if 條件判斷是否有按下，如果有，就增加亮度值，之後是第 2 個按鍵開關，如果有按下，就減少亮度值，我們是使用 constrain() 函數限制變數 bright 值位是在 0~255 之間，analogWrite() 函數類別輸出 LED 燈的亮度。Ardublockly 積木程式 Ex15_3_3.xml，如下圖所示：

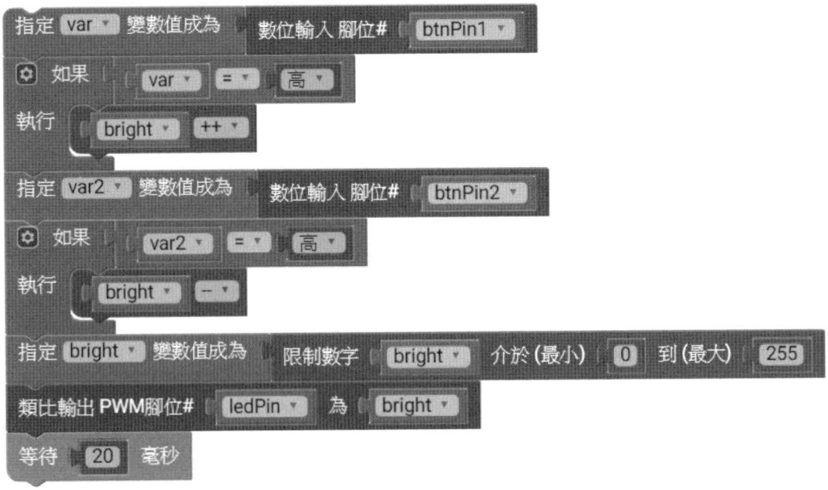

指定 var 變數值成為 數位輸入 腳位# btnPin1
如果 var = 高
執行 bright ++
指定 var2 變數值成為 數位輸入 腳位# btnPin2
如果 var2 = 高
執行 bright --
指定 bright 變數值成為 限制數字 bright 介於 (最小) 0 到 (最大) 255
類比輸出 PWM腳位# ledPin 為 bright
等待 20 毫秒

上述 constrain() 函數是位在**運算**分類下。UnoAdruSim 模擬器的執行方式和第 15-3-2 節相同，當按住腳位 D7 的開關時，腳位 D11 的 LED 燈閃爍會變慢至全亮（亮度增加）；按住腳位 D4 的開關時，LED 燈閃爍會變快至全暗（亮度減少）。

15-4 蜂鳴器實驗範例

蜂鳴器（PIEZO）是一種**壓電式喇叭**（Piezoelectric Speaker）的電子元件，我們可以透過控制延遲時間來產生頻率，讓蜂鳴器發出音效和播放出音樂。

15-4-1 使用蜂鳴器

在這一節的實驗是使用蜂鳴器來發出音效，我們是使用 for 迴圈配合短暫的延遲時間，來產生不同頻率的音效。

電子電路設計

完成本節實驗的電子電路設計需要使用到的電子元件，如下所示：

```
蜂鳴器 x 1
麵包板 x 1
麵包板跳線 x 2
```

請依據下圖連接建立電子電路後，在腳位 D5 連接蜂鳴器，就完成本節實驗的電子電路設計，如下圖所示：

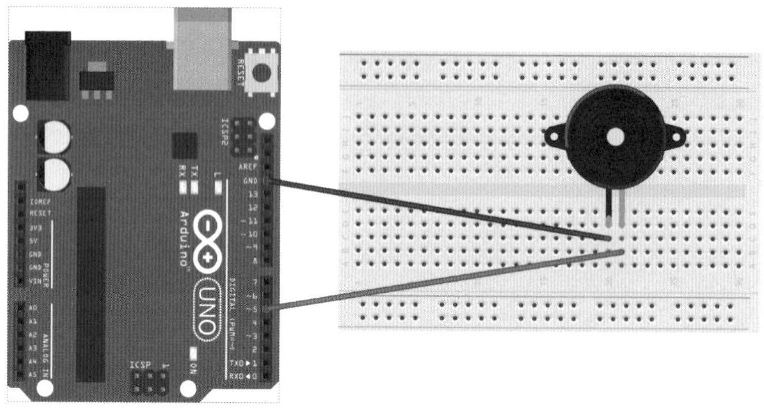

在連接蜂鳴器時需要注意正負極，紅色線是正極；黑色線是負極。

Arduino 程式：Ch15_4_1.ino

我們是使用 2 個 for 迴圈快速送出 HIGH 和 LOW 電壓，可以發出 2 種不同頻率的音效，其執行結果可以從蜂鳴器聽見產生 2 種不同頻率的音效，如下所示：

```
int buzzerPin = 5;

void setup()
{
```

```
05:     pinMode(buzzerPin, OUTPUT);
06: }
07:
08: void loop()
09: {
10:     int i;
11:     for( i = 0; i < 80; i++) {
12:        digitalWrite(buzzerPin, HIGH);
13:        delay(1);
14:        digitalWrite(buzzerPin, LOW);
15:        delay(1);
16:     }
17:     for( i = 0; i < 100; i++) {
18:        digitalWrite(buzzerPin, HIGH);
19:        delay(2);
20:        digitalWrite(buzzerPin, LOW);
21:        delay(2);
22:     }
23: }
```

上述第 1 列是蜂鳴器正極連接的腳位編號 5，在第 5 列設定腳位 5 是 OUTPUT 輸出，在第 11~16 列的第 1 個 for 迴圈執行 80 次，可以產生一種頻率的音效，如同閃爍 LED 燈，在第 12~15 列快速發出聲音、延遲 1 毫秒、不發聲和延遲 1 毫秒，第 17~22 列是第 2 個執行 100 次的 for 迴圈，可以產生另一種頻率，延遲時間是 2 毫秒。

Ardublockly 積木程式 Ex15_4_1.xml 是使用 2 個遞增的 for 計數迴圈，如右圖所示：

在 UnoAdruSim 模擬器執行時，可以從 PC 喇叭聽見模擬蜂鳴器 PIEZO 產生的音效，如右圖所示：

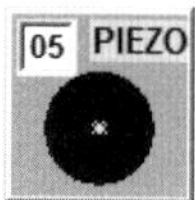

15-4-2 播放音樂

音樂是由不同音階的音符組成，在第 15-4-1 節是使用程式碼在蜂鳴器產生 2 種頻率的聲音，Arduino 提供 tone() 函數可以產生指定頻率的聲音，換句話說，我們可以使用蜂鳴器播放出 Do、Re、Mi、Fa、Sol、La 和 Si/Te 等不同音階的音符。

例如：音階 A4 的頻率是 440Hz 赫茲，往上高八度 A5 的頻率是 880Hz 赫茲，在「Ch15\pitche.h」標頭檔定義有各音階的頻率，不過，本節範例只有使用部分音階，其常數值如下所示：

```
#define NOTE_C4 262
#define NOTE_D4 294
#define NOTE_E4 330
#define NOTE_F4 349
#define NOTE_G4 392
#define NOTE_A4 440
#define NOTE_B4 494
#define NOTE_C5 523
```

電子電路設計

本節實驗的電子電路設計和第 15-4-1 節完全相同，在腳位 D5 連接一個蜂鳴器。

Arduino 程式：Ch15_4_2.ino

程式是使用陣列儲存 8 種音階的頻率，然後使用 for 迴圈呼叫 tone() 函數來一一播放陣列指定頻率的音階，其執行結果可以從蜂鳴器聽見產生的 Do、Re、Mi、Fa、Sol、La 和 Si/Te，如下所示：

```
01: #define NOTE_C4 262
02: #define NOTE_D4 294
03: #define NOTE_E4 330
04: #define NOTE_F4 349
05: #define NOTE_G4 392
06: #define NOTE_A4 440
07: #define NOTE_B4 494
08: #define NOTE_C5 523
09:
10: int buzzerPin = 5;
11: int tNotes[] = {NOTE_C4, NOTE_D4, NOTE_E4, NOTE_F4,
12:                 NOTE_G4, NOTE_A4, NOTE_B4, NOTE_C5};
13: void setup()
14: {
15:     pinMode(buzzerPin, OUTPUT);
16: }
17:
18: void loop()
19: {
20:     for (int i = 0; i < 8; i++) {
21:         tone(buzzerPin, tNotes[i] , 500);
22:         delay(500);
23:     }
24:     noTone(buzzerPin);
25:     delay(2000);
26: }
```

上述第 1~8 列是 8 個音階常數，在第 11~12 列宣告陣列儲存這 8 個音階，第 20~23 列的 for 迴圈共執行 8 次，在第 21 列呼叫 tone() 函數發出指定頻率的聲音，如下所示：

```
tone(buzzerPin, tNotes[i] , 500);
```

上述函數的第 1 個參數是腳位，第 2 個參數是頻率，最後是持續時間，在第 24 列呼叫 noTone() 函數停止參數腳位執行 tone() 函數產生的正方波型。

Ardublockly 不支援陣列，Ex15_4_2.xml 是重複呼叫 8 次 tone() 函數來播放指定頻率的音階，如下圖所示：

因為 tone() 函數的第 1 個參數是固定腳位值 D5，我們可以修改 Ch15_4_1.ino 程式，將第 21~22 列程式碼抽出成為 myTone() 函數（Arduino 程式：Ch15_4_2a.ino），如下所示：

```
void myTone(int freq, int dur) {
    tone(buzzerPin, freq , dur);
    delay(500);
}
```

然後在 for 迴圈改呼叫 myTone() 函數，如下所示：

```
for (int i = 0; i < 8; i++) {
    myTone(tNotes[i] , 500);
}
```

雖然 Ch15_4_2a.ino 的 myTone() 函數定義位在呼叫之後，但 Arduino 程式並不需要在開頭加上函數原型宣告，因為 Arduino IDE 在編譯前，會自動幫我們建立所需的函數原型宣告。

15-5 序列埠通訊實驗範例

Arduino 開發板可以使用同一條 USB 傳輸線來上傳程式、提供電源和進行序列埠通訊，序列埠通訊可以讓我們在 Arduino 開發板和 PC 電腦之間進行資料交換。

15-5-1 認識序列埠通訊

Arduino 開發板的**序列埠**（Serial Port，也稱為 **UART**）並不是使用早期 PC 使用的序列埠接頭，而是使用 USB 來連接，可以讓我們在 Arduino 開發板和連接的 PC 電腦之間交換資料。

Arduino 序列埠通訊使用的腳位

在 Arduino 開發板是使用右上角 TX（腳位 D1）和 RX（腳位 D0）兩個腳位來傳送和接收資料，如下圖所示：

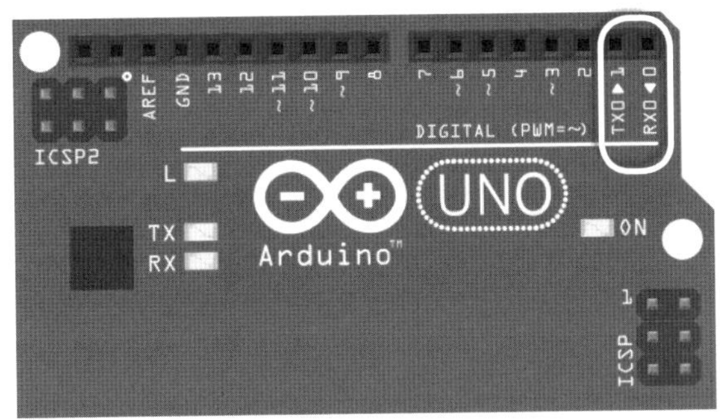

上述圖例 TX 和 RX 腳位的簡單說明，如下所示：

- TX（腳位 D1）：將資料從 Arduino 開發板傳送至 PC 電腦。
- RX（腳位 D0）：Arduino 開發板接收來自 PC 電腦的資料。

當 Arduino 程式使用序列埠通訊時，因為會佔用腳位 D0 和 D1，這 2 個腳位就不能作為數位 I/O 的腳位來使用。

Serial 函數庫（Serial Library）

Arduino 程式是使用 **Serial 函數庫**（Serial Library）來處理序列埠通訊，當需要使用序列埠通訊時，請先在 setup() 函數使用 Serial.begin() 函數指定通訊傳輸的**鮑率**（Baud Rate)，如下所示：

```
void setup()
{
    Serial.begin(9600);
}
```

上述程式碼初始序列埠通訊，並且指定鮑率是 9600。Ardublockly 是使用**序列埠**分類下的積木來指定鮑率，如下圖所示：

設定 Serial 傳輸率：9600 bps

在 PC 端的 Arduino IDE 提供「序列埠監控視窗」，可以讓我們在此介面輸入送出和接收 Arduino 開發板的資料。請參閱附錄 A 啟動 Arduino IDE，如下圖所示：

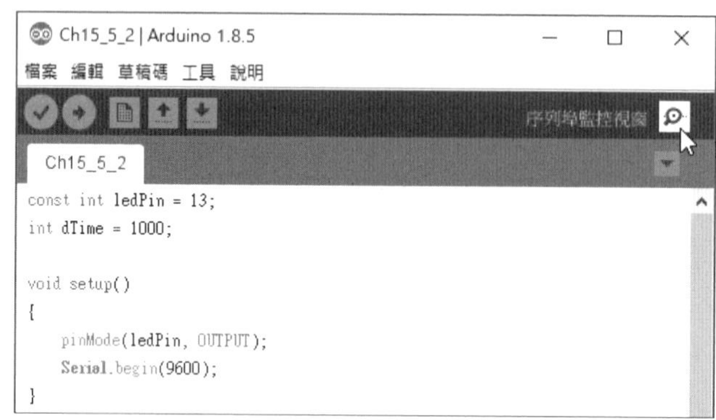

請點選右上角功能表下方游標所在的圖示，即可開啟序列埠監控視窗，如下圖所示：

上述視窗標題列顯示序列埠編號，和連接的是哪一種 Arduino 開發板，在右下方指定與初始函數相同的傳輸速率 9600。我們可以在上方欄位輸入資料，按**傳送**鈕，將 PC 輸入的資料傳送至 Arduino 開發板，在下方欄位顯示從 Arduino 開發板送至 PC 的資料。

UnoArduSim 模擬器的序列埠監控視窗是執行「Windows/Serial Monitor」命令，可以開啟「Serial Monitor on RX/TX pins 0/1」視窗。

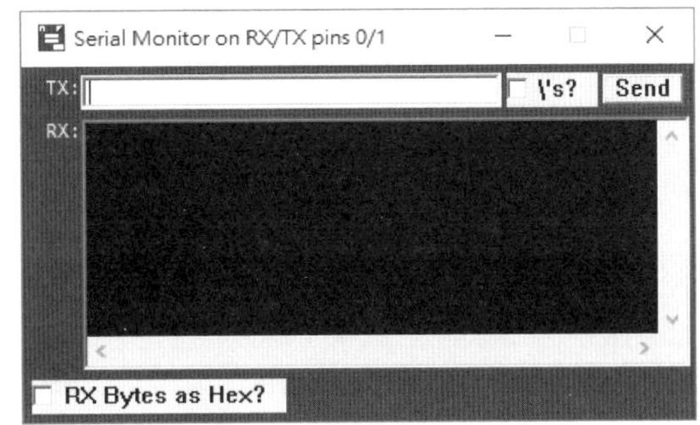

15-5-2 使用序列埠送出資料

Arduino 程式使用 Serial.begin() 函數初始序列埠後，可以使用 Serial.print() 或 Serial.println() 函數送出資料，這些資料是從 Arduino 開發板送至 PC 電腦，如下所示：

```
Serial.print("Delay Time = ");
Serial.println(dTime);
```

上述程式碼將字串和變數值送至 PC 電腦，我們可以在序列埠監控視窗的下方欄位顯示送來的訊息文字。Ardublockly 積木如下圖所示：

這一節 Arduino 實驗是修改自第 15-2-1 節範例，可以在序列埠監控視窗顯示目前 dTime 變數值的變化。

電子電路設計

本節實驗的電子電路設計和第 15-1-1 節完全相同，在腳位 D13 連接一個紅色 LED 燈。

Arduino 程式：Ch15_5_2.ino

請修改 Ch15_2_1.ino 程式，使用序列埠通訊顯示目前 dTime 變數值，LED 燈的執行結果和 Ch15_2_1.ino 完全相同，當在 PC 端開啟序列埠監控視窗，可以看到延遲時間 dTime 的變數值，如右圖所示：

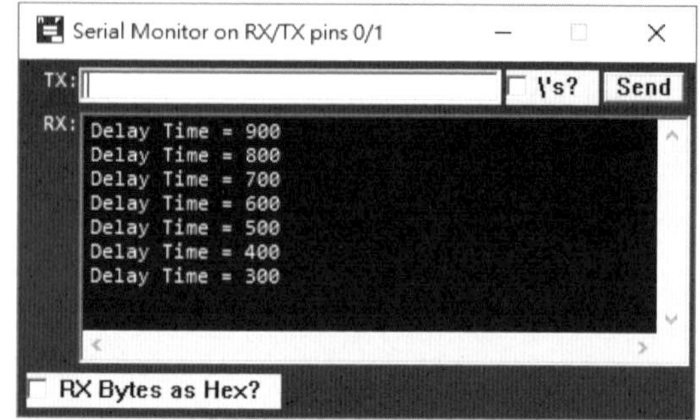


```
const int ledPin = 13;
int dTime = 1000;

void setup()
{
    pinMode(ledPin, OUTPUT);
    Serial.begin(9600);
}

void loop()
{
    dTime = dTime - 100;
    if ( dTime <= 0 ) {
        dTime = 1000;
    }
    Serial.print("Delay Time = ");
    Serial.println(dTime);
    digitalWrite(ledPin, HIGH);
    delay(dTime);
    digitalWrite(ledPin, LOW);
    delay(dTime);
}
```

上述第 7 列呼叫函數初始序列埠通訊，在第 16~17 列輸出訊息文字來顯示變數 dTime 的值，Serial.println() 函數會換行。完整 Ardublockly 積木程式是 Ex15_5_2.xml。

15-5-3 使用序列埠讀取資料

在 Arduino 程式可以使用序列埠通訊，讀取從 PC 電腦送出的資料，首先呼叫 Serial.available() 函數，判斷是否有可讀取資料，函數是傳回可讀取的位元組數，如果有，其值會大於 0，如下所示：

```
if ( Serial.available() > 0 ) {
    int inByte = Serial.read();
    ......
}
```

上述 if 條件判斷是否有資料可供讀取，如果有，就呼叫 Serial.read() 函數讀取第 1 個位元組。對應的 Ardublockly 積木，如下圖所示：

勾選**是讀取字串**就是使用 Serial.readString() 函數讀取字串，在**序列埠**分類還支援讀取整數和浮點數的積木。

電子電路設計

本節實驗的電子電路設計只需 Arduino Uno 開發板，並不需要任何額外的電子元件。

Arduino 程式：Ch15_5_3.ino

程式使用序列埠通訊來顯示 PC 電腦輸入的資料，其執行結果需要在 PC 端開啟序列埠監控視窗，在上方輸入 5678，按 **Send** 鈕，可以在下方顯示這 4 個位元組的十進位和十六進位值（這是字元的 ASCII 值），如下圖所示：

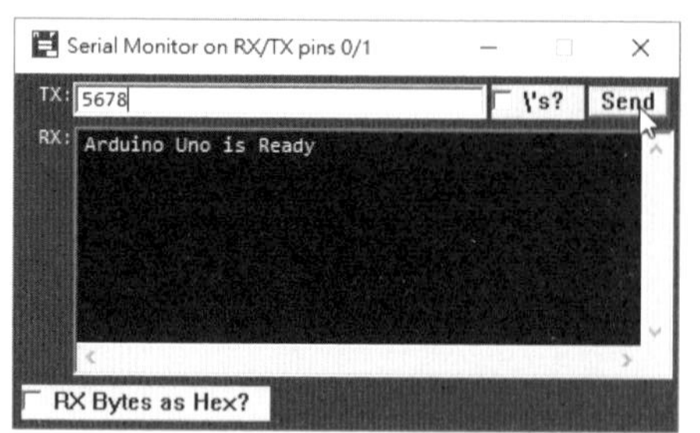

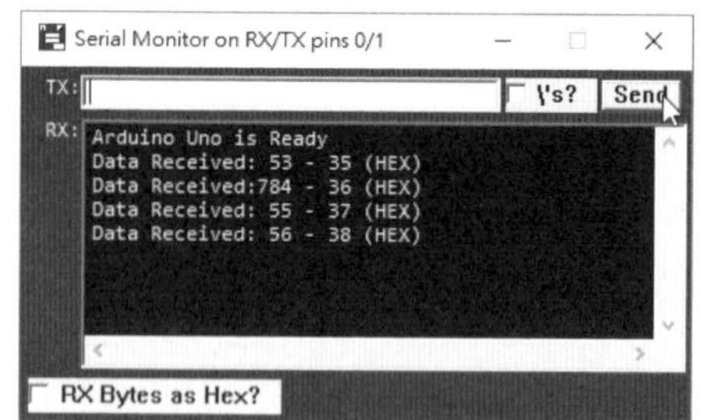


```
01: void setup()
02: {
03:     Serial.begin(9600);
04:     Serial.println("Arduino Uno is Ready");
05: }
06: 
07: void loop()
08: {
09:     if ( Serial.available() > 0 ) {
10:         int inByte = Serial.read();
11:         Serial.print("Data Received: ");
12:         Serial.print(inByte, DEC);
13:         Serial.print(" - ");
14:         Serial.print(inByte, HEX);
15:         Serial.println(" (HEX)");
16:     }
17: }
```

上述第 3~4 列初始序列埠通訊和顯示初始的訊息文字，在第 9~16 列的 if 條件判斷是否有輸入資料可讀取，第 10 列讀取 1 個位元組，在第 11~15 列分別使用十進位和十六進位顯示讀取的位元組資料。因為會重複執行，當第 2 次執行時，Serial.read() 函數會讀取第 2 個位元組資料，直到沒有任何資料可供讀取為止。

Ardublockly 只支援使用十進位顯示讀取的位元組資料，Ex15_5_3.xml 積木程式並無法顯示十六進位值。

15-5-4 使用序列埠通訊控制 LED 燈

在了解序列埠通訊的資料送出和讀取後，我們可以整合序列埠通訊和 LED 燈，透過輸入字元來控制點亮哪一個 LED 燈。

電子電路設計

本節實驗的電子電路設計和第 15-1-3 節完全相同，在腳位 D8~D13 共連接 6 個 LED 燈。

Arduino 程式：Ch15_5_4.ino

請修改 Ch15_1_3a.ino 程式，使用序列埠通訊讀取輸入的字元 '1'~'6'，可以分別點亮腳位 D8~D13 的 LED 燈，如果不是位在此範圍的字元，就熄滅 6 個 LED 燈。

當執行程式，請在 PC 端開啟序列埠監控視窗，輸入字元 '1'~'6'，可以看到指定的 LED 燈亮起，如下圖所示：

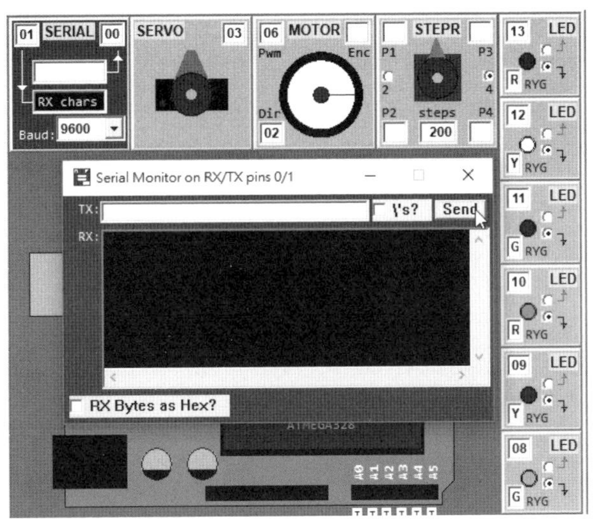

首先輸入 '1'，按 **Send** 鈕，可以看到腳位 D8 的綠色 LED 燈亮起；接著輸入 '3'，亮起腳位 D10 的紅色 LED 燈，輸入 '5'，按 **Send** 鈕，可以亮起腳位 D12 的黃色 LED 燈。

```
const int numLeds = 6;
int ledPins[] = {8, 9, 10, 11, 12, 13};

void setup()
{
    Serial.begin(9600);
    for (int i = 0; i < numLeds; i++) {
        pinMode(ledPins[i], OUTPUT);
    }
}

void loop()
{
    if ( Serial.available() > 0 ) {
        int inByte = Serial.read();
        switch (inByte) {
        case '1':
            digitalWrite(ledPins[0], HIGH);
            break;
        case '2':
            digitalWrite(ledPins[1], HIGH);
            break;
        case '3':
            digitalWrite(ledPins[2], HIGH);
            break;
        case '4':
            digitalWrite(ledPins[3], HIGH);
            break;
        case '5':
            digitalWrite(ledPins[4], HIGH);
            break;
        case '6':
            digitalWrite(ledPins[5], HIGH);
            break;
        default:
            // 關掉全部的 LED 燈
```

```
37:                 for (int i = 0; i < numLeds; i++) {
38:                     digitalWrite(ledPins[i], LOW);
39:                 }
40:                 break;
41:             }
42:     }
43: }
```

上述第 6 列呼叫函數初始序列埠通訊，在第 14~42 列的 if 條件判斷是否有輸入的位元組，有，第 15 列讀取後，使用第 16~41 列的 switch 條件敘述判斷字元是否是 '1'~'6'，如果是，就亮起指定腳位的 LED 燈，第 35~40 列的 default 是例外情況，當輸入字元不是 '1'~'6' 時，第 37~39 列的 for 迴圈熄滅 6 個 LED 燈。

因為 Ardublockly 不支援陣列和 switch 條件敘述，Ex15_5_4.xml 積木程式是使用 6 個變數儲存腳位，和 if/else/if 多選一條件來判斷輸入的字元（字元積木位在**字串**分類下的第 2 個積木）。